污泥–生活垃圾混合填埋体强度演化及稳定性

李　磊　易进翔 等　著

科学出版社

北　京

内 容 简 介

污泥与生活垃圾在填埋场混合填埋是污泥重要的处置途径之一，但是混合填埋体的强度、生化降解过程及稳定性等问题尚不明确，填埋场存在工程灾变及区域环境污染的风险。本书以固体废弃物生化过程与其岩土力学性质之间的耦合作用为科学问题，研究填埋场复杂生化条件下污泥-生活垃圾混合填埋体强度演化过程及灾变机理。

本书可供岩土工程、地质工程、环境工程及填埋场设计和运行的相关行业研究人员和工程技术人员参考。

图书在版编目(CIP)数据

污泥-生活垃圾混合填埋体强度演化及稳定性/李磊等著. —北京：科学出版社，2019.2

ISBN 978-7-03-060464-4

Ⅰ. ①污… Ⅱ. ①李… Ⅲ. ①污泥处理－卫生填埋 ②生活废物－卫生填埋 Ⅳ. ①X705

中国版本图书馆 CIP 数据核字（2019）第 014028 号

责任编辑：周 丹 沈 旭 李亚佩/责任校对：杜子昂

责任印制：张 伟/封面设计：许 瑞

科学出版社 出版

北京东黄城根北街 16 号

邮政编码：100717

http://www.sciencep.com

北京建宏印刷有限公司 印刷

科学出版社发行 各地新华书店经销

*

2019 年 2 月第 一 版 开本：720 × 1000 1/16

2019 年 2 月第一次印刷 印张：10 1/2

字数：212 000

定价：99.00 元

（如有印装质量问题，我社负责调换）

前　言

污泥是污水处理厂对污水进行处理过程中产生的沉淀物质，以及污水表面漂出的浮沫所得的残渣，物质组分中无机颗粒成分含量少，主要以有机物形式存在，含有大量的微生物、病原体、重金属及有机污染物等，如处理不善将会造成严重的二次污染。近年来，随着社会经济的发展、人口的增加、污水处理能力的提高等，污泥产生量迅猛增加。依据《“十三五”全国城镇污水处理及再生利用设施建设规划》，到2020年全国污水处理规模将达到$2.68\times10^8 m^3/d$，按照每万吨污水产生湿污泥约5t计算（400%含水率），年产市政污泥近$5000\times10^4 t$。长期以来，受我国污水处理界“重水轻泥”倾向的影响，我国90%以上的污水处理厂没有污泥处理配套设施，60%以上的污泥没有经过任何处理就直接弃置。污泥未经处理直接堆放易腐烂并产生恶臭，给生态环境带来巨大的潜在危害，甚至直接威胁人类的健康。不少城市除了出现“垃圾围城”的状况外，也出现了“污泥围城”的景象，导致不少污水处理厂无法正常运转。由于污泥一直没有得到有效、安全、卫生地处理与处置，引发了较为严重的社会问题和环境问题。污泥处理处置的难题已经成为水环境治理工程中的瓶颈之一。

污泥在生活垃圾填埋场进行填埋是国内外常用的处置技术途径之一，2009年颁布实施的《城镇污水处理厂污泥处置 混合填埋用泥质》（GB/T 23485—2009）也为污泥混合填埋处置提供了依据。目前对污泥与生活垃圾混合填埋体的强度特性、破坏机理、生化降解、堆体稳定性评价等问题缺少系统研究，难以为混合填埋场的设计、运营等提供技术支撑，导致填埋场发生失稳等工程灾害及区域环境污染问题。例如，国内某大型填埋场填埋污泥时未考虑其特殊性质，造成填埋气压和孔隙水应力过高，污泥受压挤渗入周边垃圾和衬垫系统中，导致堆体抗剪强度降低，2009年发生填埋场失稳事故，大量垃圾、污泥和渗沥液冲出填埋场，排入附近的城市河道，造成了严重的区域环境污染。英国戴顿填埋场由于污泥降解过程产生的填埋气增加了孔隙水应力，最终引起填埋场边坡失稳。

由于组成成分、理化特性及物理力学性质的复杂性和特殊性，污泥-生活垃圾混合填埋体的岩土力学性质及稳定性的研究是具有典型代表意义的环境土工问题，需要采用多种技术手段进行系统研究。本书的研究思路和方法是针对混合填埋处置中的压实特性、生化降解特性、强度特性及演化规律、填埋场边坡稳定性四大问题分别开展的。在压实特性研究方面，开展大量击实试验，对混合填埋体的压实特性进行详细研究，为混合填埋处置中的压实设计提供参数，同时击实试验的开展也为后期生化降解试验和强度试验的制样提供依据。在生化降解特性研究方面，研制一套生化降解填埋柱，并对气体、渗滤液、有机物含量进行系统研究，可为混合填埋处置中的气体、液体收集系统的设计提供理论依据，同时生化降解试验也为后期强度演化及稳定性的研究和分析提供了支撑。在强度特性及演化规律研究方面，研制一套大型单剪仪，并开展不同生化降解阶段混合填埋体的强度试验，获取混合填埋体的强度特性以及演化规律，可为混合填埋工程的强度设计提供理论依据，也为稳定性的研究提供基础参数。在边坡稳定性研究方面，结合强度参数、生化降解动力学模型、孔隙气压力，对混合填埋场的稳定性进行数值分析，为混合填埋工程的边坡稳定性设计提供理论依据。

本书的内容来自作者及团队近年来所完成的一系列科研项目成果，包括国家自然科学基金资助项目（NO. 51478167、NO. 51278172）、江苏省自然科学基金资助项目（NO. SBK201241540）等。本书的成果能够为复杂生化环境下固体废弃物岩土力学性质的研究提供思路和方法，在应用层面也能够为污泥的填埋处置及填埋场的灾变调控提供理论依据和技术支撑。

本书由李磊负责统稿，其中朱旭芬负责第 1 章、第 4 章编写，金亚伟负责第 2 章、第 3 章编写，王佩、汪俊负责第 5 章编写，易进翔负责第 6 章、第 7 章编写。

由于污泥进入生活垃圾填埋场进行混合填埋的问题比较复杂，是一门多学科交叉的环境土工问题，许多问题及研究手段尚需进一步完善，受作者水平所限，书中不妥之处在所难免，诚恳欢迎读者批评指正。

作　者

2018 年 9 月 30 日

目　　录

第1章　绪　　论

据中国水业网2017年统计资料显示，我国污泥处置方式主要有填埋、堆肥、自然干化、焚烧。这四种污泥处置方式的占比分别为65%、15%、6%、3%。土地利用可以实现污泥的资源化利用，但是由于我国污水经常为生活和工业污水混排，易产生二次污染问题；焚烧处置能够最大限度地实现污泥的减量化和无害化，但是由于投资运行成本高，对运营管理要求严格，在我国目前的社会经济发展水平状况下，大规模应用受到了一定的制约；建材化利用可以实现污泥的无害化和资源化，但是消纳的量十分有限，难以解决大规模污泥处理处置的问题；因此，能够满足经济可行、处理量大，实现最终安全处置的填埋处置方式，在相当长一段时间内仍然是我国污泥处理处置的重要途径之一。

但是，污泥含水率高、力学性质差，进入填埋场进行填埋，容易导致工程事故和环境污染。例如Michigan Hastings一个采用窄沟填埋工艺的填埋场，因污泥含水率太高，污泥填埋一年后，填埋区的上部仍然不能通车，填埋被迫放弃。德国污泥填埋的标准一般要求污泥的十字板抗剪强度≥25kPa，无侧限抗压强度≥50kPa。但是污泥脱水后含固率一般在20%～30%，十字板抗剪强度一般＜10kPa，不能满足填埋的最低要求。国内外均有填埋场中污泥因力学性质差引发填埋场失稳的工程事故发生（Russell，1992；詹良通等，2013）。

目前，虽然国内关于污泥进入生活垃圾填埋场进行混合填埋的标准已经颁布实施（GB/T 23484—2009），但是污泥和生活垃圾在物质组成、生化降解过程、力学性质等方面有着较大的差异，已有的关于垃圾土的物理力学性质和填埋场稳定性相关研究成果并不完全适用于这种混合填埋体。

（1）生活垃圾主要包括纸张、玻璃、金属、塑料、橡胶、皮革、纺织品、草木、食品垃圾、砖石、泥土等；污泥主要成分为污水处理中的微生物残体、残留药剂、少量无机颗粒等。

（2）生活垃圾的含水率在20%～152%（中国），满足进入填埋场要求的污泥含水率应小于150%。但是一般来说，污泥含水率较生活垃圾含水率普遍偏高。

（3）生活垃圾与污泥在强度、渗透性、压缩性等基本岩土力学指标上也有较大的差异。例如，垃圾土的渗透系数与砂土接近，而污泥的渗透系数一般在10^{-9}～10^{-6}cm/s；污泥的压缩指数为1.5～10.0，垃圾土的压缩指数一般为0.3～1.0。

（4）组分的不同造成生活垃圾与污泥混合填埋的生化降解过程与垃圾单独填

埋的生化降解过程存在差异。

目前对污泥与生活垃圾混合填埋体的强度特性、破坏机理、堆体稳定性评价等问题缺少系统研究，难以为混合填埋场的设计、运营等提供技术支撑，也成为我国污泥进入填埋场实现安全填埋处置的瓶颈。

1.1 污泥填埋处置技术

污泥进入填埋场填埋是污泥重要的处置途径之一，一般可以分为单独填埋和混合填埋。在欧洲，脱水污泥与城市垃圾混合填埋比较多；在美国，多数采用单独填埋。我国在污泥填埋处置方面两种方式兼有。污泥填埋处置的泥质适应性见表1-1。

表1-1 污泥填埋处置的泥质适应性（Boersma and Murarka，1987）

污泥类型	单独填埋		混合填埋	
	适宜性	原因	适宜性	原因
未稳定的浓缩初沉污泥、废活性污泥与初沉污泥的混合污泥、废活性污泥	不	气味、操作	不	气味、操作
絮凝浓缩的初沉污泥和废活性污泥、不加药剂的废活性污泥	不	气味、操作	不	气味、操作
化学絮凝浓缩的活性污泥	不	操作	不	气味、操作
热调理的初沉或剩余污泥	不	气味、操作	勉强可以	气味、操作
初沉污泥或初沉剩余污泥的混合污泥+厌氧消化+浓缩	不	操作	勉强可以	操作
初沉污泥或初沉剩余污泥的混合污泥+好氧消化+浓缩	不	操作	勉强可以	操作
初沉污泥或初沉剩余污泥的混合污泥+石灰稳定+浓缩	不	操作	勉强可以	操作
未稳定的初沉污泥+石灰调理+真空过滤脱水	可		可	
消化污泥+脱水+石灰稳定	可		可	

从表1-1中可以看出，污泥进行填埋处置前，需要进行脱水或调理，以达到降低含水率、改善物理力学性质的目的。

单独填埋可以用沟填法、平面填埋法或筑堤填埋法。沟填法分窄沟法和宽沟法，平面填埋法分土墩式填埋和分层式填埋（Borchardt et al.，1981）。

1.1.1 沟填法

沟填就是将污泥挖沟填埋。沟填要求填埋场地具有较厚的土层和较深的地下水位，以保证填埋开挖的深度，并保留有足够多的缓冲区。沟填的需土量相对较少，开挖出来的土壤能够满足污泥日覆盖土的用量。

窄沟填埋的宽度一般不大于 3m，适用的污泥含水率≤567%，填埋设备在地表上操作。窄沟填埋的单层填埋厚度为0.6～0.9m，窄沟填埋可用于含固率相对较低的污泥，且沟槽太小，不可能铺设防渗和排水衬层。窄沟填埋一般用于地势较陡的地方，由于填埋设备必须在未经扰动的原状土上工作，因此窄沟填埋的土地利用率不高。

宽沟填埋的宽度一般为3～12m，该填埋方法适用于含水率低于400%的污泥，尤其是含水率低于300%的污泥。当污泥含水率较高时，填埋设备必须装垫板，挖沟过程中挖出的土可以作为最终覆盖层用土，覆盖层厚度为0.9～1.5m。宽沟填埋中，填埋设备可在地表或沟槽内操作。地表上操作时，所填污泥的含固率要求为20%～28%；沟槽内操作时，含固率要求≥28%。与窄沟填埋相比，宽沟填埋的优点为可铺设防渗和排水衬层。

1.1.2 平面填埋法

平面式填埋是将污泥堆放在地表上，再覆盖一层泥土，因不需要挖掘操作，此方法适合于地下水位较浅或土层较薄的场地。污泥可被填埋成单个的土墩，也可分层填埋。为使填埋设备能够操作，必须用泥土和污泥混合，所用泥土的比例取决于土的类型、污泥的含水率、污泥和土混合物的工作性。

土墩式填埋法要求污泥含固率≥20%，泥土与污泥的混合比一般在1∶2～2∶1，这由所要求的稳定性和承载力决定。混合堆料的单层填埋高度约2m，中间覆土层厚度为0.9m，表面覆土层厚度为1.5m。土墩式填埋的土地利用率较高，但泥土用量大，操作费用较高。

分层式填埋对污泥的含固率要求可降低至15%，泥土与污泥的混合比一般在1∶4～1∶1。混合堆料分层填埋，单层填埋厚度为0.15～0.9m，中间覆土层厚度为0.15～0.3m，表面覆土层厚度为0.6～1.2m。为防止填埋物料滑坡，分层式填埋要求场地必须相对平整。它的最大优点为填埋完成后，终场地面平整稳定，所需后续保养较少，但其填埋量通常较小。

1.1.3 筑堤填埋法

筑堤填埋是平面填埋法的改进。在填埋场地四周建有堤坝，或是利用天然地形（如山谷）对污泥进行填埋，污泥通常由堤坝或山顶向下卸入。筑堤填埋对填埋物料含固率的要求与宽沟填埋类似。地面上操作时，含固率要求为20%～28%，中间覆土层厚度为0.3～0.6m，表面覆土层厚度为0.9～1.2m；堤坝内操作时，含固率要求≥28%，另外需要将污泥与泥土混合，泥土与污泥的混合比例为1∶4～0.5∶1。它的最大优点在于填埋容量大。但是由于筑堤填埋的污泥层厚度大，填埋面汇水面积也大，产生渗滤液的量也较大，因此，必须铺设衬层和设置渗滤液收集及处理系统。

1.1.4 混合填埋

在国外，混合填埋主要是指将污泥与城市生活垃圾或泥土混合填埋。污泥含固率通常要求在20%以上。污泥与垃圾的混合比为1∶4～1∶7，中间覆土层厚度为0.15～0.3m，表面覆土层厚度为0.6m，填埋容量为900～7900m³/hm²。

在国内，由于以往没有出台相应的规范标准，污泥与垃圾或其他废弃物、土等进行混合填埋无统一标准，一般以能够进行碾压施工为准。《城镇污水处理厂污泥处置 混合填埋用泥质》（GB/T 23485—2009）中明确要求，污泥含水率＜150%，与生活垃圾的混合比例≤8%。在上海、深圳等城市的生活垃圾填埋场，已有污泥经过深度脱水或固化/稳定化等方式处理后进行填埋处置的工程实例。表1-2为不同填埋类型的相关参数。

1.2 污泥及垃圾的击实特性

垃圾经过压实可以增加填埋场库容、延长填埋场的使用年限，并且经过压实后堆体的物理力学性质也得到一定的改善。关于填埋体的压实特性的研究主要集中在生活垃圾击实特性方面，而关于混合填埋体的击实性质的研究鲜有报道。

O'Kelly（2005）对污泥进行击实试验，发现污泥的击实曲线比较平滑，最优含水率比较大，达到了90%，最大干密度达到0.56g/cm³。易进翔和杨康迪（2013）开展了固化污泥的击实试验，指出干密度随着击实功的增加而增加，超过25击次之后，干密度增加不大，存在经济击实功；随着水泥掺入量的增加，干密度增大，并利用扫描电子显微镜（SEM）图像从微观上对机理进行了分析。薛飞等（2014）对不同击次下的固化污泥进行SEM试验，利用ArcGIS技术提取微观孔隙率，从微观孔隙率的变化规律中提出击实过程中存在经济击实功。Ham等（1978）针对美国某填埋场开展了现场压实试验，测得垃圾压实密度在0.38～0.55g/cm³，其密度数据相对较小，这是因为现场采用的压实机较轻。Harris（1979）针对英格兰某填埋场开展了现场压实试验，测得垃圾的最优含水率为58%，最大干密度为0.71g/cm³，并指出随着季节的变化，垃圾的含水率在20%～50%变化，增加一定量的水可以提高垃圾的压实密度，增加填埋场的库容。胡亚东（2006）采用不同的击实方式对垃圾土开展击实试验，指出相比轻型击实，重型击实和超重型击实的击实效果更优，而超重型击实最大干密度与重型击实最大干密度相差不大，选择重型击实比较经济合理；生化降解后垃圾的击实最大干密度有所增加，但是最优含水率变化不大。Zekkos等（2006）对Tri-Cities填埋场的垃圾土开展了击实试验，从击实锤的质量、击实落距、层厚等角度进行研究。结果表明，击实容重与击实能量的变化关系大

表 1-2 不同填埋类型的相关参数

分类	方法	含固率/%	沟槽宽度/m	改性剂	混合比例	覆盖厚度/m		外运土	填埋容量/(m^3/hm^2)	设备
						中间	最终			
单独填埋	窄沟	15～20 20～28	0.6～0.9 0.9～3.0	—	—	—	0.6～0.9 0.9～1.2	不	2300～10600	反铲装载机、挖土机、挖沟机
	宽沟	20～28 ≥28	3～12	—	—	—	0.9～1.2 1.2～1.5	不	6000～27400	履带式装载机、拉铲挖土机、铲运机、推土机
	平面土墩	≥20	—	泥土	泥土：污泥 1：2～2：1	0.9	0.9～1.5	是	5700～26400	履带式装载机、反铲装载机、推土机
	平面分层	≥20	—	泥土	泥土：污泥 1：4～1：1	0.15～0.3	0.6～1.2	是	3800～17000	履带式装载机、平土机、推土机
	筑堤填埋	20～28 ≥28	—	泥土	泥土：污泥 1：4～0.5：1	0.3～0.6 0.6～0.9	0.9～1.2 1.2～1.5	是	9100～28400	挖土机、铲运机、推土机
混合填埋	与垃圾混合	≥20	—	垃圾	垃圾：污泥 4：1～7：1	0.15～0.3	0.6	不	900～7900	挖土机、履带式装载机
	与泥土混合	≥20	—	泥土	泥土：污泥 1：1	0.15～0.3	0.6	不	3000	带盘拖拉机、平土机、履带式装载机

体趋势一致，击实能量较小时，容重增加较快，击实能量较大时，容重增加变慢，其关系曲线满足双曲线模型，模型的形状取决于垃圾的成分、击实能量、含水率等因素。Reddy 等（2009a）针对美国某填埋场开展了新鲜垃圾的现场压实试验，测得其最优含水率为 70%，最大干密度为 $0.41g/cm^3$。Wong（2009）对垃圾和黏性土开展了击实试验，研究指出垃圾的密度随着含水率的增加而增加，但是超过最优含水率之后，垃圾的密度继续增加，只是增加的幅度较小，这与黏性土的研究结果不同。Hanson 等（2010）从含水率、击实功、季节性等方面对垃圾土进行室内和现场的击实试验，指出现场试验的击实能量比较大，在高含水率下现场击实试验获得的干容重比室内击实试验的干容重大；室内击实试验的最优含水率在 55%～65%，最大干容重在 $5.2 \sim 6.0kN/m^3$，现场击实试验的最优含水率在 70%～80%，最大干容重在 $5.7 \sim 8.2kN/m^3$；相对于夏季，冬季垃圾水分的增加更加有利于击实，增加填埋库容，节约工作时间。这是因为冬季的初始干燥条件及水分的软化作用。垃圾的击实与常规土的击实类似，但是又有区别，这是因为随着击实能量的增加，垃圾的比重在增加，引起饱和曲线变陡及最优含水率变小。原鹏博（2011）从击实能量和小于 20mm 类土物质含量的角度开展了击实试验，研究指出不同含量的小于 20mm 类土物质的垃圾土的容重随着击实能量的增加而增加，但是其增加的趋势逐渐变缓，符合双曲线模型。

1.3 填埋场的生化降解

1.3.1 生化降解过程及影响因素

Halvadakis 等（1983）、Barlaz 等（1989a、1989b）、Kim 和 Pohland（2003）针对填埋场内垃圾的稳定化过程开展了相关试验，指出填埋场内垃圾的稳定化过程可以划分为五个阶段，即初始调整阶段、过渡阶段、酸化阶段、产甲烷阶段、成熟阶段。

Mata-Alvarez 和 Martinez-Viturtia（1986）研究认为生化降解温度为 34～38℃时，甲烷累积量出现最大值；温度在 42℃时，产甲烷速率出现最大值。Zehnder（1988）、Zinder（1993）指出产甲烷菌是高度依赖生长环境的一种菌落，中性 pH、低浓度的挥发性脂肪酸和氢气是产甲烷菌生长必不可少的条件。Barlaz 等（1989a）研究指出垃圾在收集、运输和倾倒过程中会混入氧气，填埋初期好氧菌会进行生化降解，消耗氧气，但是氧气的量有限，大部分的垃圾仍然未进行生化降解。Stams（1994）、Schink 和 Stams（2006）的研究表明产氢细菌通过消耗过剩的挥发性脂肪酸和氢气保持中性的 pH，促进产甲烷菌的生长，并为连续发酵创造良好的反应条件，如丙酸被丙酸氧化菌氧化，丁酸被饱和脂肪酸氧化菌氧化。Filipkowska 和 Agopsowicz（2004）认为垃圾生化降解的最佳含水率是 60%～70%，含水率过高会对垃圾的生化降解产生抑制作用。

Landva 和 Clark（1990）、Zekkos 等（2008）、Zhang 和 Banks（2013）通过试验研究指出垃圾成分的破碎可以增加生化降解的速率并改变垃圾的物理、力学、水力等特性。De la Cruz 和 Barlaz（2010）研究指出含有纤维素和半纤维素较低的食物垃圾通常会迅速生化降解，而含有大量纤维素、半纤维素及木质素的纸张和木材需要更多的时间进行生化降解。Barlaz 等（2010）认为通过物理化学过程，垃圾中可生化降解的大颗粒成分首先被分解成细小的颗粒物（食物、废纸、庭院废弃物）；在相对适宜的含水率下，颗粒较小的物质容易被微生物菌水解，一般水解产物是氨基酸和糖类等可溶性物质；水解产物容易被发酵微生物菌转变为氢气、挥发性脂肪酸（VFAs）和二氧化碳，这些中间物质都将被产甲烷菌消耗而转变为二氧化碳和甲烷。

Pohland（1980）针对垃圾开展了室内渗滤液回灌的生化降解试验，结果表明经过回灌处理，垃圾渗滤液的污染物浓度降低。Chugh 等（1998）研究指出增加回灌渗滤液的体积，将会缩短出水渗滤液的 pH 变化到中性的时间，加快产气速率达到最大值。Mehta 等（2002）的研究表明通过回灌处理的垃圾填埋场有几个方面的优势：封场前增加填埋场的沉降量、增加填埋库容、降低封场顶层被破坏的风险、减少渗滤液的处置费用、为渗滤液的处置提供一个可利用的场所、缩短封场后的监控时间、加速土地利用等。邓舟等（2006）研究指出回灌渗滤液的体积不同，对垃圾的生化降解过程影响也不同；渗滤液的回灌体积占垃圾体积 5.3%时能很好地促进垃圾体的生化降解过程。

Pohland 和 Gould（1986）将工业污泥与生活垃圾进行混合填埋，发现掺入重金属离子浓度较高的污泥会对垃圾中生化降解微生物产生抑制作用，而掺入重金属离子浓度较低的污泥不会对垃圾中生化降解微生物产生抑制作用。Gülec 等（2000）采用矿化垃圾与不同质量的厌氧污泥进行混合填埋，加速了垃圾的降解，且污泥和垃圾湿重比为 1∶4 时，生化降解速率最快。彭绪亚等（2002）采用填埋柱对污泥-生活垃圾混合填埋体开展生化降解试验，结果表明垃圾中掺入污泥，起到了接种菌落的作用，加快了生化降解速率，产气速率比纯垃圾提高了 30%，加速进入稳定产甲烷阶段，甲烷的浓度达到 64%。Çinar 等（2004）采用三种不同性质的污泥与生活垃圾进行混合，第一种污泥来源于初次沉淀池，第二种污泥来源于二次沉淀池，第三种是前两者的混合物，混合后产气率增加了 10%，化学需氧量（COD）去除率提高了 19%。邵立明等（2005）采用填埋柱对污泥-生活垃圾混合填埋体开展了生化降解试验，研究结果显示掺入厌氧污泥的垃圾能够快速进入稳定的产甲烷阶段，其产甲烷滞后时间是 13 天，稳定产甲烷时间是 51 天；在试验周期内，最大产气速率为 1.08L/(kg·d)，产气总量为 50.03L/kg。单华伦（2007）分析了污泥-生活垃圾混合填埋柱产生的渗滤液的物理和化学等指标，结果表明污泥的掺入有利于垃圾的生化降解，增加填埋沉降量；但污泥掺入量超过 25%时，会抑制生化降解速率。张华等（2009）对污泥-矿化垃圾混合填埋体进行了生化降解试验，指出经历了 498 天的生化降解后，混合填埋体有机物的生化降解率为 61.6%，总氮从 2.4%下降到 1.6%；污泥中加入矿化垃圾，加快进入了产甲烷阶段，增加了污泥的产气总量，缩短了污泥生化降解时间。Shi 等（2014）对污泥-生活垃圾混合填埋体进行了四组生化降解试验，研究指出降解曲线大体趋势相同，均表现出慢-快-慢的降解模式；随着污泥掺入比的增加，降解曲线呈下降趋势，混合填埋体的降解速率降低。

张华等（2009）分别对生物污泥和化学污泥进行了生化降解试验，研究发现经历了 498 天的降解后，生物污泥和化学污泥的有机物降解率分别为 67.1%和 30.5%；相比化学污泥，生物污泥的总氮变化较大，生化降解速率较快，降解稳定时间较短。甄广印等（2010）对填埋场污泥产生的填埋气进行收集，指出随着污泥填埋时间的增加，其抽气负压大体上呈减小趋势；当填埋时间超过 8 年时，抽气负压低于 5kPa，这时产甲烷的速率为 2kg/(m^3·a)，继续收集填埋气已经没有经济意义。胡龙生等（2016）研究表明，在生化降解过程中污泥的 pH 先减小，然后增加，直至趋于稳定；含水率逐渐增加，有机物含量逐渐减小。李磊等（2016）取填埋场内污泥进行室内生化降解试验，研究指出四类试样中最大的产气量为 6.1m^3/t，最小的产气量为 1.09m^3/t。相比垃圾，其产气量较小，不必建设专门的收集和处理设施。

1.3.2　生化降解的稳定性

一般来说，国内生活垃圾填埋场降解稳定化需要 10～23 年（Zhao et al., 2000；王里奥等，2003；谢冰，2009），而发达国家的垃圾填埋场降解稳定化需要 15～30 年（Barlaz，2006），其原因在于国内生活垃圾中含有较多的厨余垃圾，容易降解；而发达国家的垃圾含有较多的纸张，降解时间要相对长些（陈云敏，2014）。Sharma 和 Lewis（1994）研究指出由于垃圾的压缩性高及可降解性，在运营期和封场之后均有较大的沉降，并且沉降持续时间较长，一般在 20～30 年，有的甚至更长。朱青山等（1996）将人工配制垃圾和居民区垃圾装填于塑料桶，开展生化降解试验，依据垃圾沉降速率的变化，推算垃圾生化降解稳定化的时间，经分析垃圾生化降解稳定化时间在 1～2 年。Zhao 等（2000）针对生活垃圾开展生化降解试验，主要是长期监控和预测垃圾渗滤液浓度的变化。通过对 pH、COD、5 天生化需氧量（BOD_5）、NH_3-N 等指标的分析，他们提出填埋场垃圾生化降解稳定化需要 8～10 年。王里奥等（2003）、林建伟等（2003，2005）针对堆场垃圾降解稳定化过程，将有机物含量和产气比指数作为降解稳定评价指标，提出有机物含量＜10%时，垃圾已经充分降解稳定；产气比指数＜0.15 时，垃圾已经降解稳定；堆场垃圾降解稳定需要 10 年。谢冰（2009）将 COD、BOD、NH_3-N、有机物含量、生物可降解物（BDM）

等指标作为降解稳定评价指标，提出COD≤100mg/L、BOD≤30mg/L、NH_3-N≤15mg/L时，渗滤液稳定化需要11年；有机物含量≤7%、BDM≤5%时，垃圾中有机物降解稳定需要19年。刘海龙等（2016）将高厨余垃圾降解划分为三个阶段，即快速降解阶段、慢速降解阶段、稳定化阶段，采取沉降速率稳定标准1～5cm/a，填埋沉降达到稳定化需要15年，封场时机应选择沉降速率较小时进行。

在污泥稳定化方面，张华等（2009）分别对生物污泥和化学污泥进行了生化降解试验，研究结果表明有机物含量与时间满足指数衰减关系，并将有机物含量为10%时作为降解稳定上限，得出了生物污泥生化降解稳定大约需要2年，而化学污泥生化降解稳定大约需要2.9年的结论。朱英等（2010）采用IPCC模型和化学计量模型对产甲烷潜能进行了预测，其潜能分别为61.7kg/t、60.6kg/t，并利用IPCC模型和动力学模型对产甲烷速率进行了预测，其速率分别为11.1kg/(t·a)、13.3kg/(t·a)，其中采用化学计量模型进行预测时，将有机物含量在10%时作为降解稳定的上限。易进翔等（2015）、胡龙生等（2016）在室内对污泥开展了120天生化降解试验，建立了污泥的有机物降解动力学模型。李磊等（2016）取弃置污泥进行室内生化降解试验，指出弃置污泥产气速率满足一级动力学模型，并考虑温度的影响，对产气速率常数进行修正，预测了污泥产气稳定时间最长的可达50年。

在污泥和生活垃圾混合填埋稳定化研究中，张华等（2009）对污泥-矿化垃圾混合填埋体进行了生化降解试验，测量498天内有机物含量的变化，建立指数衰减的有机物降解动力学模型，预测其矿化稳定化时间需要2.018年。彭绪亚（2004）对污泥-生活垃圾混合填埋体开展了生化降解试验，结果表明产气速率达到峰值之前，产气速率与时间呈线性关系；产气速率达到峰值之后，产气潜能和底物浓度满足一级动力学关系。

1.4 填埋体抗剪强度

1.4.1 直剪试验

Horace（1995）对造纸污泥进行了直剪试验，指出造纸污泥的黏聚力在2.8～9.0kPa，内摩擦角在25°～40°，可以将造纸污泥用于填埋场的覆盖层。Lo等（2002）对污泥和污泥混合物（污泥、砂、纸）开展直剪试验，表明污泥和污泥混合物的黏聚力在5.5～15.4kPa，内摩擦角在26.1°～44.3°。张华等（2008）对不同含水率的脱水污泥进行直剪试验，结果显示随着含水率的减小，内摩擦角增加，黏聚力先增加后减小，当含水率降低至156%时，污泥的强度满足填埋控制要求。Diliūnas等（2010）对不同生化降解时间的污泥进行了直剪试验，结果显示新鲜污泥的内摩擦角为 2°，黏聚力为 2kPa，而生化降解时间在 2～3 年时，污泥的内摩擦角为 17°，黏聚力为 4kPa。罗小勇（2012）对 5 组污泥进行直剪试验，发现随着压力的增加，抗剪强度呈非线性增加；压力较小时，抗剪强度增加较慢；压力较大时，抗剪强度增加较快；内摩擦角在 7.73°～15.1°，黏聚力为 0。陈萍等（2012）首先对污泥进行深度脱水，脱水之后污泥的含水率为 85%，再对 8 组深度脱水污泥进行强度试验，测得其抗剪强度大致在 29～60kPa，可以作为垃圾填埋场的覆盖材料，满足填埋控制要求。陈萍等（2013）对不同条件下的深度脱水污泥开展直剪试验，显示深度脱水污泥浸泡 2 个月的水和渗滤液之后，其黏聚力分别减小 18.9%、5.4%；有效内摩擦角均增加，且两者增加幅度相差不大，大致增加了 7.5°，可以作为垃圾填埋场的覆盖材料。冯源等（2013）通过取某填埋场内的污泥进行有机物含量和强度试验，显示污泥的抗剪强度较低，其内摩擦角为 14.7°，黏聚力为 0，抗剪强度较低的原因是污泥的有机物含量高。

Landva 和 Clark（1986，1990）采用平面尺寸为 43.4cm×28.7cm 的大型直剪仪并以 1.5mm/min 的速率对加拿大多个填埋场的垃圾开展一系列的试验，指出垃圾黏聚力为 10～23kPa，内摩擦角为 24°～42°；此外，先后 2 次对陈垃圾进行直剪试验，时间间隔 1 年，测得内摩擦角减小了 5°，黏聚力变化不大，初步认为是生化降解导致的；在此之后继续开展了补充试验，得出其强度的变化在正常的范围内波动，不宜归结为生化降解的原因。Siegel 等（1990）对美国 OII 填埋场不同深度的垃圾开展直剪试验（取样深度为 4.6～25m），剪切试样高为 76～102mm，直径为 130mm，发现剪应变超过 10%之后出现最大剪应力，有的在剪应变高达 39%时才出现。研究中假定黏聚力为 0，获得内摩擦角在 39°～53°。Houston 等（1995）针对美国 NRLF 填埋场的垃圾开展了现场原位直剪试验，其剪切盒大小为 122cm×122cm，结果显示其内摩擦角介于 33°～35°，黏聚力是 5kPa。Mazzucato 等（1999）针对意大利某填埋场的垃圾开展了现场大型直剪试验，其剪切盒由上下两部分组成，上下盒的尺寸一致，直径为 80cm，高度为 11cm；在现场分别进行了重塑试样和原状试样的直剪试验，试样密度控制在 700kg/m^3；试验结果表明重塑制样和原状制样对抗剪强度参数影响不大，其中内摩擦角在 17°～18°，黏聚力在 22～24kPa。Athanasopoulos 等（2008）针对不同纤维成分的垃圾开展了大型直剪试验，其剪切盒长、宽、高分别为 30cm、30cm、18cm。试样的制备采取了替代方法，其中小于 20mm 的物质占 62%，分别采用 8%的木材、38%的纸张、24%～37%的塑料来模拟含不同类型纤维的垃圾；研究发现含木材纤维垃圾的抗剪强度最大，含塑料纤维垃圾的抗剪强度次之，含纸张纤维垃圾的抗剪强度最小。Reddy 等（2009b）针对垃圾开展了直剪试验，发现垃圾的黏聚力和内摩擦角与其含水率相关性不大。Zekkos 等（2010）针对美国 Tri-Cities 填埋场的垃圾开展了大型直剪试验，其剪切试样的尺寸为 30cm×30cm，并制备了三种含量大于 20mm 颗粒粒径的垃圾土（三种含量分别为 0%、38%、88%），将大于 20mm 的物质作为纤维物质；研究表明纤维相物质的存在，并没有对垃圾的抗剪强度产生明显的影响；增加法向应力，其内摩擦角表现出减小的趋势，这与 Bray 等（2009）的研究结论一致。Bareither 等（2012）针对垃圾的直剪试验表明当垃圾中纤维物质成分取向主要为平行剪切面时，含有较多粒径小于 20mm 和硬度较大成分的垃圾的内摩擦角较大（砾石、金属），含有较多废纸和塑料的垃圾的内摩擦角较低。Zekkos 等（2013）开展了一系列的直剪试验，指出垃圾中纤维物质的比例、纤维物质的力学性质、纤维物质的取向等因素对垃圾的抗剪强度有显著的影响。

垃圾的生化降解对直剪试验结果也有着显著的影响。Gabr 等（2007）、Hossain 等（2009a）的研究指出随纤维素和半纤维素之和与木质素之比的减小及挥发性固体物质含量的下降，垃圾的内摩擦角减小，这也就意味着垃圾的内摩擦角随着生化降解度的增加而减小。王伟等（2011）针对室内短期 7 天的生化降解垃圾试样进行了直剪试验，指出在 1～7 天，较大密度垃圾的抗剪强度增加，较小密度垃圾的抗剪强度先增加后减小；垃圾的应力和位移满足复合正切-指数曲线关系。严立俊（2015）针对室内 180 天的生化降解垃圾试样进行了直剪试验，结果显示随着降解时间的增加，抗剪强度在增加，其抗剪强度与时间呈对数关系，他把这种现象的原因归结于生化降解，有机物含量减小，无机物的含量会相对增加，无机物的强度要高于有机物的强度。

1.4.2 三轴试验

Grisolia 等（1995）对垃圾开展了大型三轴试验，三轴试样的高度是 65cm，直径是 30cm。研究表明垃圾的应力-应变关系符合典型的三轴压缩试验结果，即使应变达到 40%，应力-应变关系并没有出现峰值；垃圾的抗剪强度随围压的增加而增加；增加应变水平，内摩擦角和黏聚力也会相应地增加。研究结果与 Vilar 和 Carvalho（2004）的一致。Towhata 等（2004）对颗粒粒径小于 1cm 的垃圾进行重塑，开展三轴试验，试样的高度为 20cm，直径为 10cm；试验试样取日本焚烧后的废弃物和德国人工处置的垃圾，试样密度为 0.74～0.77g/cm^3；试验结果显示其应力-应变关系并未出现峰值，这是因为垃圾内的塑料膜具有拉伸作用；剔除垃圾内的塑料膜继续开展三轴试验，显示在轴向应变达到 15%时，应力-应变曲线出现峰值，并将应变为 15%时作为强度取值标准。冯世进（2005）开展了大型三轴剪切试验，试样尺寸为 30cm×60cm，试验结果分析表明垃圾抗剪强度由剪切面的纤维状加筋作用和摩擦作用所提供，其中摩擦强度可以细化分为三个部分，即纤维成分间的摩擦、颗粒与纤维成分之间的摩擦、土颗粒间的摩擦。Singh 等（2009）对垃圾的重塑样开展了三轴试验，结果显示随着轴向应变的增加，抗剪强度增加，当轴向应变为 15%时，抗剪强度达到峰值，随后出现减小，当减小到一定程度时，又随着轴向应变的增加而迅速增加；这是因为重塑试样的强度峰值实际上是垃圾内泥状物的强度峰值，之后强度出现减小，此时垃圾内纤维状物质没有立即发挥作用；但是随着纤维状物质被压紧，其加筋作用逐步凸显，导致抗剪强度又逐渐增加。施建勇等（2010）对垃圾开展了直剪试验和常规三轴试验，显示垃圾的应力-应变关系呈现硬化型，并综合分析国内外相关试验研究成果，发现增加干密度，内摩擦角和黏聚力也会相应地增加，具有一定程度的相关性；垃圾的抗剪强度取决于现场填埋碾压情况，其抗剪强度包线可以采用双线强度包线来描述。

垃圾经初步碾压：

$$\sigma \leqslant 30\text{kPa}, \tau_{\text{f}} = 10\text{kPa} \tag{1-1}$$

$$\sigma \geqslant 30\text{kPa}, \tau_{\text{f}} = 10 + (\sigma - 30)\tan\varphi \tag{1-2}$$

垃圾没有碾压：

$$\tau_{\text{f}} = \sigma \tan\varphi \tag{1-3}$$

Reddy 等（2011）对不同生化降解程度的垃圾开展了小型三轴试验，试样的密度为 1.12～1.62g/cm^3，试验的围压分别为 69kPa、138kPa、276kPa，加载速率为 2.1mm/min，含水率为 50%。选用应变为 15%时作为强度取值标准。垃圾的生化降解程度计算公式如下：

$$\text{BOB} = \left(1 - \frac{D_{\text{fi}}}{D_{\text{fo}}}\right)\frac{1}{1 - D_{\text{fi}}} \times 100\% \tag{1-4}$$

式中：D_{fo} 为新鲜垃圾初始时刻的有机物含量；D_{fi} 为新鲜垃圾在不同生化降解阶段下的有机物含量。研究表明增加应变，新鲜垃圾和生化降解下的垃圾应力也相应地增加，表现出硬化模式；随生化降解时间的增加，抗剪强度会增加，其增大幅度不明显。Karimpour-Fard 等（2011）从密度、纤维物质含量、加载速率及超固结比等角度开展了三轴试验，研究指出随着密度、纤维物质含量、加载速率及超固结比的增加，其抗剪强度均有一定程度的增加；在排水情况下，较大应变水平时垃圾的应力-应变曲线表现出向上翘的增长趋势；在不排水情况下，孔隙水压力逐步向围压靠近，此时纤维物质的含量对垃圾抗剪强度的影响比较明显，即纤维物质含量的增加，其抗剪强度增加幅度较大。这与 Zekkos 等（2012）的研究结论类似。

关于生活垃圾的生化降解作用对三轴试验的影响，许多学者针对不同填埋时间的垃圾开展了三轴试验，但是研究结果并不一致，主要分为两个部分：一部分学者研究指出随着填埋时间的增加，其抗剪强度增加（Zhan et al.，2008；Machado et al.，2010；Reddy et al.，2011；Nayebi et al.，2011）；另一部分学者研究指出随着填埋时间的增加，其抗剪强度减小（Harris et al.，2006；Hossain and Haque，2009b）。

1.4.3 单剪试验

单剪试验最初是用来评价在单剪应变条件下土体的剪切响应，是目前工程实践中普遍采用的一种测试方法(Kjellman，1951；Roscoe，1953；Bjerrum and Landva，1966；Sivathayalan，1994)。

尽管垃圾的单剪试验开展相对较少，但是相对垃圾的三轴试验和直剪试验，垃圾的单剪试验具有重要的优势。由于纤维成分（废纸、塑料、布等）的存在，垃圾在压实和施加垂直载荷时倾向于水平取向，表明垃圾是一种各向异性的岩土材料。Gotteland 等（2000）和 Zekkos（2013）在现场和实验室都观察到这种分层的证据。事实上，Zekkos（2013）研究表明垃圾与纤维性泥炭具有显著的相似性。在垃圾的三轴试验中，实际上不可能避免纤维成分对应力-应变响应的贡献。Zekkos 等（2012）在三轴剪切中观察到剪切阻力较高，具有 48°或更高的摩擦角；Bray 等（2009）研究指出在直剪试验中，水平破坏面平行于纤维垃圾成分的取向，其结果是直剪的抗剪强度较低。尽管如此，直剪试验本质上是预先设定迫使破坏面。由于垃圾试样的成分变化，预先设定的水平破坏面不一定是最弱的；可能存在一个较弱的平面，没有进行测试。这样的平面，如果存在，将是单剪试验的破坏面。

Kavazanjian 等（1999）针对不同纤维含量的垃圾开展了单剪试验，指出纤维含量较多的垃圾比纤维含量较低的垃圾抗剪强度强。旦增顿珠等（2006）的单剪试验指出垃圾的黏聚力在 21～55kPa，内摩擦角在 24°～38°。Harris 等（2006）和 Bareither 等（2012）分别对新鲜垃圾和陈垃圾开展了直剪试验和单剪试验，表明随着纤维素和半纤维素之和与木质素之比的减小，垃圾的内摩擦角增加，这也就意味着垃圾的内摩擦角随着生化降解度的增加而增加。原鹏博（2011）对垃圾开展了单剪试验，结果显示垃圾中成分大于 20mm 的颗粒含量越大，其剪切强度增加；随着剪切速率的增加，其剪切强度也增加；垃圾的黏聚力为 9～14.2kPa，内摩擦角为 40.6°～45.3°。Fei（2016）对美国不同填埋场的垃圾及人工配制的垃圾进行了大量单剪试验，指出垃圾的黏聚力为 0，内摩擦角为 11.6°～33°，其强度随着生化降解而减小，减小幅度在 15%以内。

结合相关学者的研究结果（Zekkos，2013；Fei，2016）对大型单剪试验、大型直剪试验及常规小直剪试验进行对比分析，其中常规小直剪试验与大型单剪试验的成分尺寸不同（常规小直剪试验试样尺寸控制在环刀内径 1/5 以内，大型单剪试验的试样尺寸控制在单剪盒内径 1/10 以内），其他条件相同，考虑常规小直剪试验的剪切位移相对较小，取剪应变为 10%所对应的剪应力进行统一比较，结果如图 1-1 所示。

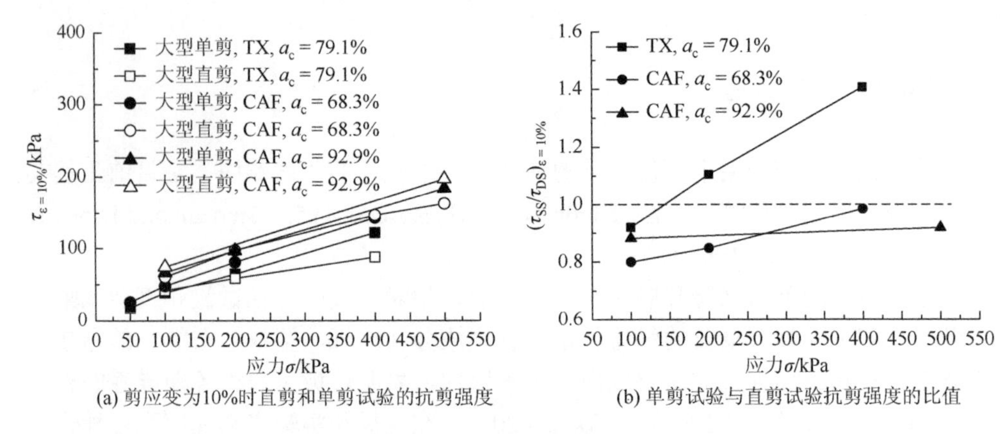

(a) 剪应变为10%时直剪和单剪试验的抗剪强度　(b) 单剪试验与直剪试验抗剪强度的比值

图 1-1　单剪与直剪试验结果对比（Fei，2016）

a_c 是指垃圾颗粒成分尺寸小于 20mm 的比例；τ_{SS} 是指 10%剪应变下的大型单剪强度；τ_{DS} 是指 10%剪应变下的大型直剪强度；TX 指美国得克萨斯州填埋场；CAF 指美国加利福尼亚州填埋场

当正应力在 100～500kPa，美国得克萨斯州填埋场（TX）和加利福尼亚州填埋场（CAF）的垃圾试样在 10%剪应变下的大型单剪强度（τ_{SS}，10%）与大型直剪强度（τ_{DS}，10%）之比在 0.8～1.4，值得注意的是在 10%剪应变下大型单剪强度（τ_{SS}，10%）并不总是低于相应的大型直剪强度（τ_{DS}，10%）。同时可以发现加利福尼亚州填埋场中的垃圾颗粒成分尺寸小于 20mm 的比例较大（92.9%），其相应的纤维相成分比例较小，这一比值（τ_{SS}/τ_{DS}）变化不大，而垃圾颗粒成分尺寸小于 20mm 的比例较小（68.3%），相应的纤维相成分比例较大，这一比值（τ_{SS}/τ_{DS}）变化较大。得克萨斯州填埋场中的垃圾也有类似的规律。说明这一比值（τ_{SS}/τ_{DS}）与垃圾的成分及纤维相物质比例有关系。这是因为直剪试验预先设定了剪切破坏面，只有与剪切破坏面相邻的垃圾颗粒才有助于抗剪强度的提高。由于试样中的大多数纤维相垃圾颗粒在压实或施加垂直载荷时倾向于水平取向，在剪切过程中，纤维相垃圾的加筋效果较小。相比之下，单剪试验中的潜在破坏面不是预先设定的，也可能不是水平的，它更可能以一个角度相交纤维垃圾颗粒，形成剪切带。这样额外的剪切阻力可以发挥作用，引起 10%剪应变下大型单剪强度（τ_{SS}，10%）高于相应的大型直剪强度（τ_{DS}，10%），纤维相成分比例较大，这种纤维加筋效果越明显。

与大型单剪试验和大型直剪试验相比，常规小直剪试验测试强度相对较大，这主要是因为尺寸效应。图 1-1 中加利福尼亚州填埋场中的垃圾颗粒成分尺寸小于 20mm 的比例越大，其大型单剪试验和大型直剪试验测试的强度均增加，说明颗粒成分尺寸总体上越小，越有利于强度的提高，也间接说明了尺寸效应问题。考虑垃圾及混合填埋体中的颗粒粒径尺寸相差较大，开展大型单剪试验比较符合实际情况。

1.5 填埋场边坡稳定性

Mitchell等（1990）针对美国Kettlemam Hill垃圾填埋场分别采用FLAC 2D和FLAC 3D进行稳定性计算，其安全系数分别为1.20～1.25、1.08，考虑垃圾湿度，FLAC 3D计算的安全系数为1.01。从全局来看，其现场安全系数分布在0.85～1.25，这也说明了环境因素对填埋场的稳定性有重要影响。Cao和Zaman（1999）通过函数取极值的条件，获得边坡临界破坏面，并计算最小安全系数。陈云敏等（2000）研究指出垃圾的强度、饱和度、浸润线的埋深、边坡的坡度对填埋场的稳定性有较大的影响。冯世进（2005）开展了大量强度试验，获取强度参数，在此基础上对垃圾内部破坏及沿底部衬垫破坏的稳定性进行分析。方玲（2008）的研究指出在其他条件相同的情况下，黏聚力和内摩擦角增加，其安全系数增加；垃圾的重度增加，其安全系数降低；浸润线的埋深越低，垃圾的稳定性越高。马娟等（2009）采用条分法对填埋场的稳定性进行分析，给出了最合适的边坡坡度，并利用FLAC 3D软件对最佳坡度的填埋场进行了稳定性验算；FLAC 3D软件的优势在于不需事先假定滑动面的形状，也不必进行条分处理，依据位移变化可以判断潜在的破坏面，与实际情况比较接近。张文杰等（2010）利用现场监测数据确定填埋场中的孔压，分析其渗滤液的水位；采用极限平衡分析方法研究孔隙气压力和孔隙水压力对填埋场稳定性的影响。刘晓东等（2011b）在考虑垃圾生化降解的基础上，通过理论推导，建立了应力-气压耦合方程，孔隙气压力随着深度的增加而增加，随着生化降解时间先增加后减小，并在此基础上建立了一维沉降模型。邱战洪等（2012）利用极限平衡理论对不同降雨模式下的填埋场稳定性进行分析，指出降雨模式对山谷型填埋场的稳定性有重要影响，其中递减型降雨模式对填埋场稳定性的影响最大。肖晶等（2013）通过瑞典条分法对填埋场的稳定性进行计算，结果表明填埋场在正常含水率下保持稳定状态，在饱和含水率下出现严重的稳定性问题。在饱和含水率下垃圾的密度增加，黏聚力降低，颗粒间的摩擦力和咬合力减小，导致垃圾出现软化-蠕动-渐进破坏失稳的现象。邱纲等（2013）采用FLAC 3D软件对垃圾填埋场中5个不同生化降解程度的区域分别进行稳定性分析，相对极限平衡分析法的结果，该数值分析的计算结果偏小；该方法可以对复杂边界情况下填埋场的局部失稳破坏进行预测。杨荣等（2014）利用ANSYS软件对垃圾填埋场进行了数值模拟，发现填埋场自身的浸润面相对较高，容易产生边坡失稳破坏问题；经渗滤液回灌之后，其浸润面会提高，不利于填埋场的稳定。Daniel等（1998）对垃圾的稳定性进行分析，结果显示填埋场的坡度对其稳定性有重要影响。Babu等（2014）、Fan等（2015）基于填埋场内不同填埋龄期的垃圾土的强度参数不同，从分层的角度对填埋场的稳定性进行了研究。

关于污泥填埋场的稳定性研究开展的较少，Lo 等（2002）指出污泥和污泥混合物的黏聚力在 5.5～15.4kPa，内摩擦角在 26.1°～44.3°，填埋操作时，控制其边坡坡度在 20°以内，避免出现滑坡问题。张华等（2008）对脱水污泥的填埋性质进行了研究，认为抗剪强度低于 5kPa，抗压强度低于 10kPa，无法直接进行填埋处置；一旦污泥的含水率降低到 178%时，其抗剪强度增加到 25kPa，抗压强度增加到 50kPa，可以进行填埋处置，填埋场边坡坡度控制在 12.6°以内一般不会出现滑坡事故。

在污泥和生活垃混合填埋研究方面，施建勇和王娟（2012）从降雨和生化降解产气的角度对污泥和生活垃圾混合填埋的边坡进行稳定性计算，指出随着污泥掺入量的增加，其安全系数先增加后减小；孔隙气压力最大值为 32kPa，生化降解产气对边坡稳定具有一定的影响，会降低 15%～20%。詹良通等（2012，2013）研究填埋场内的污泥坑对下游堆体稳定性的影响，在未处理的污泥坑上堆载垃圾，污泥会因力学性质差，无法承受上部荷载而被挤渗进入附近的垃圾或者衬垫中，引起抗剪强度减小，同时流塑态污泥会将上部载荷转变成侧向推力，不利于下游堆体的稳定。于小娟（2016）对污泥和生活垃圾混填的边坡进行稳定性计算，结果表明污泥掺入量在 10%～30%时，安全系数均在 2.0 以上，而掺入量在 50%时，安全系数为 1.56，下降幅度较大。

第 2 章　填埋柱及单剪仪的研制

为解决污泥-生活垃圾混合填埋体生化降解过程的研究及非均质介质强度测试问题，将研制一套生化降解填埋柱和大型单剪仪。本章重点介绍填埋柱和大型单剪仪的主要组成部分、测试指标的选择及试验步骤等。

2.1　填　埋　柱

为研究混合填埋体在填埋中的生化过程，研制一套生化降解填埋柱。该装置的主要特点在于集气体收集、渗滤液收集、回灌处理于一体，并便于厌氧生化降解条件的控制。

2.1.1　仪器组成

生化降解填埋柱主要包括填埋室、气体测量收集器、渗滤液收集器等部分。填埋室采用有机玻璃制造，内径为 230mm，高为 1000mm。气体测量收集器由流量计（MF5700）、导管、二通转换口、三通阀、装有饱和 $NaHCO_3$ 溶液的集气瓶、集液瓶等构成，其中流量计固定在填埋柱顶面的凹槽内，并具备电池和电源两种供电方式。渗滤液收集器由反滤层、阀门、导管、渗滤液收集瓶构成。反滤层用来收集生化降解过程中产生的渗滤液。图 2-1 为填埋柱的组成示意图。

2.1.2　填埋气及渗滤液的检测

混合填埋体主要产生 CO_2 和 CH_4。气体总量采用气流计测定；气体成分和百分含量采用气相色谱仪（GC5890）测定，气体的收集方法如图 2-2 所示。

通过测试渗滤液中相关的生化指标，分析混合填埋体内部的生化降解情况，所选取的主要生化指标如下。

（1）化学需氧量（COD）：该指标能够反映渗滤液中所含有机物的量，是用以表示有机物污染程度的一种生化指标，并能够直接反映混合填埋体内部的有机物生化降解情况。由于渗滤液中 COD 浓度比较高，COD 测试方法采用稀释后快速密闭催化消解法。

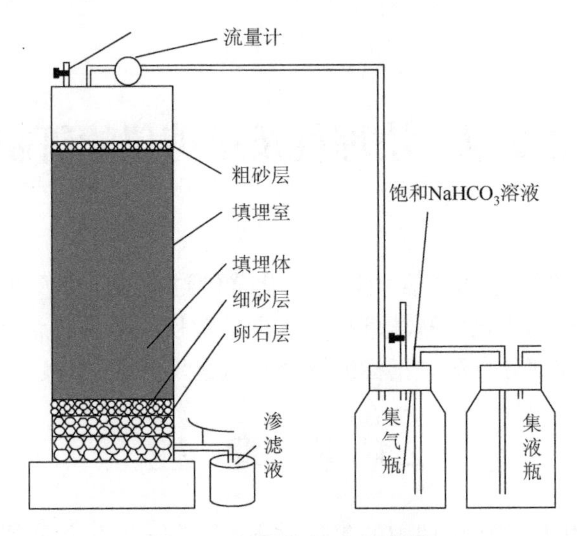

图 2-1　填埋柱组成示意图

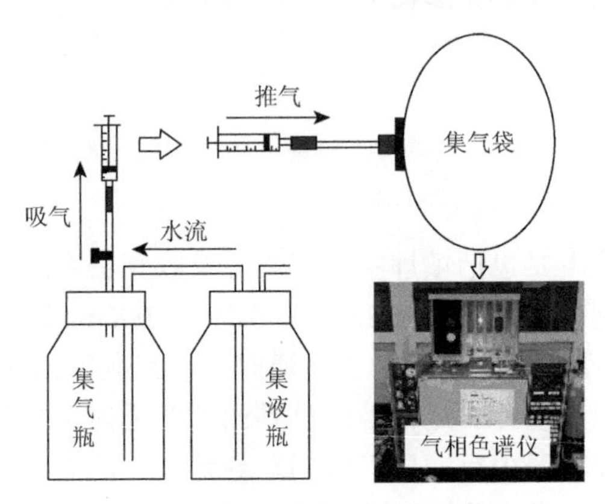

图 2-2　填埋气收集、测试示意图

（2）氨氮（NH_4^+-N)：渗滤液中的氨氮以游离态氨（NH_3）和离子态铵盐（NH_4^+）的形式存在。在垃圾填埋场中，氨氮既可以为微生物提供营养，也对垃圾渗滤液的酸碱度有缓冲作用。但当氨氮含量过高时，会使微生物的活性和繁殖速率受到抑制。填埋场内的厨余垃圾富含蛋白质等含氮有机物，这些含氮有机物在微生物的作用下，分解产生大量氨氮，导致垃圾渗滤液的氨氮浓度较高，抑制微生物的生化降解活动。含氮物质的生化降解是氨氮的主要来源。因此，氨氮是一种重要的生化指标。NH_4^+-N 测试采用纳氏试剂分光光度法。

（3）酸碱度（pH)：表示溶液酸碱度的大小。在填埋场复杂环境下，其中易降解有机物和可溶态无机物会发生一系列的生物、化学反应。通过对垃圾填埋场内有机物降解规律的研究，可以控制填埋场内生化降解条件，促进有机物降解，加速填埋场内有机物降解稳定的进程。大量催化酶参与垃圾中有机物的降解反应，其酶催化反应的顺利进行需要合适的 pH，所以 pH 是渗滤液的重要生化指标。pH 测试方法采用玻璃电极法。

（4）氧化还原电位（Eh）：该指标可以用来反映微生物呼吸变化情况。一般情况下，各种微生物呼吸变化与 Eh 有一定的关系，见表 2-1。Eh 是一种反映何种微生物处于主导作用的生化指标。Eh 采用电子毫伏计进行测试。

表 2-1　一般微生物呼吸变化与 Eh 的关系

微生物类型	Eh/mV	备注
好氧微生物	300～400	适宜生长
	＞100	可以生长
兼性厌氧微生物	＞100	进行好氧呼吸
	＜100	进行无氧呼吸
专性厌氧细菌	-250～-200	适宜生长
专性产甲烷菌	要求更低的 Eh	适宜生长

2.1.3　试验步骤

（1）对填埋柱的气密性进行检查，具备良好的密封性能之后，才能进行填埋。

（2）往填埋柱内装填反滤层，第一层铺 60mm 厚的粒径为 20～30mm 的卵石，第二层铺 30mm 厚的粒径为 5～10mm 的卵石，第三层铺 40mm 厚的粒径为 3～5mm 的细砂。

（3）填埋柱内分 5 层装填试样，每层厚度约为 15cm，每层填完之后，采取人工捣实，以达到试验要求的密度。装填完毕之后，在试样的顶部铺一层厚度为 20mm 的粗砂，避免回灌液体直接作用在试样上。

（4）安装填埋柱的密封盖，用导管连接填埋柱的产气出口、气流计、集气瓶、集液瓶、二通转换口、三通阀等；在连接集气瓶之前，需将集气瓶中装满饱和 $NaHCO_3$ 溶液；在连接集液瓶之前，需对集液瓶的橡皮塞进行处理，安装小孔径的玻璃管，使其具有排气功能，同时也具有减小液体蒸发的功能。

（5）采用导管连接填埋柱的回灌口、二通转换口、三通阀等，关闭或者打开三通阀，达到密封回灌口或回灌液体的目的，关闭填埋柱底部的阀门。

（6）定期测试气体产生量、渗滤液产生量，并定期测试气体成分、渗滤液生化指标。

2.2 单 剪 仪

用于研究填埋体强度试验的仪器主要是三轴仪、直剪仪、单剪仪等。填埋体的颗粒粒径尺寸相差较大（张振营等，2015；原鹏博，2011），进行小尺寸的试验，试样的代表性不强。常规的三轴仪、直剪仪、单剪仪在尺寸方面有一定的限制，因此需要研制适合填埋体强度测试的试验仪。填埋体中含有废纸、塑料、织物、橡皮等纤维成分，在压实或施加垂直载荷时倾向于水平取向，在现场和实验室这种分层的现象都被不少学者观察到（Gotteland et al.，2000；Zekkos，2013；Fei，2016）。Bray 等（2009）研究发现水平破坏面平行于纤维垃圾成分的取向，其结果是直剪的抗剪强度较低。不少学者研究指出相比直剪试验和单剪试验，三轴试验测试的强度偏大（旦增顿珠等，2006；刘飞飞，2007；Zekkos，2013；Fei，2016）。大型直剪仪具备操作简单、结构简明、受力明确等优点，其本质上是预先设定了剪切破坏面，这一破坏面并不一定是实际存在的破坏面。由于混合填埋体中有机物的生化降解、组分复杂等因素，预先设定的水平破坏面不一定是最弱的。大型单剪仪除具备操作简单、结构简明、受力明确等优点，同时克服了大型直剪仪预先固定剪切破坏面的不足，在研究污泥和生活垃圾填埋的破坏机理上具有明显的优势。因此，相比大型三轴试验和大型直剪试验，使用大型单剪仪对非均质介质进行研究具有显著的优势。

2.2.1 仪器组成

图 2-3 是大型单剪仪的结构组成示意图。大型单剪仪主要由单剪盒、测量系统、伺服加载系统、数据采集监视控制系统、框架结构设计系统组成。

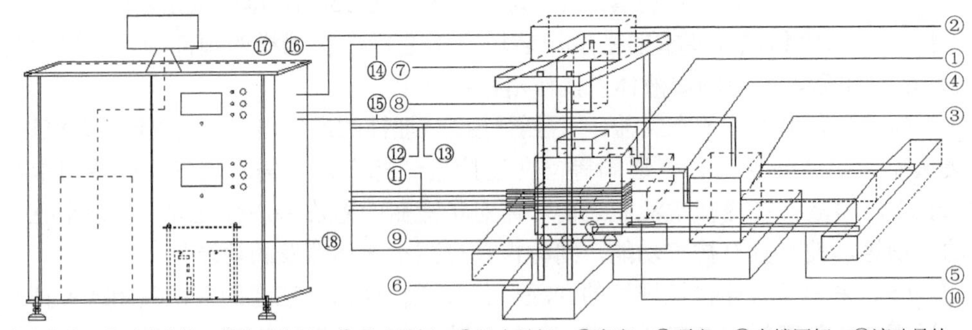

①单剪盒；②垂直电机；③水平电机；④反力导杆；⑤拉力导杆；⑥底座；⑦顶座；⑧支撑圆杆；⑨滚动导轨；⑩下剪切盒位移传感器；⑪剪切叠环位移传感器；⑫垂直方向位移传感器；⑬水平方向力的传感器；⑭垂直方向力的传感器；⑮水平方向动力操作控制线；⑯垂直方向动力操作控制线；⑰电脑；⑱控制台

图 2-3　单剪仪结构组成示意图

2.2.1.1　单剪盒

单剪盒由下部剪切盒和上部剪切叠环组成，其中下部剪切盒内径为 30cm，内高为 5cm；上部叠环共计 11 个，其中 10 个是内径为 30cm，高为 1cm 的钢环，最顶上一个是内径为 30cm，高为 8cm 的钢环，单剪盒设计如图 2-4 所示。

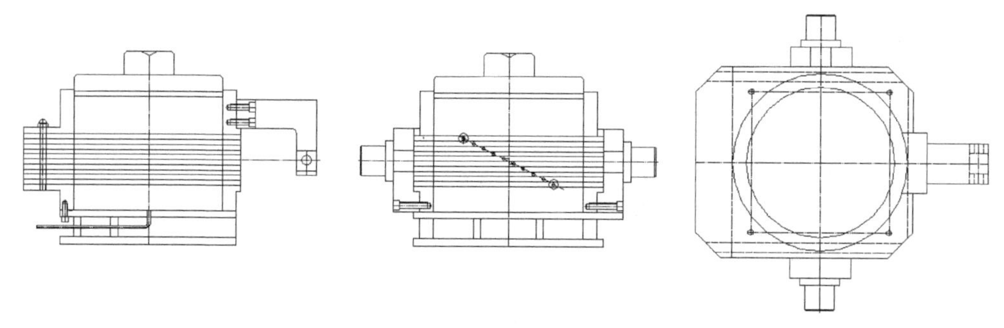

图 2-4　单剪盒设计图

单剪盒的平面布置采取内圆外方的结构形式，其内圆形式有利于制样，而外方形式有利于在剪切移动方向两边设置凹槽并铺设ϕ3mm 的滚针排，以减少剪切叠环之间的摩擦阻力，提高试验的测试精度，外方形式也有利于位移传感器的安装。

为了对排水条件进行控制，在单剪盒底面安装了排水阀门，同时为了开展大型直剪试验而配置了上下盒。

2.2.1.2　测量系统

测量系统主要由力和位移传感器组成。试验测试指标为垂直荷载、水平荷载、垂直位移、下剪切盒位移、剪切叠环位移。

在伺服电机内部安装垂直和水平方向的力传感器，垂直和水平方向的力传感器均采用轮辐式拉压力传感器（CSF），最大量程为 200kN。垂直方向的位移传感器通过垂直方向的伺服电机设置伸长固定锁来对其进行固定，其另一端探头与单剪盒最顶上的叠环表面接触，随着垂直方向伺服电机的运动而发生相应的位移。水平方向的位移传感器分别安装在下剪切盒处和剪切叠环处，其中剪切叠环处的位移传感器安装示意图如图 2-5 所示。

从图 2-5 中可以看出，通过斜直线位移传感器接触模式和梯形固定位移传感器的结构，结合螺母垂直固定梯形结构，将位移传感器固定于剪切叠环上。现有的国内大型单剪仪剪切叠环厚度一般在 20mm 左右（刘飞飞，2007；彭凯等，2010；原鹏博，2011）。考虑混合填埋体的变形较大，所有位移传感器采用直线型位移传感器（LVDT），最大量程为 120mm。

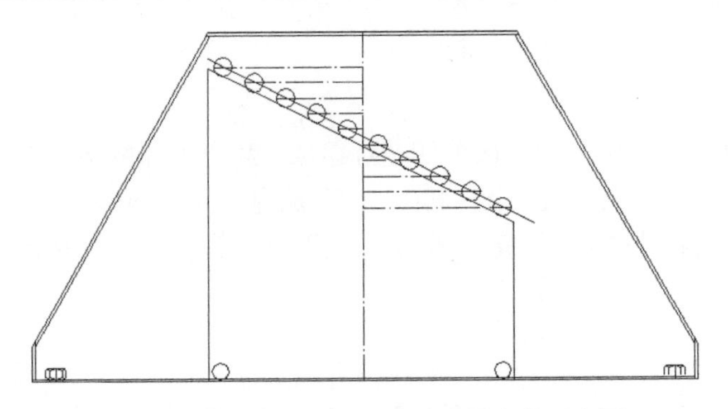

图 2-5　剪切叠环处的位移传感器安装示意图

2.2.1.3　伺服加载系统

伺服加载系统主要由垂直和水平方向的三菱伺服电机组成。三菱伺服电机基于内部永磁铁的转子，通过控制 U/V/W 三相电的伺服放大器创建电磁场，从而引起转子转动，同时驱动器将目标值和反馈值进行对比分析，进而调节转动的角度。垂直和水平方向的电机均采用两级三菱伺服电机（MR-J3），可以提供的最大荷载为 200kN，最大加载速率为 10mm/min。图 2-6 为伺服电机示意图。

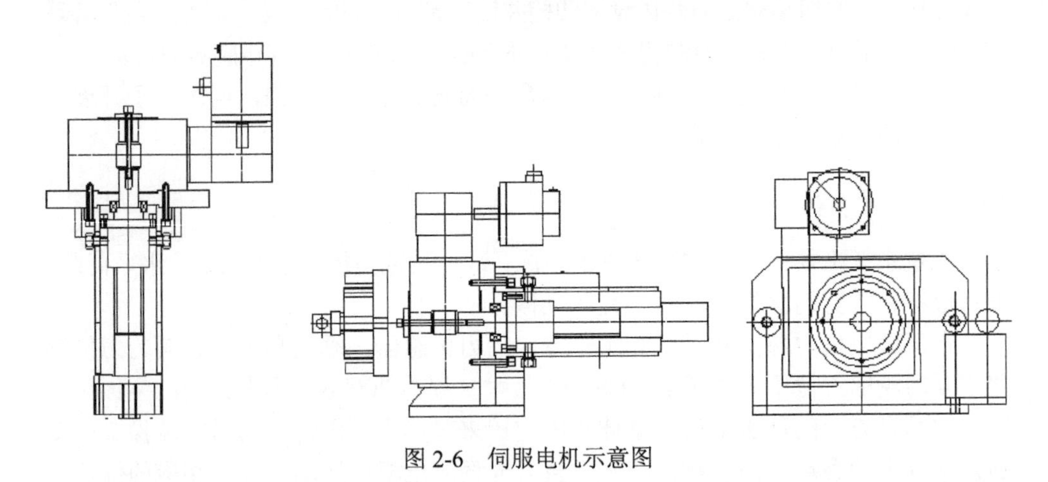

图 2-6　伺服电机示意图

2.2.1.4　数据采集监视控制系统

数据采集监视控制分析软件为 TWJ，其界面效果如图 2-7 所示。目前，数据采集监视控制分析软件 TWJ 具备的主要功能如下。

（1）可以对试验方法进行选择（如应力控制试验、应变控制试验），对试验参数进行设定（如法向荷载、法向速率、剪切力、剪切速率），对试验的开始和结束进行控制等。

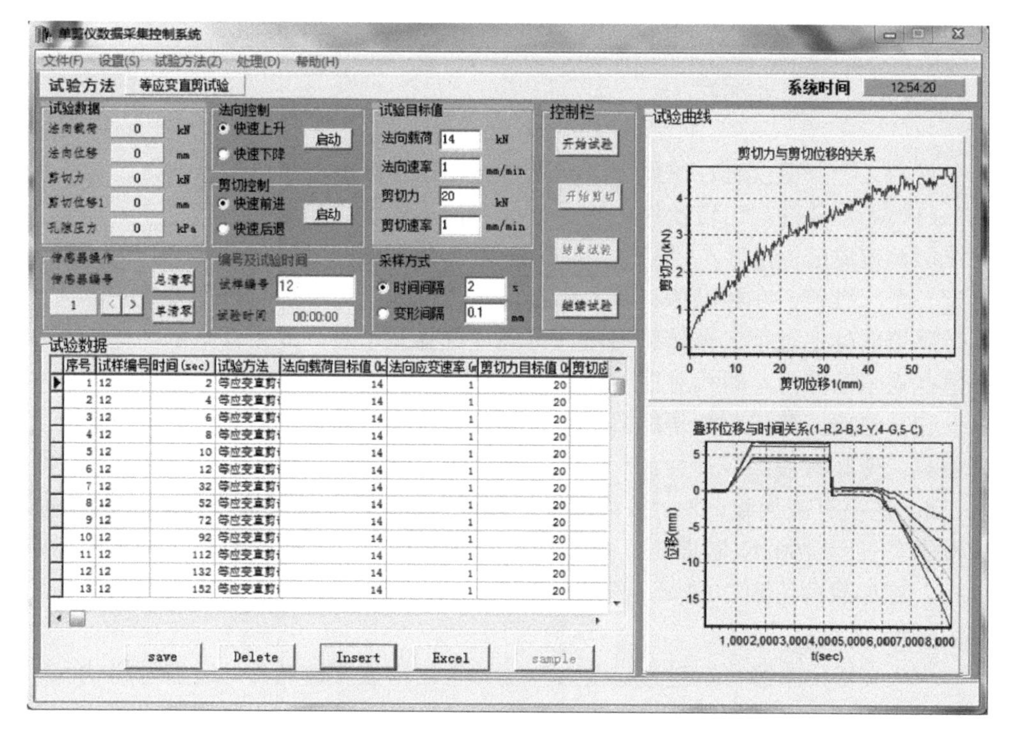

图 2-7　数据采集监视控制分析软件界面

（2）试验过程中可以对相关的参数进行实时动态显示，如法向荷载与时间的关系曲线、法向位移与时间的关系曲线、剪切力与时间的关系曲线、剪切位移与时间的关系曲线等。监视所需的曲线，只需在试验曲线栏单击鼠标右键，选择下一个曲线即可，操作直观简单，易于控制。

（3）可以对数据采集方式进行设置（如时间间隔采集数据、变形间隔采集数据），数据可以设置成定时保存，并以 Excel 文件形式进行保存，方便用户进行处理。

通过数据采集监视控制系统，用户可以方便地进行试验操作、试验数据采集、试验数据同步监控与显示、动态跟踪分析试验过程等。

2.2.1.5　框架结构设计系统

框架结构主要由底座、顶座及支撑圆杆构成，其中支撑圆杆上下部均带有螺纹，能够较好地与底座和顶座进行固定连接，并保持良好的垂直度和水平度；底座上设置一层滚动轴排，剪切盒放置其上，在剪切试验中可以起到减小摩擦的作用，提高试验水平，便于推动剪切盒进行装样和卸样。

2.2.2　传感器标定

使用大型单剪仪进行试验前，应对传感器进行标定，主要步骤如下。

（1）启动软件，出现软件主界面，单击传感器系数标定。

（2）在通道号栏输入标定传感器的通道号，选择传感器起始点（零点）清零，给定一个标准值，在标准值栏输入标准值数值，单击计算后，按保存键，即完成该传感器的标定过程。在传感器量程范围内选择几个点，测量该点的值是否与标准值在误差范围内，即相对误差控制在±1%。

（3）法向、剪切载荷传感器标定过程。在法向或剪切加载框架内放置载荷标准器具，使其与被测载荷传感器轴线一致。通道号栏输入 1 或 3，在标称值栏输入 100；在没有施加载荷时，按清零键；利用法向或切向加载操作步骤施加载荷，标准器具显示 100kN 时停止，单击计算，按保存键，即完成载荷传感器的标定过程。施加载荷达到 200kN，测量值的相对误差不超过 1%，即完成该载荷传感器的标定。

（4）位移传感器标定过程。在百分表计量仪内放置传感器。通道号栏输入对应传感器号，在标准值栏输入 50；调整传感器的位置，传感器的输出值为零，按清零键；加入 50mm 的块规，单击计算，按保存键，即完成载荷传感器的标定过程，加入 100mm 的块规，测量值的相对误差不超过 1%，即完成该位移传感器的标定。

（5）传感器的精度。法向和剪切载荷传感器，最大量程为 200kN，精度为±0.2%；法向、剪切及叠环位移传感器，最大量程为 100mm，精度为±0.2%。

2.2.3　试验步骤

强度试验采用等应变单剪试验，其工作原理是通过数据采集监视控制分析软件 TWJ，首先选择应力模式，将动力控制信号传递到垂直方向的伺服电机，对试样进行固结排水，在 TWJ 界面监视法向加载和法向位移情况，达到变形稳定标准之后，在 TWJ 界面选择应变模式，再将另一个动力控制信号传递到水平方向的伺服电机，拉动导杆，进而拉动下剪切盒，提供水平方向的剪切力，而最顶上的剪切叠环不动，通过反力导杆提供反力，试样处在这种受力情况下直至剪切破坏。具体试验步骤如下。

（1）旋开导杆上的螺母，推动导杆，推出单剪盒，安装剪切叠环，使其与下剪切盒对齐，垂直插入固定销，安装橡皮膜和透水石，橡皮膜底部与排水口微凸起部分进行处理。

（2）将均匀搅拌后的试样装入单剪盒内，采取击实制样的方法，空心击实锤质量为 4.0kg，击实导杆落高为 540mm，分 4 层击实，每层击次按具体情况确定，击实层之间拉毛，避免剪切破坏面在击实层间发生。

（3）安装透水石和传压板，拉动导杆，使单剪盒与垂直方向的伺服电机中心对齐，旋紧导杆上的螺母，连接电源，按下控制台上的快速下降按钮，使垂直方向伺服电机的加载伸长臂与传压板接触，再立即停止快速下降按钮。

（4）安装垂直方向的位移传感器、下剪切盒位移传感器及剪切叠环位移传感器，单击数据采集监视控制分析软件 TWJ，新建单剪试验文件，输入试验编号、日期等信息，单击添加，选择相应的试验方法（如等应变单剪试验），设置法向荷载、剪切速率、数据采集时间间隔，单击总清零，打开单剪盒底部的排水阀门。

（5）单击开始试验，施加法向荷载，试样进行固结变形，直到试样固结变形稳定，变形稳定的标准为每小时不大于 0.03mm（刘飞飞，2007），或者 24h 稳定标准（张振营等，2015；严立俊，2015；Fei，2016）。然后，设置剪切速率为 2mm/min，单击开始剪切按钮，这时系统会提示拔出单剪盒固定销，拔出固定销后，单击确认，进行剪切，直到剪切位移到达 60mm，停止剪切，结束剪切试验。

（6）单击“save”，保存数据，拆卸所有位移传感器，启动法向快速上升，直到法向力为 0，继续上升，直到高出单剪盒一定高度，停止上升，启动剪切快速后退，直到剪切力为 0，停止后退，关闭电源，旋开导杆螺母，推出单剪盒，卸出试样，清洗橡皮膜、透水石，结束试验。

第3章　污泥-生活垃圾混合填埋体的压实特性

污泥在生活垃圾填埋场进行混合填埋时，需要进行压实作业，经过压实后，有利于增加库容，提高强度和稳定性（Zhu et al.，2003；桂跃等，2010；Pulat and Yukselen-Aksoy，2013）。目前，国内外对混合填埋体压实特性的研究鲜有报道，随着大量污泥进入填埋场进行填埋处置，该方面研究工作的重要性逐步凸显。关于压实特性的研究主要集中在生活垃圾单独压实方面。由于污泥与生活垃圾在物质组成、性质、结构等方面有着较大差别，混合填埋体的压实特性不宜直接采用生活垃圾的压实特性的研究成果。针对上述问题，从污泥掺入量和击实功这两个角度开展研究，获得污泥掺入量与干密度的关系及击实功与干密度的关系，在此基础上获得污泥掺入量和击实功对干密度的影响，并分析击实类型对干密度的影响。基于上述结果，分析混合填埋体的压实特性，可为混合填埋工程压实设计提供理论支撑，同时击实试验的开展也为后期生化降解试验和强度试验的开展提供制样方面的基础数据。

3.1　试验材料及试验设计

3.1.1　试验材料

试验所需的污泥取自某生活污水厂的污泥，具体指标见表3-1。

表3-1　污泥的性质指标

含水率/%	密度/(g/cm^3)	塑限/%	液限/%	pH	有机物/%	Cd/(mg/kg)	Cu/(mg/kg)	Zn/(mg/kg)	Pb/(mg/kg)
331.03	1.11	31.2	279.2	7.05	36.21	25	198	503.2	112

从表3-1中可以看出，污泥属于典型的高含水率、高有机物含量的有机废弃物。

图3-1为污泥的SEM图像，SEM试验采用日本HITACHI公司生产的S-3400N Ⅱ型扫描电子显微镜。从SEM图像可以看出，污泥微观结构呈片状-絮凝状，孔隙较大，颗粒之间黏结较为松散。

图 3-1　污泥 SEM 图像

《城镇污水处理厂污泥处置混合填埋用泥质》(GB/T 23485—2009) 对污泥进入填埋场进行混合填埋处置时，要求污泥的含水率不超过 150%。通过自然风干方式，将其含水率降低至 150%，

生活垃圾的组分复杂，颗粒尺寸差异大，组分形状差异大，并与生活习惯和经济发展水平有关。垃圾组分主要包括蔬菜、果皮、树叶、草、废纸、塑料、橡胶、纺织品、木材、金属、玻璃、陶瓷、砖、土等。因此，对混合填埋体力学和生化特性进行研究的关键环节是如何确定垃圾的组分。垃圾的组分在不同国家或地区也有很大的差异。表 3-2 和表 3-3 分别为不同国家及国内部分地区的生活垃圾典型组分的统计资料。

表 3-2　不同国家生活垃圾典型组分表　（单位：干重百分比）

国家	有机物	纸	灰渣	金属	玻璃	塑料	其他
英国	27	28	11	9	9	2.5	3.5
法国	22	34	20	8	8	4	4
荷兰	2	25	20	3	10	4	17
美国	12	50	7	9	9	5	8
意大利	25	20	25	3	7	5	15

由表 3-2 可以看出，经济发展水平较高的国家，其垃圾中的纸类含量相对较

高。另外，垃圾的组成还与垃圾分类处理有直接关系。由表 3-3 可以看出，同一国家不同地区的生活垃圾组分也有较大的差异，生活垃圾组成的差异可以反映各个地区经济发展水平的差异。我国东南沿海地区某些城市经济水平已经和发达国家相差不多，但是生活垃圾中的有机物含量却明显更高，这说明经济发展水平相似的地区，其生活垃圾组分的差异还与当地的饮食结构有关。

表 3-3　国内部分地区生活垃圾典型组分表　（单位：干重百分比）

地区	厨余	废纸	纤维	竹木制品	塑料橡胶	金属	玻璃陶瓷	其他
北京	39.00	18.18	3.56	—	10.35	2.96	13.02	2.00
上海	70.00	8.00	2.80	0.89	12.00	0.12	4.00	—
杭州	52.48	4.90	3.80	1.66	11.30	0.67	1.15	—
南京	52.00	4.90	1.18	1.08	11.20	1.28	4.09	3.00
无锡	41.00	2.90	4.98	3.05	9.83	0.90	9.47	2.58
武汉	39.16	4.33	1.33	3.20	7.50	0.69	6.55	4.50
广州	63.00	4.80	3.60	2.80	14.10	3.90	4.00	—
深圳	58.00	7.91	2.80	5.19	13.70	1.20	3.20	—

在国内垃圾分选资料分析的基础上，许多学者提出典型的垃圾组分（张振营等，2015；施建勇和王娟，2012；刘晓东等，2011a；方云飞，2005；刘荣等，2005；孙秀丽等，2007；涂帆等，2008；陈继东等，2008），见表 3-4。在人工配制生活垃圾的过程中，许多学者都采用一种常用的替代方法，即麦麸替代厨余，木屑替代木质品，布替代纺织品，轮胎替代橡胶，塑料袋和饭盒替代塑料等。采用这种替代方法，可以很好地进行生活垃圾制样，试验条件便于控制，避免如厨余类垃圾难以控制的问题，同时也可避免因现场钻孔取样和现场大型试验带来的操作不便、成本较高等问题。

表 3-4　国内部分学者提出的典型生活垃圾组分　（单位：干重百分比）

学者	厨余	废纸	木质品	纺织品	橡胶	塑料	土	玻璃	陶瓷	金属
张振营	49.5	2	3	4.5	3	3	29.8	1.75	1.75	1.75
施建勇	25	15	—	5	5	5	35	10	—	—
孙秀丽	51.9	12.3	0.82	0.98	13.79		18.3	1.06	—	0.78
涂帆	30	5	8	3	11	—	40	3	—	—
刘晓东	25	15	5	5	10		35	5	—	—
陈继东	25	15	5	5	10	—	30	10	—	—
方云飞	25	15	5	5	10		30	10	—	—
刘荣	25	21	—	3	3	6	34	6	—	2

生活垃圾的分类并没有统一的标准，一些学者对垃圾分类的研究见表 3-5。Turczynski（1988）从土力学分类方法的角度出发，提出了一种分类标准，但是对生活垃圾的适用性不强。Landva 和 Clark（1990）从物质生化降解的角度对垃圾进行分类，但是该方法忽略了垃圾的颗粒尺寸、形状对其力学和生化降解特性的影响。Grisolia 等（1995）从物质生化降解和变形的角度出发，提出了一种分类标准，具有合理性，但是并未考虑垃圾中许多组分是“复合模式”，即有的组分可以降解，也可以变形；有的组分不可以降解，但可以变形等。Kolsch（1996）从组分和颗粒尺寸的角度进行分类，未考虑生化降解。Manassero 等（1996）和 Thomas 等（1999）基于类土物质和非类土物质的观点进行分类，但是未考虑生化降解。张振营等（2015）和刘晓东等（2011a，2011b）提出的分类方法比较接近，都是基于物质组分、生化降解情况进行考虑。

表 3-5　部分学者关于生活垃圾的分类

学者	分类标准	主要指标
Turczynski（1988）	垃圾类型	塑限、液限、密度、渗透性、剪切强度
Landva 和 Clark（1990）	无机物和有机物	降解性、形状
Grisolia 等（1995）	不可降解、可降解、可变形	强度、变形、降解
Kolsch（1996）	组分	材料的大小
Manassero 等（1996）	非类土物质和类土物质	物理指标
Thomas 等（1999）	非类土物质和类土物质	不同材料物理性质
张振营等（2015）	组分、易降解、难降解、不可压缩	强度、变形、降解
刘晓东等（2011a，2011b）	组分、无机物、有机物	变形、降解

综合国内垃圾组分的统计资料及相关学者对垃圾的组分和颗粒尺寸的研究，在此基础上人工配制试验所需的典型垃圾。在垃圾的配制过程中，考虑厨余等成分不易获取且不易统一控制，以及试验垃圾需求量大，为了避免垃圾试样配制的不确定性，也采用替代品的方法。本书所采用的垃圾的配制情况见表 3-6，其中垃圾成分颗粒尺寸参考了 Zekkos（2005）提出的方法，颗粒尺寸小于 20mm 为类土物质，颗粒尺寸大于 20mm 为纤维物质，并结合后期试验的仪器尺寸，控制最大颗粒尺寸小于 30mm，主要是指控制废纸、布、塑料等大颗粒的尺寸。

表 3-6　垃圾的组分和颗粒尺寸

项目	易降解（干重比 46.5%）			难降解（干重比 12.5%）			不降解（干重比 41%）		
	厨余	废纸	木制品	纤维	橡胶	塑料	土	陶瓷	金属
替代品	麦麸	—	木屑	布	轮胎	袋、盒	—	—	—
比例/%	32	10	4.5	4.5	4	4	35	3	3
颗粒尺寸/mm	＜20	20～30	20～30	20～30	20～30	20～30	＜20	20～30	20～30

参考国内垃圾填埋场中垃圾的含水率，结合国内学者配制人工垃圾含水率的成果（施建勇等，2003；刘荣等，2005；陈继东等，2008；柯瀚等，2010；刘晓东等，2011a，2011b；张振营等，2015；Li and Shi，2016），试验中将垃圾的含水率控制在60%。

在确定了各项材料基本性质的基础上，将生活垃圾和污泥按照一定比例进行均匀混合，并装入塑料袋中，扎紧袋口，闷料密封养护1天，制备污泥-生活垃圾混合试样。

3.1.2　试验设计

为了明确污泥-生活垃圾混合填埋体的压实特性问题，从污泥掺入量和击实功这两个角度开展击实试验，开展击实类型对干密度的影响试验。试验安排了两组，具体试验方案如下。

（1）第一组为污泥掺入量和击实功对混合填埋体压实特性影响的试验方案，见表3-7。

表3-7　污泥掺入量和击实功对干密度的影响试验方案

编号	污泥掺入量 μ/%	击次 N/次						击实类型
1-1	0	0	5	25	50	75	100	轻型击实
1-2	12.5	0	5	25	50	75	100	
1-3	20	0	5	25	50	75	100	
1-4	30	0	5	25	50	75	100	
1-5	40	0	5	25	50	75	100	
1-6	50	0	5	25	50	75	100	
2-1	0	0	5	25	50	75	100	重型击实
2-2	12.5	0	5	25	50	75	100	
2-3	20	0	5	25	50	75	100	
2-4	30	0	5	25	50	75	100	
2-5	40	0	5	25	50	75	100	
2-6	50	0	5	25	50	75	100	

（2）第二组为击实类型对混合填埋体压实特性的影响，见表3-8。

表3-8　击实类型对干密度影响的试验方案

试验编号	污泥掺入量 μ/%	击次 N/次	击实类型
3-1	0、12.5、20、30、40、50	25	轻型击实
3-2	0、12.5、20、30、40、50	25	重型击实
3-3	0、12.5、20、30、40、50	25	大型击实

从击实功和击实冲量的角度，对不同类型的击实试验结果进行分析，击实功、击实冲量计算公式如下。

击实功：

$$E_N = \frac{m \times g \times h \times L \times N}{V} \tag{3-1}$$

击实冲量：

$$I = \frac{m \times g \times t}{s} \tag{3-2}$$

式中：m 为击实锤的质量；g 为重力加速度；h 为击实锤落距；L 为击实层数；V 为击实土体的体积；N 为每层击实次数；t 为击锤下落时间；s 为击实锤与试样的锤击接触面积。

污泥-生活垃圾混合填埋体的击实试验分别采用轻型标准击实仪、重型标准击实仪、大型击实仪，其中大型击实试验是指直接利用大型单剪仪的单剪盒和空心击实锤进行的击实试验。在轻型标准击实仪下，击实锤质量 2.5kg，内径 51mm，落高 305mm，筒内径 102mm，按 3 层击实；在重型标准击实仪下，击实锤质量 4.5kg，内径 51mm，落高 457mm，筒内径 152mm，按 5 层击实；在大型击实仪下，空心击实锤质量 4.0kg，击实底板内径 100mm，落高 540mm，筒内径 300mm，按 4 层击实。

参照《土工试验方法标准》(GB/T 50123—1999)，分别对混合填埋体进行轻型击实试验、重型击实试验及大型击实试验，击实次数（击次）按照各自试验方案进行，其中 0 击次所对应的干密度 ρ_{d0} 是指混合填埋体分层填埋于击实筒所形成的堆积干密度（轻型击实筒分 3 层、重型击实筒分 5 层）。击实试验过程中，层与层之间要进行拉毛处理，每层击实试样的厚度宜相等。

3.2　污泥掺入量对干密度的影响

在污泥掺入量为 0、12.5%、20%、30%、40%、50%条件下分别进行轻型击实试验和重型击实试验，研究污泥掺入量对污泥-生活垃圾混合填埋体干密度的影响。试验结果如图 3-2 所示。

从图 3-2 可以看出，当击次相同时，随着污泥掺入量的增加，生活垃圾和混合填埋体的干密度整体趋势逐渐增加。从 25 击次、50 击次、75 击次、100 击次所对应的曲线可知，污泥掺入量为 20%、30%时，混合填埋体的干密度变化不大，即使污泥掺入量增加到 50%时，其干密度并未显著增加。这是因为击实过程中污泥颗粒起到填充作用，污泥掺入量小于 20%时，填充效果较明显，而当污泥掺入量超过 30%时，填充效果不再明显（易进翔和杨康迪，2013；薛飞等，2014）。但是，0 击次、

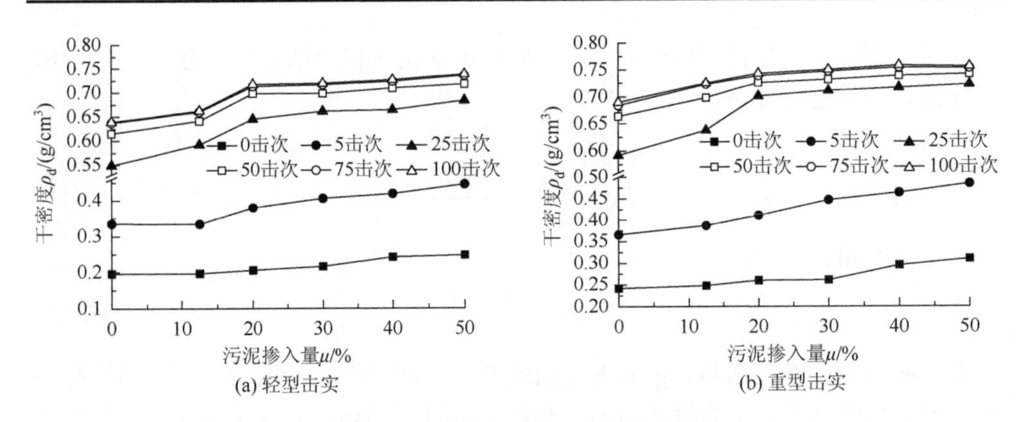

图 3-2　污泥掺入量与干密度的关系

5 击次所对应的曲线并未表现出这样的规律，这是因为 0 击次所对应的干密度 ρ_{d0} 是指混合填埋体分层填埋于击实筒所形成的堆积干密度（轻型击实筒分 3 层、重型击实筒分 5 层）。在击实过程中，击实锤直径均是 51mm，而击实筒的内径为 102mm 和 152mm，5 击次不能将混合填埋体击密实，所以 0 击次、5 击次时，干密度的波动相对较大，没有表现出相同的规律。

往生活垃圾中添加一定量的污泥，其干密度增加，有利于生活垃圾压实特性的改善，具体表现在：当 0 击次、5 击次，污泥掺入量为 12.5%～50%时，混合填埋体相比生活垃圾的干密度增加了 0.63%～32.84%；当 25 击次，污泥掺入量为 12.5%～50%时，混合填埋体相比生活垃圾的干密度增加了 7.77%～24.33%；当 50 击次、75 击次、100 击次，污泥掺入量为 12.5%～50%时，混合填埋体相比生活垃圾的干密度增加了 3.66%～16.56%。

当 5 击次，污泥掺入量为 0～50%时，生活垃圾和混合填埋体的重型击实干密度比轻型击实干密度增加了 8.13%～15.80%；当 25 击次、50 击次、75 击次、100 击次，污泥掺入量为 0～50%时，生活垃圾和混合填埋体的重型击实干密度比轻型击实干密度增加了 2.45%～9.51%。相比轻型击实，重型击实更适合用来击实生活垃圾和混合填埋体。

将图 3-2 中的污泥掺入量用对数坐标进行转换，结果如图 3-3 所示。

从图 3-3 可知，ρ_d 与 $\lg\mu$ 基本呈线性关系：

$$\rho_d = c + d\lg\mu \tag{3-3}$$

式中：c 和 d 为与混合填埋体的组分、含水率、击实功等因素有关的参数。参数的拟合结果见表 3-9，其拟合相关度均大于 0.90，试验结果具有较好的相关性。

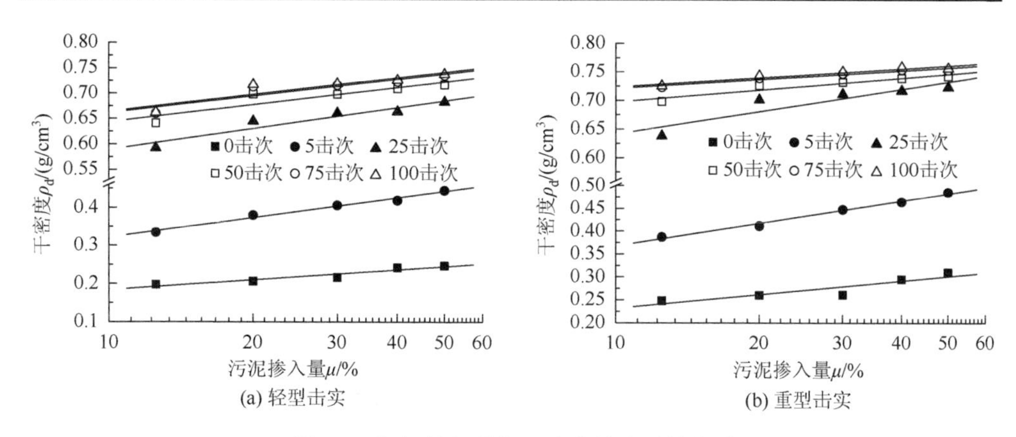

图 3-3　污泥掺入量与干密度的半对数关系

表 3-9　污泥掺入量与干密度相关关系的参数取值

击次 N	参数 c	参数 d	击实类型
0	0.096	0.088	轻型击实
5	0.147	0.174	
25	0.452	0.137	
50	0.531	0.113	
75	0.551	0.110	
100	0.553	0.111	
0	0.131	0.100	重型击实
5	0.203	0.164	
25	0.511	0.130	
50	0.628	0.070	
75	0.669	0.052	
100	0.670	0.053	

3.3　击实功对干密度的影响

在 0 击次、5 击次、25 击次、50 击次、75 击次、100 击次条件下分别进行轻型击实试验和重型击实试验，研究击实功对污泥-生活垃圾混合填埋体干密度的影响。试验结果如图 3-4 所示。

从图 3-4 可以看出，当污泥掺入量相同时，随着击次的增加，生活垃圾和混合填埋体的干密度整体趋势逐渐增加；25 击次之前，干密度增加较大；25 击次之后，干密度增加趋势放缓；超过 50 击次之后，继续增加击次，干密度变化不大，趋于稳定。在击实过程中，击实功由孔隙中的气体、自由水、结合水、生活垃圾

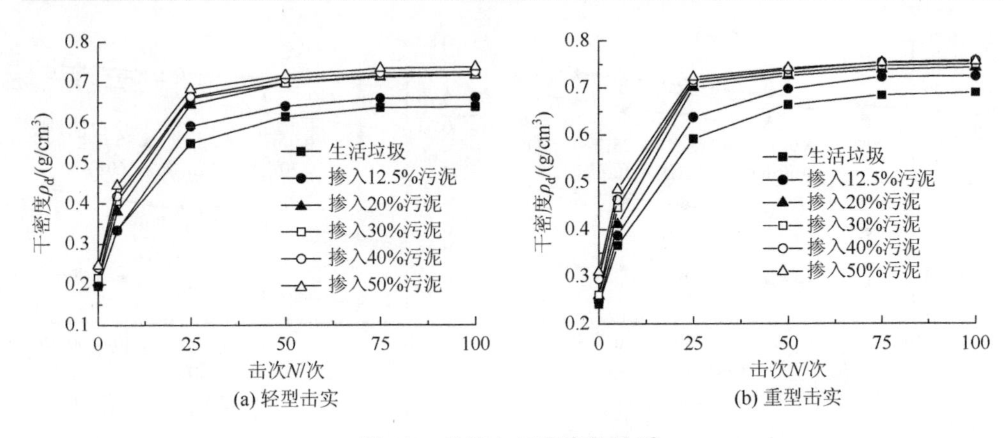

图 3-4 击次与干密度的关系

或者混合填埋体中的颗粒所承担（易进翔和杨康迪，2013），随着击实功的增加，孔隙中的气体和水被排出，生活垃圾或者混合填埋体中的颗粒变得更加密实，干密度会增加；当击次超过 50 次，继续增加击实功，孔隙中的气体和水的排出将会受到制约，导致气体和水的排出将相当困难，此时干密度变化不大，趋于稳定（Sridharan and Sivapullaiah，2005）。

图 3-5 为击实功与干密度的关系。

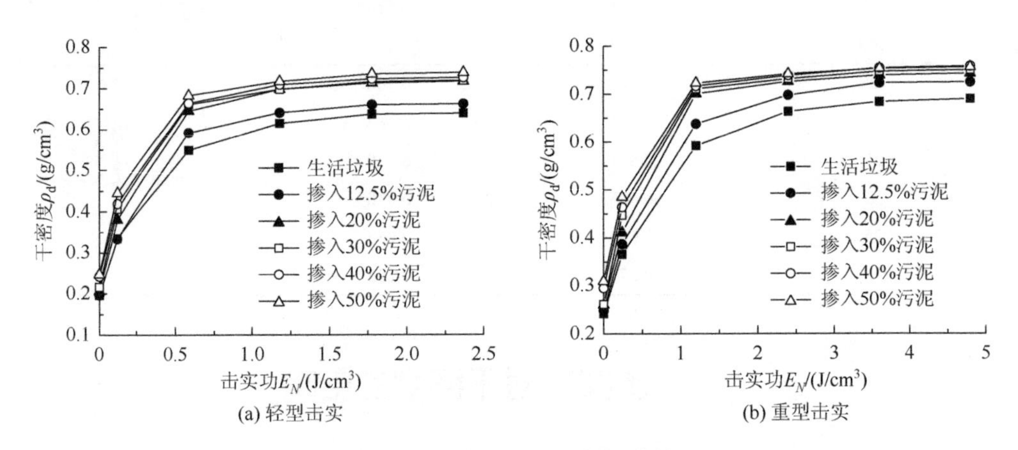

图 3-5 击实功与干密度的关系

Zekkos 等（2006）采用双曲线关系研究击实功对垃圾容重的影响，参考其研究成果，采用双曲线关系研究击实功对生活垃圾和混合填埋体干密度的影响，可以表述为

$$\rho_{\mathrm{d}} = \rho_{\mathrm{d0}} + \frac{E_N}{\alpha + \beta E_N} \tag{3-4}$$

式中：α 和 β 为与混合填埋体的组分、含水率、污泥掺入量等因素有关的参数。α 的单位是 J/g，β 的单位是 cm^3/g。0 击次所对应的干密度 ρ_{d0} 是指混合填埋体分层填埋于击实筒所形成的堆积干密度（轻型击实筒分 3 层、重型击实筒分 5 层）。

式（3-4）中的相关参数见表 3-10，相关度均大于 0.92，双曲线关系与试验数据具有较好相关性。

表 3-10　击实功与干密度关系的参数取值

污泥掺入量 μ/%	参数 α/(J/g)	参数 β/(cm^3/g)	击实类型
0	0.300	2.012	轻型击实
12.5	0.226	1.858	
20	0.197	1.902	
30	0.215	1.972	
40	0.186	1.958	
50	0.300	2.012	
0	0.633	1.958	重型击实
12.5	0.485	1.960	
20	0.373	1.965	
30	0.423	2.069	
40	0.382	2.158	
50	0.633	1.958	

双曲线关系的参数 α 和 β 的物理意义，以及其对双曲线形状的影响如图 3-6 和图 3-7 所示。从图 3-6 中可以看出，参数 α 可以表征在 0 击次时随着击实功的增加，干密度增加的幅度，$1/\alpha$ 是指在 0 击次时干密度与击实功曲线的斜率；参数 α 越小，在击实功较小时干密度的增加越显著。参数 β 表征最大击实干密度和 0 击次干密度之间的差异，$1/\beta$ 是它们的差值；参数 β 越小，干密度的击实空间越大，参数 β 越大，干密度的击实空间越小。

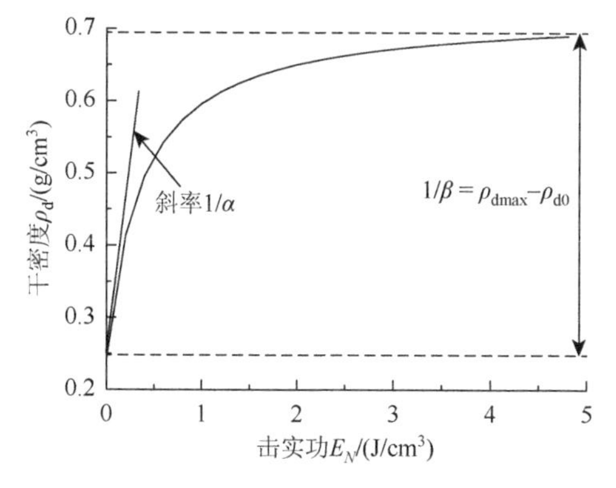

图 3-6　参数 α 和 β 的物理意义

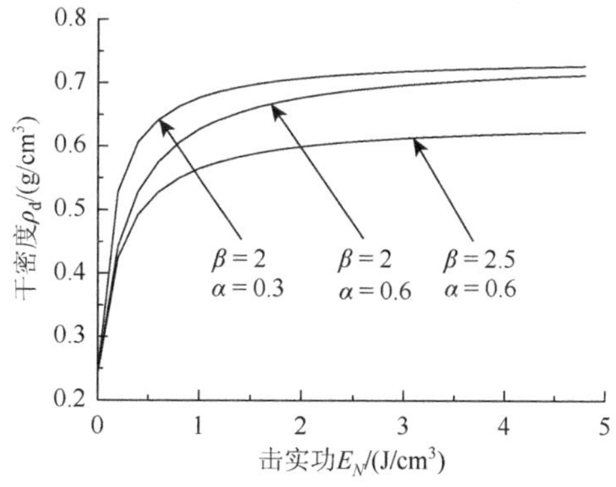

图 3-7　参数 α 和 β 对双曲线形状的影响

混合填埋体的组分不同，其颗粒的接触形式、颗粒间的孔隙等都不同；污泥掺入量不同，污泥起到的填充作用不同；混合填埋体的含水率不同，引起其饱和度不同，造成击实过程中干密度不同，这些原因导致干密度与击实功的双曲线形状不同。结合图 3-6 和图 3-7 中参数 α 和 β 与双曲线形状的相互关系，具体的影响在于 0 击次时随着击实功的增加，干密度增加的幅度不同。

3.4　击实类型对干密度的影响

在轻型击实、重型击实、大型击实条件下开展击实试验，研究击实类型对污泥-生活垃圾混合填埋体干密度的影响。试验结果如图 3-8 所示。从图 3-8 中可以看出，当污泥掺入量和击次均相同时，击实类型不同，其干密度不同，且重型击实干密度最大，其次是轻型击实的干密度，而大型击实的干密度最小。这是因为 25 击次下重型击实的击实功为 1197.40kJ/m^3，击实冲量为 0.67N·s/cm^2；25 击次下轻型击实的击实功为 591.55kJ/m^3，击实冲量为 0.30N·s/cm^2；25 击次下大型击实的击实功为 149.07kJ/m^3，击实冲量为 0.16N·s/cm^2，其中大型击实的击实功和击实冲量较小的原因在于其击实体积较大及击实底板内径较大。对于混合填埋体，击实功越大，击实冲量越大，击实效果越好，干密度越大。

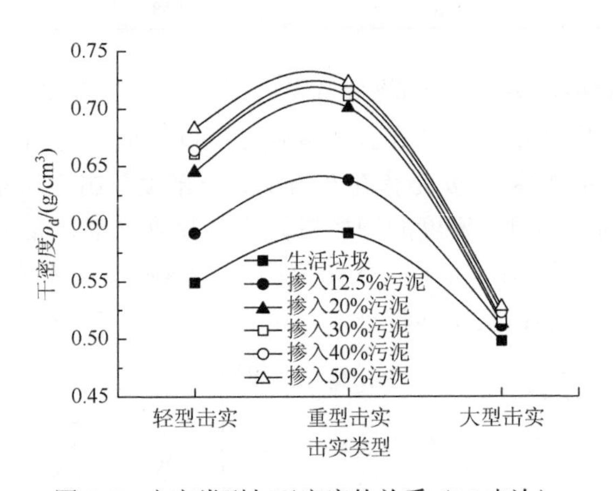

图 3-8　击实类型与干密度的关系（25 击次）

3.5　污泥-生活垃圾混合填埋体的击实评价方法

通过对击实试验的研究，为现场污泥-垃圾混合填埋工程提供合理的压实参数，进而选择合理、经济的现场压实设备及压实工艺。混合填埋体的干密度与污泥掺入量、击实功、击实类型等因素有关系。

图 3-9 为 0 击次、5 击次、25 击次、50 击次、75 击次、100 击次所对应的曲线。污泥掺入量超过 20%以后，混合填埋体的干密度比生活垃圾的干密度增加的幅度变化不大，即使污泥掺入量增加到 50%，其干密度增加幅度也并未显著变化。这是因为击实过程中污泥颗粒起到填充作用，污泥掺入量小于 20%时，填充效果较明显，而当污泥掺入量超过 20%时，填充效果不再明显。但是，图 3-9 中 0 击次、5 击次所对应的曲线并未表现出这样的规律，其原因见 3.2 节污泥掺入量对干密度的影响部分。

从图 3-10 可以看出，对混合填埋体进行击实，超过某一击次后，继续增加击次，干密度变化不大，趋于稳定，其中 $\rho_{d,25}/\rho_{d,100}>85\%$，$\rho_{d,50}/\rho_{d,100}>95\%$，50 击次所对应的干密度 $\rho_{d,50}$ 是稳定点（桂跃等，2010）。

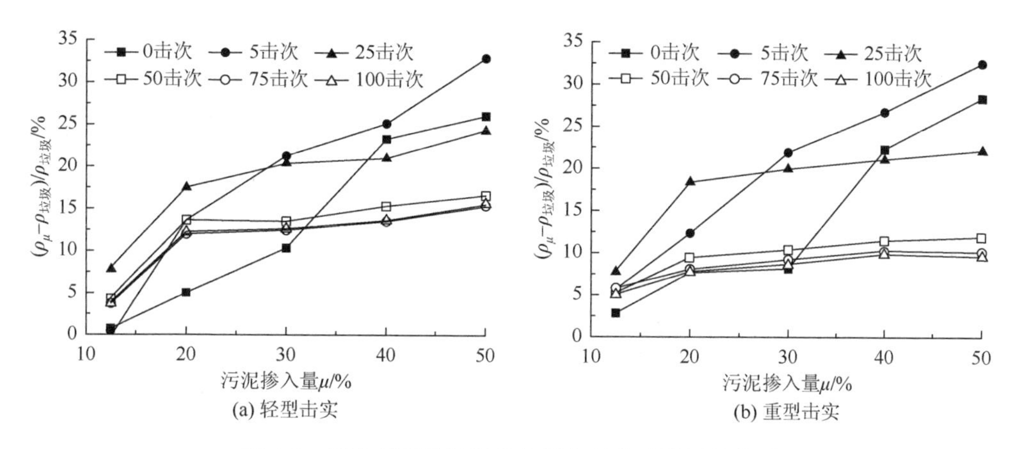

图 3-9　混合填埋体污泥掺入量与干密度增量的关系

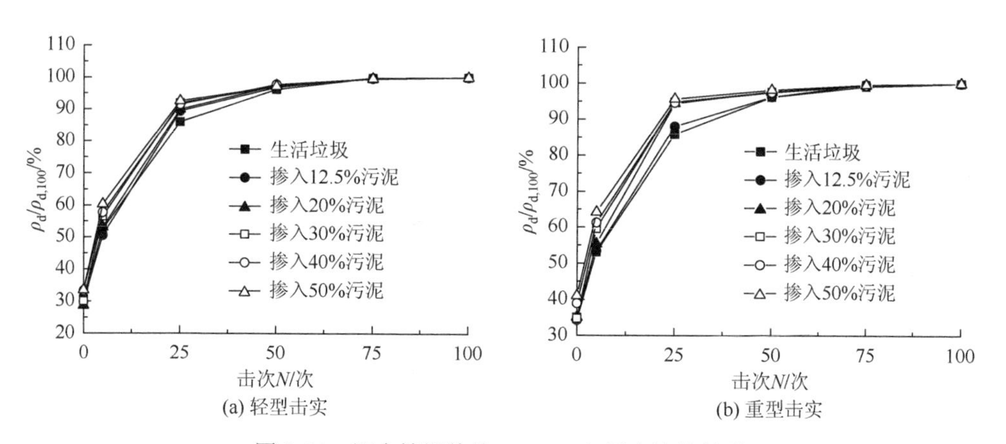

图 3-10　混合填埋体的 $\rho_d/\rho_{d,100}$ 与层击次的关系

击实的目的是通过外力迫使颗粒进行重新排列，减小土中的孔隙，随着孔隙气和水的排出，颗粒变得更加密实。混合填埋体干密度的增加主要因为污泥颗粒的填充作用、污泥和垃圾颗粒的重新排列、部分垃圾颗粒的破碎及孔隙水和气的排出。随着击实功的增加，孔隙水和气排出，污泥和垃圾颗粒变得更加密实，饱和度变得更高，这将制约孔隙水和气的排出，继续增加击实功到某一程度时，孔隙水和气的排出将变得困难，此时干密度将变化不大，趋于稳定，出现“经济击实功”，可以认为混合填埋体已经被击实。从图 3-11 和图 3-12 可知，淤泥-生石灰材料化土和红黏土也存在类似的经济击实功（Sridharan and Sivapullaiah，2005；桂跃等，2010）。因此，对于混合填埋体，可以依据干密度的变化趋势来评价其是否击实，进而可以大致确定所需击实功的大小。

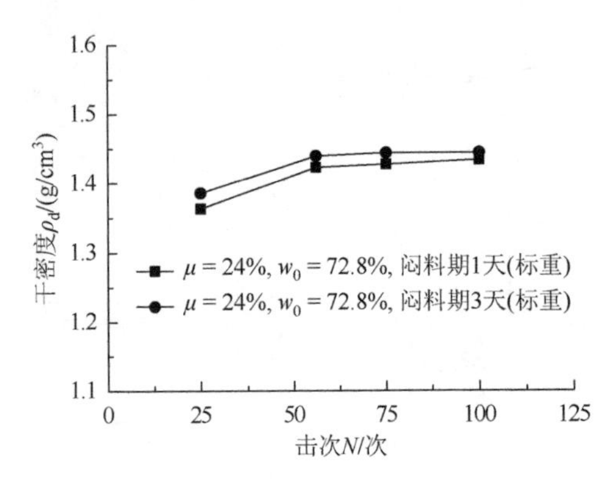

图 3-11　淤泥-生石灰材料化土层击次与干密度的关系（桂跃等，2010）

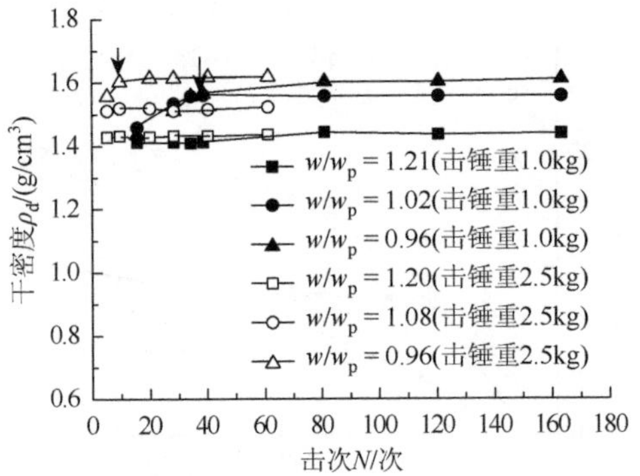

图 3-12　不同击实条件下红黏土层击次与干密度的关系（Sridharan and Sivapullaiah，2005）

w/w_p 为含水率与塑限含水率的比值，为含水比

在上述混合填埋体击实特性的分析基础上，对比常规土的击实机理，一般来说常规土（黏性土、粉土等）的击实机理通常采用二维绘图进行分析即可，而混合填埋体的击实机理较为复杂，与常规土的区别不仅是掺入污泥，而且其在击实过程中颗粒会破碎。图 3-13 为混合填埋体的三维击实机理示意，在上述击实试验过程中，发现有些颗粒会被击碎（饭盒、陶瓷等）。这也是干密度增加的一个来源。同时，相关学者对垃圾室内和现场的大量试验研究也表明随着击实功的增加，垃圾会有一定程度的破碎（Hudson et al.，2004；Hanson et al.，2010）。

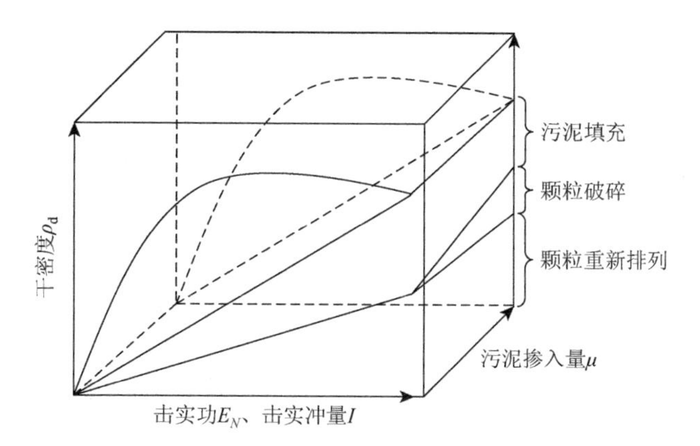

图 3-13　混合填埋体击实机理

第4章　污泥–生活垃圾混合填埋体的生化降解过程

污泥–生活垃圾混合填埋体内富含大量的有机物和微生物。在复杂的填埋场环境下，微生物会生化降解其中的有机物，以维持自身生长和繁殖的需要。混合填埋体中可降解的有机物通过一系列的生物、化学反应，部分固相转化为可迁移的液相和气相，引起其三相比例关系、物质组成及结构的变化，导致强度发生改变，影响填埋场边坡的稳定性（邱纲等，2013；施建勇等，2014；Fei，2016）。针对混合填埋体的生化降解特性问题（产气特性、渗滤液特性、有机物降解特性），开展三个方面的生化降解试验，获得混合填埋体的产气动力学模型和有机物降解动力学模型，利用这两个动力学模型对其产气速率、总产气潜能、矿化稳定化时间等问题进行研究，并对气体和液体的理化性质进行分析，研究其生化降解情况。这为混合填埋工程的气体、液体收集处理系统的设计提供理论依据，同时也是强度演化和稳定性分析的重要基础。

4.1　试验方案

试验分为两组，第一组采用填埋柱，研究填埋场内混合填埋体生化降解情况，主要是生化降解下产气特性和渗滤液特性，第二组主要研究生化降解下有机物含量的变化规律。第一组试验设计了6根填埋柱，填埋柱内混合填埋体中污泥掺入量分别为0、12.5%、20%、30%、40%、50%，填埋密度均控制在0.729g/cm^3，试验周期为268天。第二组试验在塑料桶中装入污泥和生活垃圾，其污泥掺入量分别为0、12.5%、20%、30%、40%，试验周期为270天，在密封条件下进行生化降解。

第一组试样按照上述设计的配比，将含水率为150%的污泥和含水率为60%的生活垃圾进行均匀混合，然后将其分五层装填于内径为230mm的填埋柱中，每层厚度约为15cm，采用控制密度的方法将其压实至相应的高度，达到第一组试验的控制密度，总填埋高度控制在75cm。第二组试样根据相应的配比，将含水率为150%的污泥和含水率为60%的生活垃圾进行均匀混合，然后装入塑料桶中，并铺上一层黑色塑料袋，最后密封。

将填埋柱放入实验室温室大棚，其年平均温度为25～30℃，试验开始后回灌蒸馏水，完全浸没混合填埋体1h，使其饱和，排出空气，然后打开阀门，排干水分；关闭阀门，回灌 1000mL 蒸馏水，此后每隔 7 天回灌一次 1000mL 蒸馏水（邓舟等，2006；单华伦，2007）。定期测试气体产生量、渗滤液产生量、气体的成分、渗滤液的生化指标。

4.2　混合填埋体产气规律

4.2.1　产气量与产气速率

对不同污泥掺入量下的混合填埋体开展填埋柱生化降解试验，研究不同污泥掺入量下混合填埋体的产气速率和产气量。试验结果如图 4-1 和图 4-2 所示。

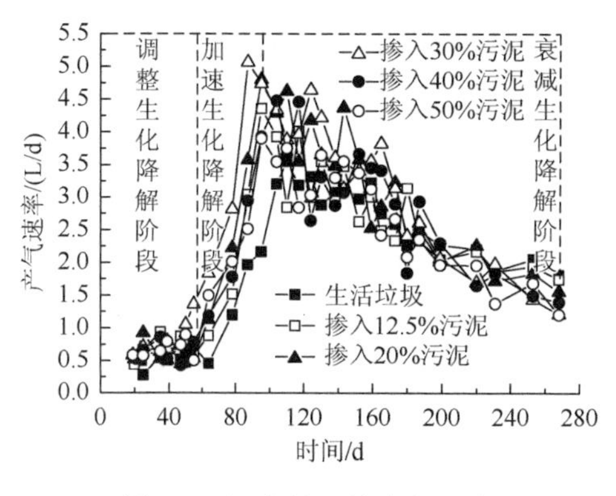

图 4-1　混合填埋体产气速率

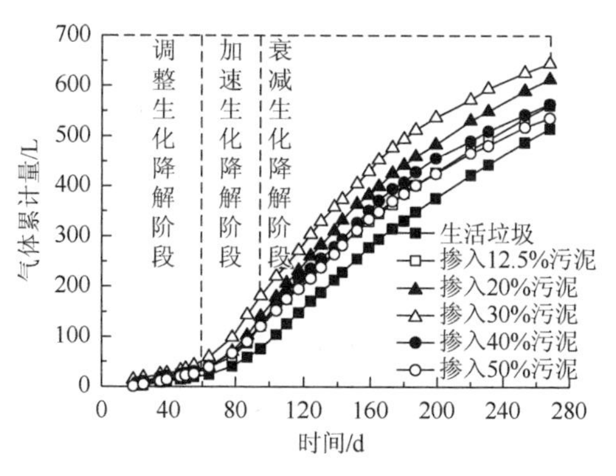

图 4-2　混合填埋体产气量

从图 4-1 和图 4-2 可以看出，生活垃圾和混合填埋体在 21 天左右开始产气，体现滞后效应；在 21～60 天时，生活垃圾和混合填埋体的产气速率和产气量相对较小，产气速率在 0.3～1.1L/d，产气量在 23.4～35.0L；在 60～95 天时，生活垃圾及混合填埋体的产气速率增加较快，直至达到产气速率峰值，产气速率在 0.5～5.1L/d，产气量增加较快，产气量在 91.4～133.8L；在 95～268 天时，生活垃圾及混合填埋体的产气速率总体趋势在减小，产气速率在 1.2～5.1L/d，产气量增加减慢，产气量在 389.4～500.8L。从生活垃圾和混合填埋体产气速率和产气量的角度分析，可以将其大致划分为三个阶段，即调整生化降解阶段、加速生化降解阶段、衰减生化降解阶段。

调整生化降解阶段是指填埋之后没有立即产气的时间段，以及产气速率和产气量相对较小的时间段。这一阶段主要是微生物尚未大量繁殖和对生化降解条件适应调整导致的（Christensen，1989；Fei，2016）。加速生化降解阶段是指在调整生化降解阶段之后，产气速率增加较快，直至达到产气速率峰值，产气量增加较快的时间段。这一阶段主要是由于可降解的简单有机物（蛋白质、纤维素、脂类等）丰富、适宜的生化降解条件及微生物活性较好等。衰减生化降解阶段是指产气速率总体趋势在减小，产气量增加减慢的时间段（生化降解产气速率在到达峰值之后的衰减过程）。这一阶段主要是由于可降解的有机物逐步减少，直至耗尽，生化降解条件的变化及微生物活性的改变。

从气体速率和产气量的角度来分析，生活垃圾中掺入污泥，可以加快生活垃圾的产气速率，加速生化降解过程，但是并不是污泥掺入量越大越好，污泥掺入量在 20%～30%时，混合填埋体的生化降解最为明显；污泥掺入量超过 30%时，混合填埋体的生化降解产气速率反而受到抑制。另外污泥掺入量在 20%～30%时，混合填埋体的气体累计量相对较大，一旦污泥掺入量超过 30%时，混合填埋体的生化降解产气累计量反而减小。

生活垃圾中掺入富含营养成分和微生物的污泥，其中甲烷菌能够减少混合填埋体内有机酸的积累时间，促进其生化降解过程，增加产气量（Barlaz et al.，1989a；邵立明等，2005）。但是污泥含有有机氮，在生活垃圾中掺入污泥，厌氧微生物的生化降解作用会将有机氮转化为氨氮等；当氨氮含量较高时其本身会抑制微生物的生化降解活动（高树梅，2015），因此污泥掺入量过高反而会出现产气速率下降的现象。

人工配制的新鲜垃圾和混合填埋体具有一个滞后效应，比日常填埋垃圾的滞后时间长，其调整生化降解阶段也相对较长。这是因为日常填埋垃圾进入填埋场之前已经在垃圾桶或者垃圾中转站进行了初步生化降解调整。另外，试验中采用麦麸替代厨余垃圾，而厨余垃圾生化降解相对较快，麦麸的生化降解相对较慢（彭绪亚，2004；王佩，2017）。

4.2.2　产气模型

污泥-生活垃圾混合填埋体进入填埋场进行混合填埋，有机物生化降解产生的气体总量和速率是填埋场气体收集系统设计的关键性指标。室内试验虽然能够对混合填埋体的产气变化规律有一定了解，但是上述研究成果难以直接运用于工程设计。因此，需要基于室内试验建立混合填埋体的产气动力学模型，为填埋场气体收集系统的设计提供理论依据。

目前，国内外的产气模型大体分为两类，即统计模型和动力学模型，其中统计模型代表性的有 COD 估算模型、IPCC 模型、化学计量式模型等；动力学模型代表性的有 Sheldon Arleta 模型、Scholl Canyon 模型等。由于统计模型需以大量监测数据为基础，而混合填埋在我国处于初步研究阶段，无法获取大量的监测数据，因此不宜采用统计模型；而动力学模型是以室内模拟试验为基础，依据 CH_4/CO_2 产生机理而开展预测，从原理上符合生化降解产气变化规律，并且能够采用室内模拟试验确定相关参数，可以采用动力学模型研究混合填埋体的产气规律。

（1）Palos Verdes 模型（Christensen，1989）。该模型的产气速率如图 4-3 所示。该模型假设产气速率曲线具备两个阶段，在第一阶段下，产气速率随着时间线性增长；在第二阶段下，余下的产气潜能速率和总的产气潜能之间具有线性关系。该模型再假设半衰周期和最大产气速率发生在第一阶段和第二阶段的转折处。采用该模型对每部分进行计算可以解决产气问题。

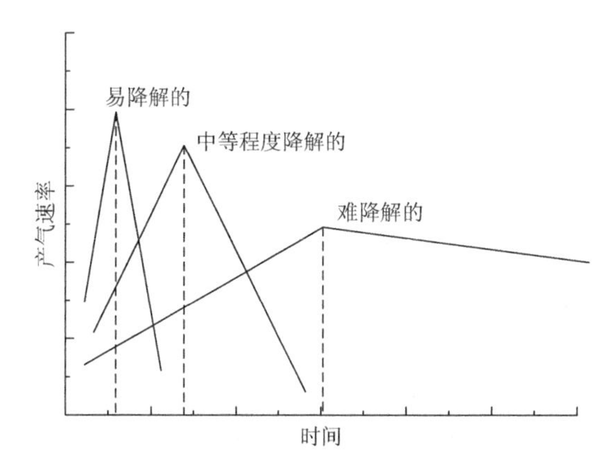

图 4-3 Palos Verdes 模型产气速率示意图

（2）Sheldon Arleta 模型（Schumacher，1983）。该模型也假设产气速率曲线具备两个阶段，半衰周期和最大产气速率也发生在第一阶段和第二阶段的转折处。该模型将垃圾降解成分大体划分为两个大部分，细化为 24 种，并进行累积求和。产气速率如图 4-4 所示。

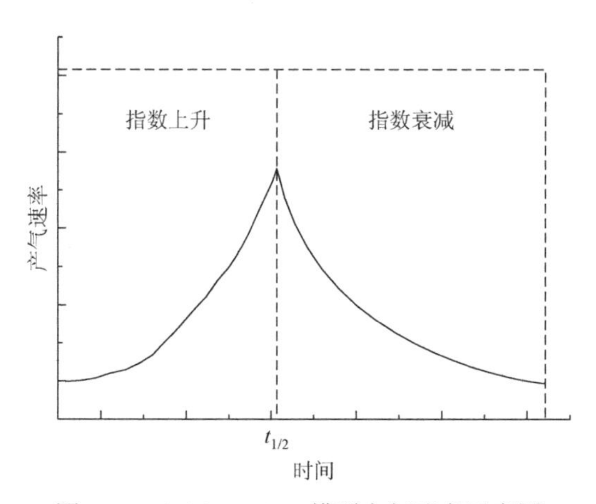

图 4-4 Sheldon Arleta 模型产气速率示意图

（3）Scholl Canyon 模型（Christensen，1989）。该模型假设产气速率迅速上升到峰值，不考虑初期的加速段，产气速率按照一级动力学模型方式进行。该模型具有参数少、实用性强等特点。产气速率如图 4-5 所示。

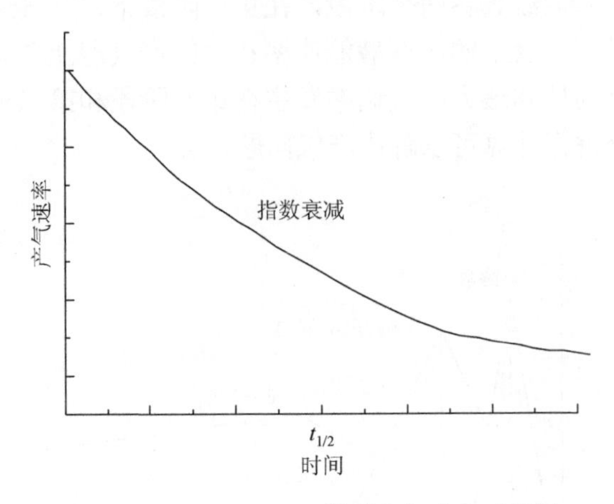

图 4-5 Scholl Canyon 模型产气速率示意图

（4）Mgm Emcon 模型（EMCON Associates，1980）。垃圾降解成分大体被划分为三大部分（难降解的、中等程度降解的、容易降解的）。产气速率如图 4-6 所示。垃圾中各种有机物的产气量计算公式如下：

$$V_j = b_1 b_2 m r_j (1 - w_j) n_j \lambda_j \tag{4-1}$$

式中：V_j 为第 j 种垃圾组分产气量，L；m 为垃圾总质量，kg；r_j 为第 j 种垃圾组分的比例；w_j 为第 j 种垃圾组分的含水率；n_j 为第 j 种垃圾组分中挥发性物质的比例；λ_j 为第 j 种垃圾组分中挥发性物质中可生化降解物质的比例；b_1、b_2 为转化系数。

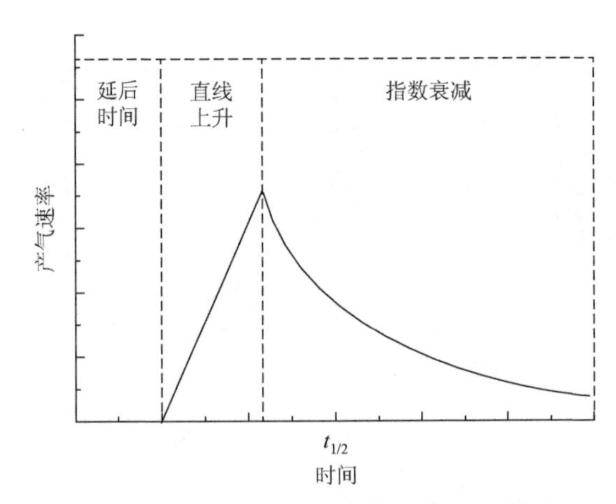

图 4-6 Mgm Emcon 模型产气速率示意图

（5）Hoeks（1983）采用一级动力学模型来估算有机物降解速率，计算公式如下：

$$\frac{\mathrm{d}P}{\mathrm{d}t}=-kP \tag{4-2}$$

式中：P 为 t 时刻有机物的含量；k 为降解常数。

（6）Halvadakis 等（1988）针对美国某填埋场进行产气特性研究，提出了一个改进的三角形模型，其产气速率如图 4-7 所示，关系式见式（4-3）。

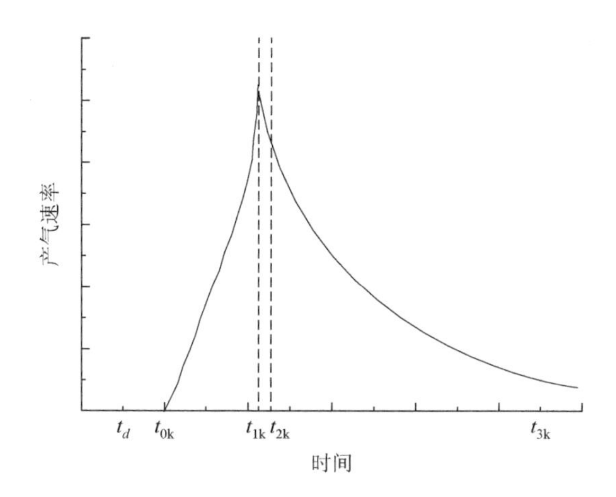

图 4-7　改进三角形模型产气速率示意图

$$\begin{cases} G_j(t)=0, & t\leqslant t_{0k} \\ G_j(t)=\coth\alpha_j(t_{2k}-t)-\coth\alpha_j(t_{2k}-t_{0k}), & t_{0k}<t<t_{1k} \\ G_j(t)=G_{pj}\mathrm{e}^{-\lambda_j(t-t_{1k})}, & t\geqslant t_{1k} \end{cases} \tag{4-3}$$

式中：G_j 为产气速率；t_{0k} 为产气的初始时间；t_{1k} 为产气速率峰值所对应的时间；t_{2k} 为双曲线分支在峰值点附近达到渐近线的降解时间；G_{pj} 为产气速率峰值；j 为第 j 种垃圾成分；λ_j 为产气速率常数。

上述模型均认为有机物转换成 CO_2 和 CH_4，不考虑中间反应和中间产物，El-Fadel 等（1989）从生化降解发生的反应和中间产物的角度出发，采用碳链的方式将有机碳进行表示，如图 4-8 所示。

依据 4.2 节的试验结果，将产气过程划分为三个阶段，采用分段的方法求解产气方程。

（1）调整生化降解阶段：试验过程中，在 21 天左右收集到气体，之后以一个较低速率水平进行产气，在这一阶段产气速率可以近似取一常数。

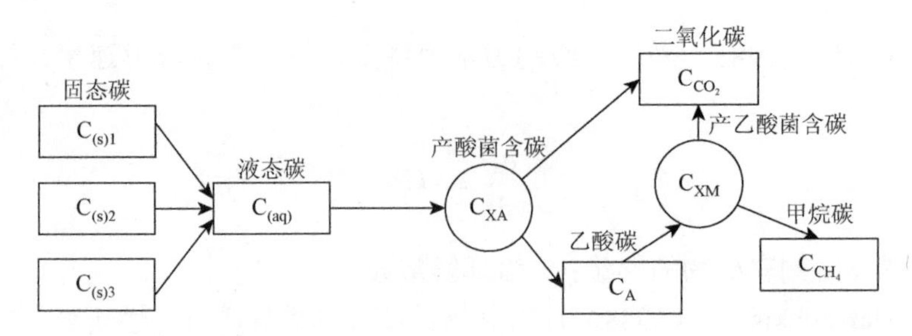

图 4-8 气体转化示意图

$$Q = \frac{\mathrm{d}C}{\mathrm{d}t} = a_1, \quad t_0 < t < t_1 \tag{4-4}$$

式中：Q 为单位质量下混合填埋体的产气速率，mL/(kg·d)；C 为单位质量下混合填埋体的产气量，mL/kg；t 为时间，d；t_0 为收集到气体的时间，d；t_1 为调整生化降解阶段结束时间，d；a_1 为生化降解常数，mL/(kg·d)。

对式（4-4）进行积分，则

$$C = a_1(t - t_0) \tag{4-5}$$

（2）加速生化降解阶段：调整生化降解阶段结束之后，产气速率增加迅速，直至达到产气速率峰值。这一阶段可用于微生物生化降解的有机底物含量非常丰富，生化降解的产气速率和时间满足线性增长关系：

$$Q = \frac{\mathrm{d}C}{\mathrm{d}t} = a_2(t - t_1) + Q_1, \quad t_1 < t < t_2 \tag{4-6}$$

因

$$Q_1 = a_1 \tag{4-7}$$

则

$$Q = \frac{\mathrm{d}C}{\mathrm{d}t} = a_2(t - t_1) + a_1, \quad t_1 < t < t_2 \tag{4-8}$$

式中：Q_1 为调整生化降解阶段下 t_1 时刻所对应的单位质量下混合填埋体的产气速率，mL/(kg·d)；t_2 为产气速率达到峰值所需时间，d；a_2 为生化降解常数，mL/(kg·d)。

对式（4-8）进行积分，则

$$C = \frac{1}{2}a_2(t - t_1)^2 + a_1(t - t_1) \tag{4-9}$$

（3）衰减生化降解阶段：在产气速率达到峰值之后，产气速率逐渐减小。这一阶段有机底物被逐步消耗，其浓度降低，可用于微生物生化降解的有机底物含量不再过量，并且生化降解的产物在其中积累，此时生化降解产气潜能与底物浓度可以用一级动力学模型来描述：

$$Q=-\frac{\mathrm{d}F}{\mathrm{d}t}=a_3F,\quad t>t_2 \tag{4-10}$$

式中：F 为 t 时刻之后剩下的产气潜能，L/kg；a_3 为生化降解常数，d^{-1}。

对式（4-10）进行积分，则

$$\int_{F_0}^{F}\frac{\mathrm{d}F}{F}=\int_{t_2}^{t}-a_3\mathrm{d}t \tag{4-11}$$

整理得

$$F=F_0\mathrm{e}^{-a_3(t-t_2)} \tag{4-12}$$

式中：F_0 为 t_2 时刻的总产气潜能，L/kg。故，该阶段产气量为

$$C=F_0-F=F_0(1-\mathrm{e}^{-a_3(t-t_2)}) \tag{4-13}$$

对式（4-13）求导，则气体速率为

$$Q=\frac{\mathrm{d}C}{\mathrm{d}t}=F_0a_3\mathrm{e}^{-a_3(t-t_2)} \tag{4-14}$$

综合上述过程，混合填埋体的产气动力学模型如下：

$$Q=\begin{cases}\dfrac{\mathrm{d}C}{\mathrm{d}t}=a_1, & t_0<t<t_1\\[2mm] \dfrac{\mathrm{d}C}{\mathrm{d}t}=a_2(t-t_1)+a_1, & t_1\leqslant t\leqslant t_2\\[2mm] \dfrac{\mathrm{d}C}{\mathrm{d}t}=F_0a_3\mathrm{e}^{-a_3(t-t_2)}, & t>t_2\end{cases} \tag{4-15}$$

对式（4-15）进行积分，则

$$C_{总}=\int_{t_0}^{t_1}a_1\mathrm{d}t+\int_{t_1}^{t_2}[a_2(t-t_1)+a_1]\mathrm{d}t+\int_{t_2}^{\infty}F_0a_3\mathrm{e}^{-a_3(t-t_2)}\mathrm{d}t \tag{4-16}$$

整理得

$$C_{总}=a_1(t_1-t_0)+\frac{1}{2}a_2(t_2-t_1)^2+a_3(t_2-t_1)+F_0 \tag{4-17}$$

根据室内填埋柱的试验结果进行拟合，获取产气动力学模型的参数，具体参数见表 4-1，其拟合相关度最大值为 0.981，最小值为 0.797。

表 4-1 产气动力学模型的参数

参数	纯垃圾	12.5%污泥	20%污泥	30%污泥	40%污泥	50%污泥
t_0/d	24	20	20	19	21	19
t_1/d	66	61	59	49	57	57
t_2/d	110	95	95	87	104	95
a_1/[mL/(kg·d)]	22.20	30.64	29.55	31.16	27.93	29.94

续表

参数	纯垃圾	12.5%污泥	20%污泥	30%污泥	40%污泥	50%污泥
a_2/[mL/(kg·d^2)]	3.01	4.08	4.65	4.36	3.51	3.28
a_3/d^{-1}	0.0042	0.0048	0.0066	0.0077	0.0066	0.0065
F_0/(L/kg)	36.39	35.21	31.47	30.89	27.76	27.93
$C_总$/(L/kg)	41.17	39.89	36.73	36.10	33.99	32.60

为了对产气动力学模型的合理性进行验证，采用相关的产气速率试验数据（刘富强等，2001；彭绪亚，2004；Fei，2016），并利用产气动力学模型来计算累计产气量，通过比较该计算值与相关研究中累计产气量试验值来进行分析，其模型计算值和试验值对比如图 4-9 所示。

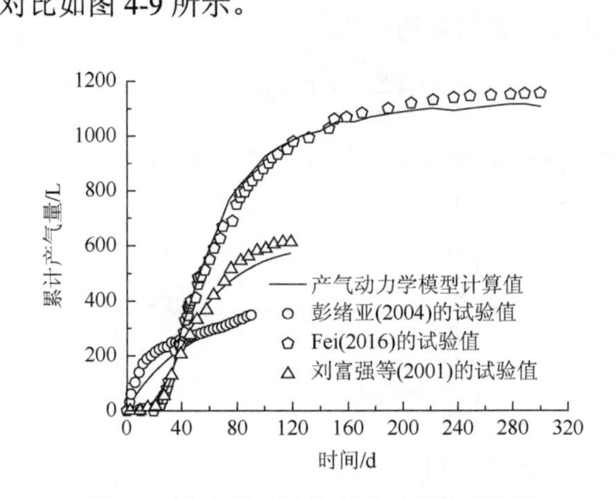

图 4-9　产气模型计算值和试验值对比图

从图 4-9 可以看出，模型计算值与刘富强等（2001）和 Fei（2016）的试验值吻合程度较好，与彭绪亚（2004）的试验值在前部分有一定的偏差，但是与后部分的吻合程度较好。这种偏差主要是因为温度的变化，引起产气速率的变化。总体而言，产气动力学模型相对合理，能够反映混合填埋体的产气特性。

依据填埋柱的试验结果，结合混合填埋体的生化降解反应动力学原理，建立产气动力学模型，该模型考虑了混合填埋体生化降解初期的调整阶段及加速阶段，能更加真实地反映填埋气产生过程，且中间参数大为减少。

4.2.3　产气特性

利用产气动力学模型，获得了混合填埋体的总产气潜能、产气量、产气速率、产气稳定化时间等，如图 4-10～图 4-14 所示。

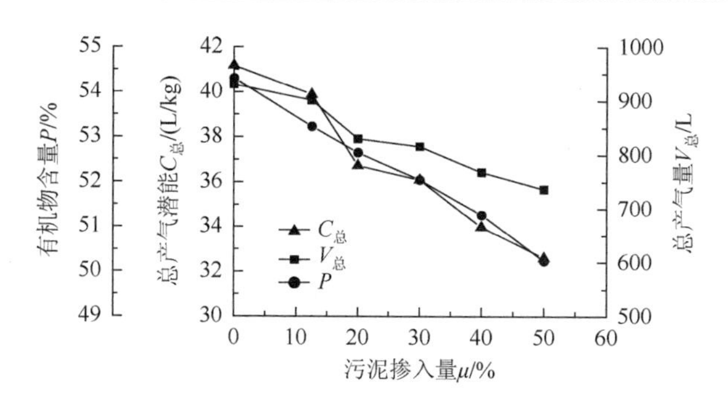

图 4-10　污泥掺入量对有机物含量、总产气潜能及总产气量的影响

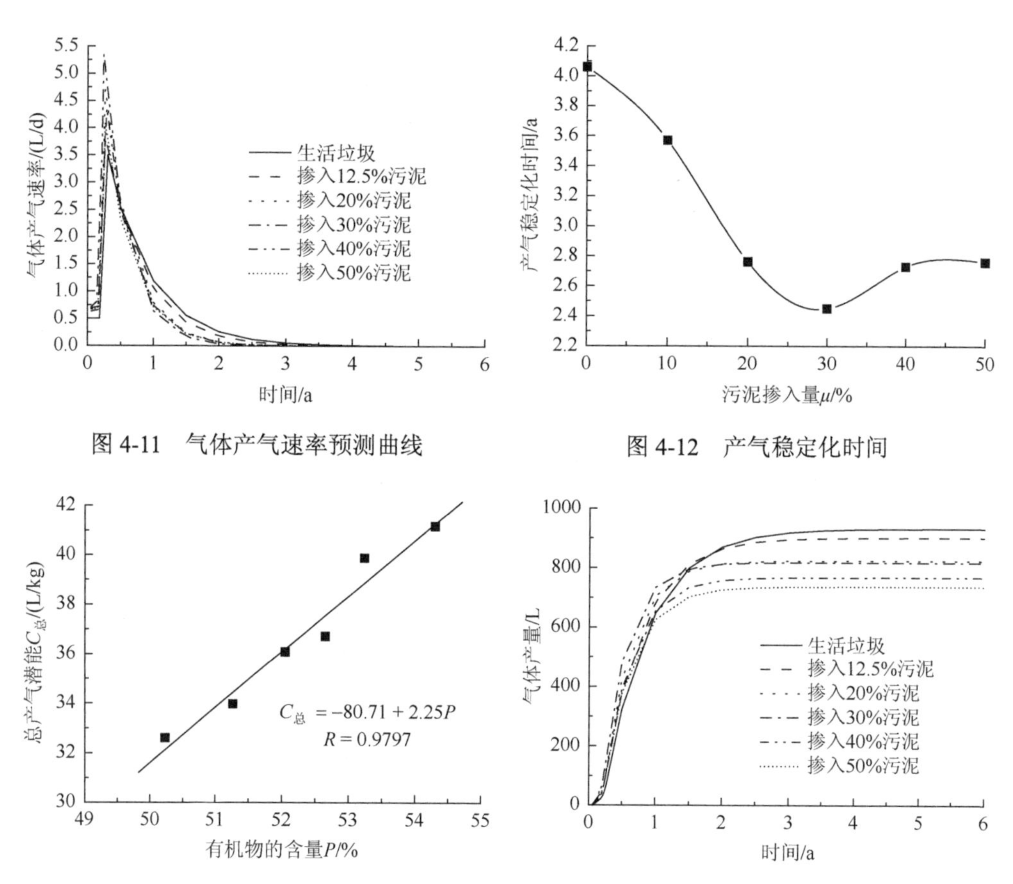

图 4-11　气体产气速率预测曲线

图 4-12　产气稳定化时间

图 4-13　有机物含量与总产气潜能的关系

图 4-14　气体产量的预测曲线

从图 4-10～图 4-14 可以看出，随着污泥掺入量的增加，总产气潜能、总产气量及有机物含量均在减小，总产气潜能与有机物的含量呈正相关关系，说明总产气潜能受控于有机物的含量、有机物中可降解的量（El-Fadel et al.，1989；Lee et al.，1993；Pareek et al.，1999）；污泥的掺入可以在短期内增加生化降解的产气量，但是长期内

产气总量会减小，这是因为产气总量是由总产气潜能决定的。对比已有的生活垃圾填埋场产气研究成果，一般生活垃圾总产气潜能最小约 20L/kg，最大可以达到 100～400L/kg（Hoeks，1983；Wise et al.，1987），生活垃圾总产气潜能为 41.17L/kg。

降解产气趋于稳定的重要标志之一是产气速率逐渐减小并趋于稳定，气体产量逐渐增大直至稳定。因此，从严格意义上说，衰减生化降解阶段之后，存在一个稳定生化降解阶段。在这一阶段，易降解的成分已生化降解，部分难降解的物质也已生化降解，剩下部分残余的难降解的物质及不可降解的物质，此时有机物降解产气基本停止。

从产气速率和气体产量的预测曲线，并结合降解稳定产气比指数小于 0.15 的标准（产气比指数是指当前余下产气量与理论上最大产气量的比值）（王里奥等，2003；林建伟等，2005），可以获得混合填埋体的降解产气稳定化时间，如图 4-12 所示。从图 4-12 可知，垃圾降解产气稳定化时间为 4.06 年，污泥掺入量为 12.5%的混合填埋体降解产气稳定化时间为 3.57 年，污泥掺入量为 20%的混合填埋体降解产气稳定化时间为 2.76 年，污泥掺入量为 30%的混合填埋体降解产气稳定化时间为 2.45 年，污泥掺入量为 40%的混合填埋体降解产气稳定化时间为 2.73 年，污泥掺入量为 50%的混合填埋体降解产气稳定化时间为 2.76 年。说明垃圾中掺入污泥可以加速生化降解过程，缩短降解产气稳定化时间，但是并不是污泥的掺入量越多越好，污泥掺入量超过 30%时，反而会抑制生化降解过程。

从上述研究结果可以看出，污泥-生活垃圾混合填埋体的产气过程可以划分为四个阶段，即调整生化降解阶段、加速生化降解阶段、衰减生化降解阶段、稳定生化降解阶段，如图 4-15 和图 4-16 所示。

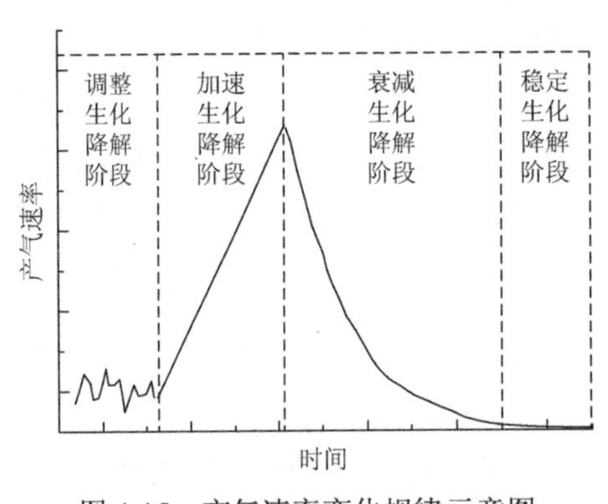

图 4-15　产气速率变化规律示意图

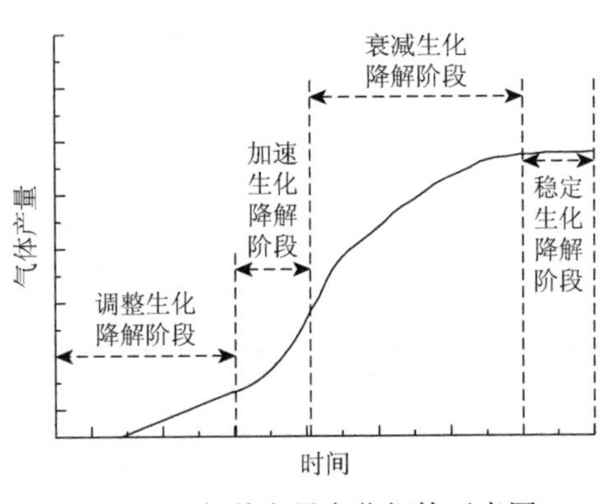

图 4-16　气体产量变化规律示意图

（1）调整生化降解阶段主要是指初始无产气时间段和以较低速率水平进行产气的时间段。这一阶段产气速率可以近似取一常数，对应的产气量呈线性增长。该阶段微生物大量繁殖，以及对生化降解条件进行适应性调整。

（2）加速生化降解阶段主要是指生化降解产气速率加速增长过程，直至达到产气速率峰值。在这一阶段产气速率随着时间呈线性增长，对应的产气量呈“凹形”增长。该阶段可降解的简单有机物丰富，生化降解条件适宜，微生物活性较好，产气速率增加迅速。

（3）衰减生化降解阶段主要是指生化降解产气速率到达峰值之后的衰减过程。在这一阶段产气速率随着时间呈指数衰减，对应的产气量呈“凸形”增长，其生化降解产气潜能与底物浓度满足一级动力学关系。该阶段主要是可降解的有机物逐步减少，直至耗尽，生化降解条件的变化制约了微生物的活性，产气速率减小。

（4）稳定生化降解阶段主要是指可降解的有机物已被消耗殆尽，生化降解产气基本停止。在这一阶段产气速率基本为零，对应的产气量基本不变。

对不同污泥掺入量下混合填埋体的气体成分进行监测，其中生活垃圾和污泥掺入量为 20%的混合填埋体的第 49 天甲烷（CH_4）图谱如图 4-17 所示，气体中甲烷含量变化关系如图 4-18 所示。

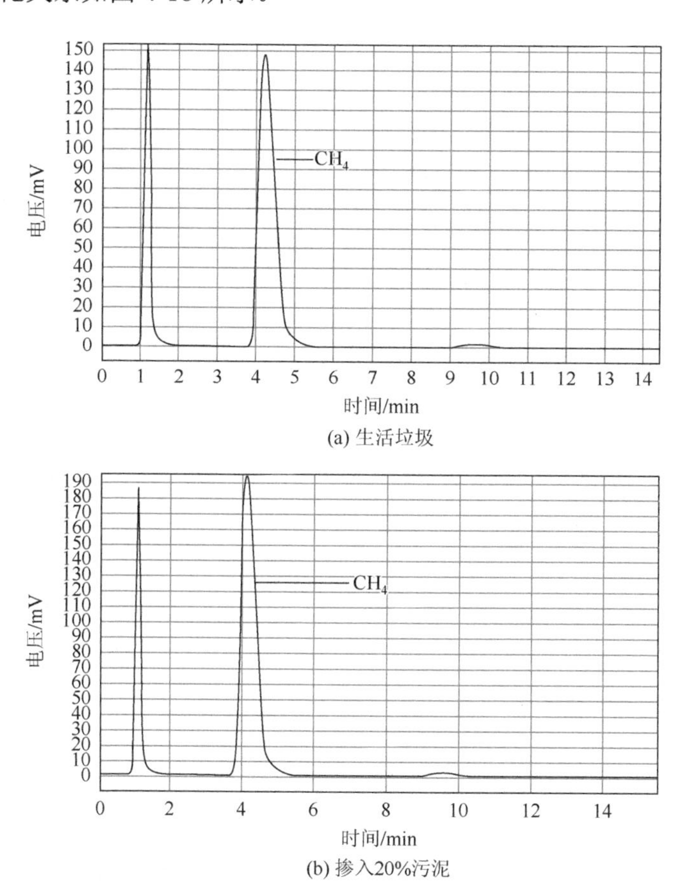

(a) 生活垃圾

(b) 掺入20%污泥

图 4-17　混合填埋体第 49 天气体成分测试图谱

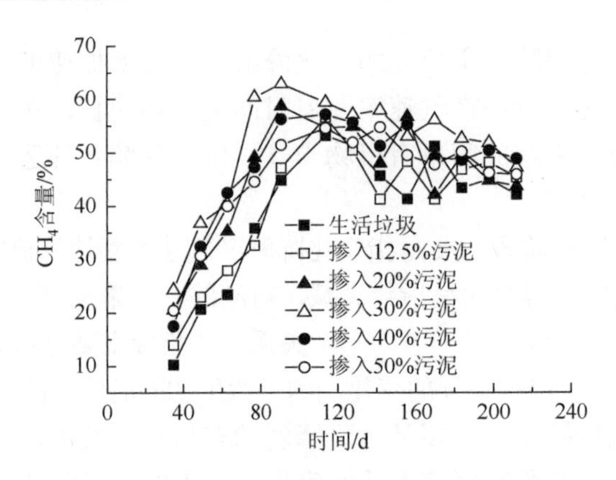

图 4-18　CH_4 含量与生化降解时间的关系

（1）产气前期，填埋柱中均没有检测到 CH_4，大概在第 35 天，第一次在填埋柱中检测到 CH_4；填埋柱中的 CH_4 含量初期增加较快，快速进入产甲烷阶段，达到峰值之后略有下降，但仍然保持在较高水平。

（2）垃圾中掺入污泥可以加快 CH_4 的产生速率，但是污泥掺入量超过 30%之后，CH_4 的产生速率反而变慢。这与前述产气速率和产气量的变化规律相一致。

（3）在生化降解过程中，掺入污泥的填埋柱中 CH_4 含量先于生活垃圾达到峰值，取值在 54%～62%，而生活垃圾填埋柱中 CH_4 含量峰值达到 53%左右。这说明生活垃圾中掺入污泥可以加速进入产甲烷阶段。

4.3　混合填埋体渗滤液性质

4.3.1　渗滤液产生量

填埋柱安装好之后，开始回灌蒸馏水，并淹没混合填埋体 1h，使其饱和，排出空气，然后打开阀门，排净水分，直至不再流出水分，关闭阀门，然后回灌 1000mL 蒸馏水，此后每隔 7 天，回灌一次 1000mL 蒸馏水，共进行 39 次，回灌总量为 39 000mL，并定期收集渗滤液，测量其体积，渗滤液总产量如图 4-19 所示。图 4-20 为某填埋场的渗滤液产出速率。

从图 4-19 可知，生活垃圾及混合填埋体的渗滤液总产量与回灌总量相差不大，这说明生活垃圾及混合填埋体的渗滤液产量主要是由回灌水量决定的，而与污泥掺入量及其自身的生化降解关系不大。从图 4-20 可知，Bonaparte（1995）对美国垃圾填埋场进行现场研究也证明了这一观点，在填埋场运营期渗滤液产量非常大，封场期及封场之后渗滤液产量相当少。这表明填埋场内渗滤液主要是由降雨渗入决定的，而与生活垃圾自身的生化降解关系不大。因此，可以采取相应的措施从源头上减少降雨渗入，同时可以通过渗滤液收集系统排出渗滤液，从而提高填埋场的稳定性。

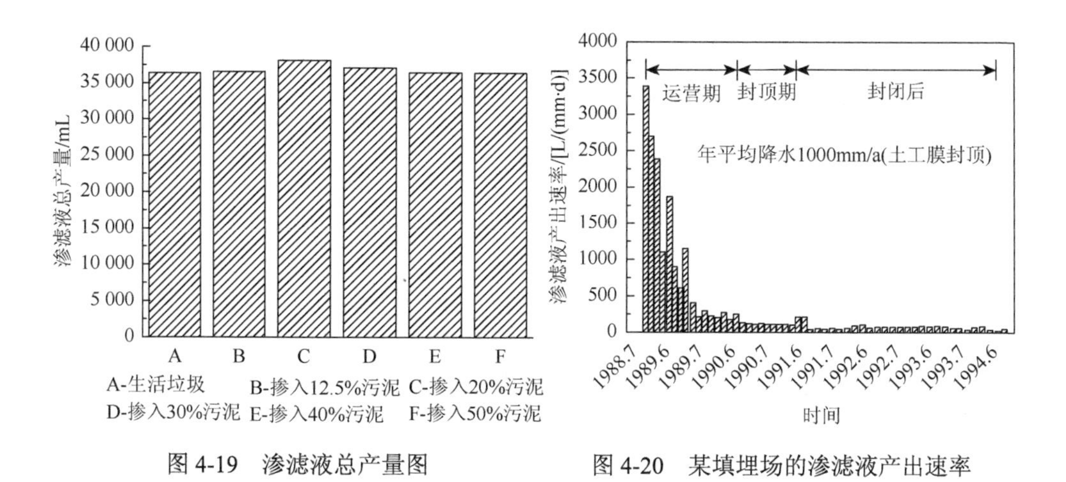

图 4-19　渗滤液总产量图　　图 4-20　某填埋场的渗滤液产出速率

4.3.2　渗滤液中 COD 的变化

COD 浓度是反映混合填埋体中有机物生化降解程度的重要指标，其浓度的高低可以用来分析有机物生化降解情况。在填埋场作业早期，混合填埋体中会带入大量的氧气，好氧菌直接利用氧气和有机物（碳水化合物等）发生氧化反应：有机物 $+O_2 \longrightarrow CO_2 + H_2O +$ 热量，若有含氮的有机物，发生如下反应 $C_xH_yO_zN_g \cdot aH_2O + bO_2 \longrightarrow C_sH_tO_m + eNH_3 + dH_2O + fCO_2$。一旦氧气耗尽，厌氧菌占主导地位，有机物会为生化降解提供所需的营养物质（沈东升等，2003）。如果混合填埋体进行快速生化降解，会产生相当多的各种有机酸，COD 浓度的高低主要是这类有机物引起的。因此，通过测试混合填埋体渗滤液 COD 浓度的方法可以直接反映混合填埋体内部的有机物生化降解情况。渗滤液 COD 浓度变化规律如图 4-21 所示。

从图 4-21 中可以看出，随着生化降解时间的增加，生活垃圾及混合填埋体的渗滤液 COD 浓度均呈先增加后减小的趋势；相比生活垃圾，混合填埋体的 COD 浓度峰值较大，并且 COD 浓度增加较快，同时减小也较快。这与刘疆鹰等（2000）的研究结果相一致。

污泥掺入量为 30%的混合填埋体的 COD 浓度增加最快，同时其 COD 浓度减小也最快，最大 COD 浓度最先出现，表明其水解发酵产酸阶段速率比较大。相对而言，生活垃圾的 COD 浓度变化趋势比较平缓，水解发酵产酸阶段速率比较小（沈东升等，2003）。

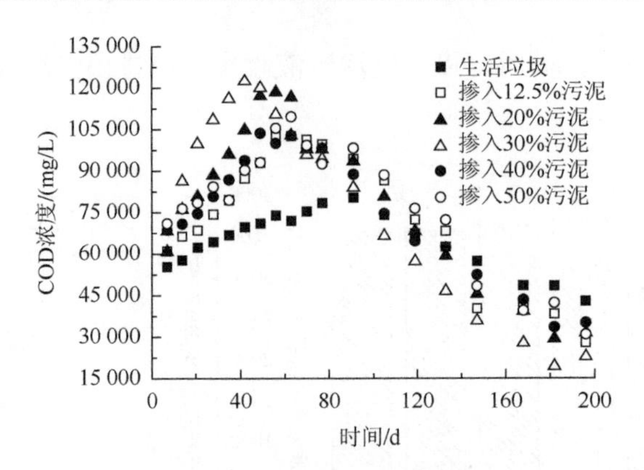

图 4-21　COD 浓度与生化降解时间的关系

污泥掺入量在 20%～30%时，混合填埋体的生化降解最为明显，与产气速率和产气量变化规律相一致。

图 4-22 表示 COD 浓度峰值发生时间与污泥掺入量之间的关系，渗滤液 COD 浓度峰值发生的时间随着污泥掺入量的增加先缩短后延长，其中污泥掺入量为 30%的混合填埋体出现峰值时间最短，所需时间为 40 天左右，其他混合填埋体峰值发生时间大致在 60 天；生活垃圾出现峰值时间最长，所需时间为 90 天左右。这也说明生活垃圾中掺入污泥可以加快有机物的生化降解过程。

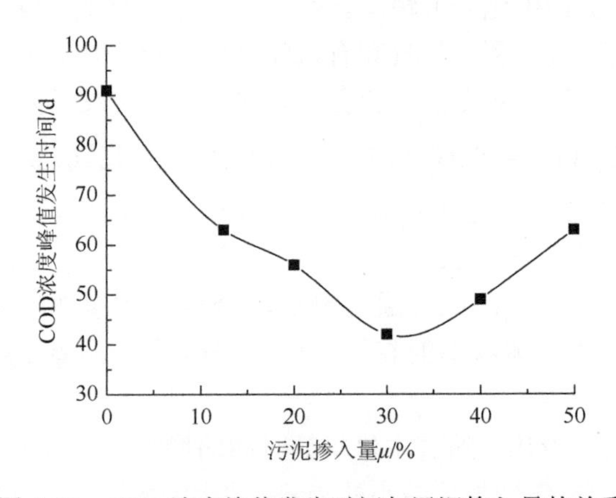

图 4-22　COD 浓度峰值发生时间与污泥掺入量的关系

4.3.3　渗滤液中氨氮的变化

混合填埋体中有机物主要以蛋白质、脂类、碳水化合物、复杂有机物等形式存在，但是有些有机物中含有氮元素，如蛋白质等。相比脂肪酸、碳水化合物等的生化降解，这些有机物的生化降解速率比较慢。在有氧的条件下，填埋场内混合填埋体中的有机物发生如下生化反应：有机物+$O_2 \longrightarrow CO_2 + H_2O + NH_3 +$ 热量；在氧气充足的条件下，会继续和氧气产生硝化反应：$3NH_3 + 5O_2 \longrightarrow 2HNO_2 + HNO_3 + 3H_2O$；在缺氧或者无氧的条件下，有机物发生如下生化反应：有机物 $\longrightarrow CO_2 + CH_4 + NH_3 + H_2S$。氨氮的浓度能够反映分析生活垃圾及混合填埋体中有机物的生化降解情况，但是氨氮过高会抑制微生物的生化降解活动（高树梅，2015）。通过测试氨氮浓度分析掺入污泥是否会引起氨氮浓度的变化，研究其对有机物生化降解的影响。渗滤液中氨氮浓度变化规律如图 4-23 所示。

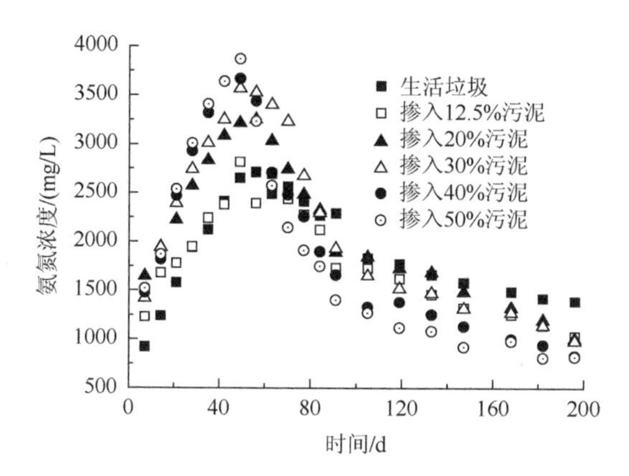

图 4-23　氨氮浓度与生化降解时间的关系

（1）随着生化降解时间的增加，生活垃圾及混合填埋体的渗滤液氨氮浓度先增加后减小；相比生活垃圾，混合填埋体的氨氮浓度峰值较大，其氨氮浓度增加较快，同时减小也较快。

（2）对比 COD 浓度变化规律，生活垃圾中掺入污泥，可以加速生活垃圾的生化降解过程，但是当污泥掺入量较大时会引入大量的有机氮化合物，微生物的生化降解会导致其渗滤液氨氮浓度比较高，从而抑制微生物的活性。

（3）生活垃圾及混合填埋体中的有机氮主要来源于蛋白质，但是相比脂肪酸、碳水化合物等生化降解，蛋白质的生化降解速率比较慢（沈东升等，2003）。在生化降解初期，微生物数量相对较少，对生化降解环境适应性较差，蛋白质的分解速率较慢，导致渗滤液氨氮浓度较低；随着生化降解时间的增加，微生物数量和活性均增加，渗滤液氨氮浓度呈增加趋势；当有机物生化降解进入厌氧完全分解阶段后，氨氮浓度呈现减小趋势。

4.3.4　渗滤液中 pH 的变化

填埋场内垃圾的降解是一个复杂的生物化学反应过程，垃圾降解为酶催化反应，其反应速率对酸度的变化也很敏感，每种酶催化反应都有一定的最适合 pH，pH 升高或者降低都将削弱其催化活性，所以 pH 是垃圾渗滤液的一个非常重要的化学指标。渗滤液的 pH 变化关系如图 4-24 所示。

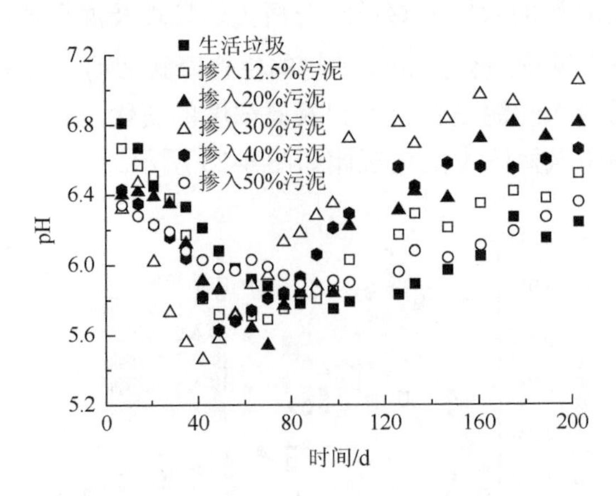

图 4-24 pH 与生化降解时间的关系

（1）随着生化降解时间的增加，生活垃圾和混合填埋体的渗滤液 pH 均先减小后增加；相比于生活垃圾，混合填埋体的 pH 最小值更小，而且 pH 减小和增加的速度也较快。

（2）污泥掺入量为 30%的混合填埋体的 pH 减小最快，同时其 pH 增加也最快，最小 pH 也最先出现（pH=5.46），表明生化降解产酸阶段最先出现。其他的混合填埋体的最小 pH 及出现的时间均在污泥掺入量为 30%的混合填埋体和生活垃圾之间。

（3）生化降解时间大致在 70 天时，相比生活垃圾和其他的混合填埋体，污泥掺入量为 30%的混合填埋体的 pH 已经增加为最高，污泥掺入量为 30%的混合填埋体最先进入产甲烷阶段。

（4）图 4-24 中 pH 均较低，其主要原因在于生活垃圾及混合填埋体中的微生物生化降解有机物时产生有机酸，并在渗滤液中积累，而 COD 浓度的高低主要是由于这类有机物。说明生化降解过程中最小 pH 出现的时间大致上可以对应最高 COD 浓度出现的时间。结合 COD 的变化关系，也验证了这点。

4.3.5 渗滤液中氧化还原电位的变化

Eh 是反映微生物呼吸方式变化的指标。一般情况下好氧微生物要求的 Eh 为 300～400mV；Eh 在 100mV 以上，好氧微生物生长。兼性厌氧微生物在 Eh 为 100mV

以上进行好氧呼吸，在 Eh 为 100mV 以下进行无氧呼吸。专性厌氧细菌要求 Eh 为–250～–200mV，专性产甲烷菌要求的 Eh 更低。Eh 是反映填埋场内何种类型微生物占主导地位的重要指标。

从图 4-25 可以看出，生活垃圾及混合填埋体的 Eh 随着生化降解时间的增加而减小，大致在 80 天，其 Eh 下降到–250mV 以下，并波动，均能达到专性产甲烷菌的生长条件，而掺入污泥的混合填埋体的 Eh 相对更低，产甲烷阶段更迅速。主要由于污泥中含有适合微生物生长的营养物，生活垃圾中掺入污泥可以加快生化降解过程。

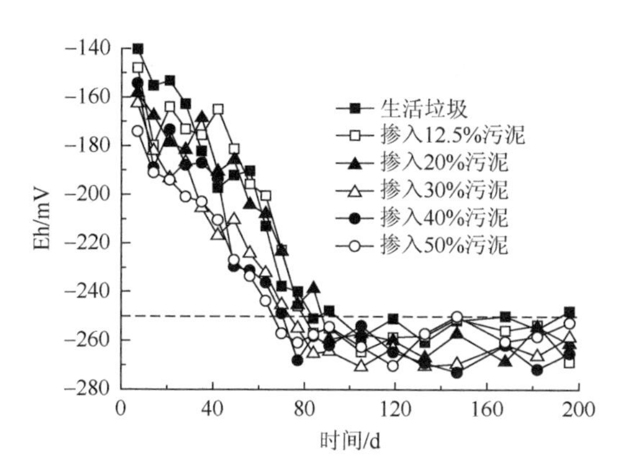

图 4-25　Eh 与生化降解时间的关系

4.4　混合填埋体的有机物降解过程

对不同污泥掺入量下的混合填埋体开展有机物降解试验，试验结果如图 4-26 所示。

（1）生活垃圾及混合填埋体的有机物降解曲线整体趋势一致。降解时间在 0～30 天时，生活垃圾和混合填埋体的有机物降解速率波动大，介于 0.023%/d～0.065%/d；降解时间在 30～150 天时，生活垃圾和混合填埋体的有机物降解速率在 0.060%/d～0.086%/d；降解时间在 150～270 天时，生活垃圾和混合填埋体的有机物降解速率在 0.031%/d～0.064%/d。从生活垃圾和混合填埋体的有机物降解速率的角度来看，可以将其划分为三个阶段，即调整生化降解阶段、加速生化降解阶段、衰减生化降解阶段。室内降解试验进行了 270 天，生活垃圾及混合填埋体的有机物含量在 35.45%～41.58%，相对较高，而相关研究表明有机物生化降解进入稳定化阶段时有机物的含量在 10%左右（王里奥等，2003）。因此，衰减生化降解阶段之后会出现一个稳定生化降解阶段。从这个角度来说，生活垃圾及混合填埋体的有机物生化降解全过程在严格意义上可划分为四个阶段，即调整生化降解阶段、加速生化降解阶段、衰减生化降解阶段、稳定生化降解阶段，其降解全过程如图 4-27 所示。

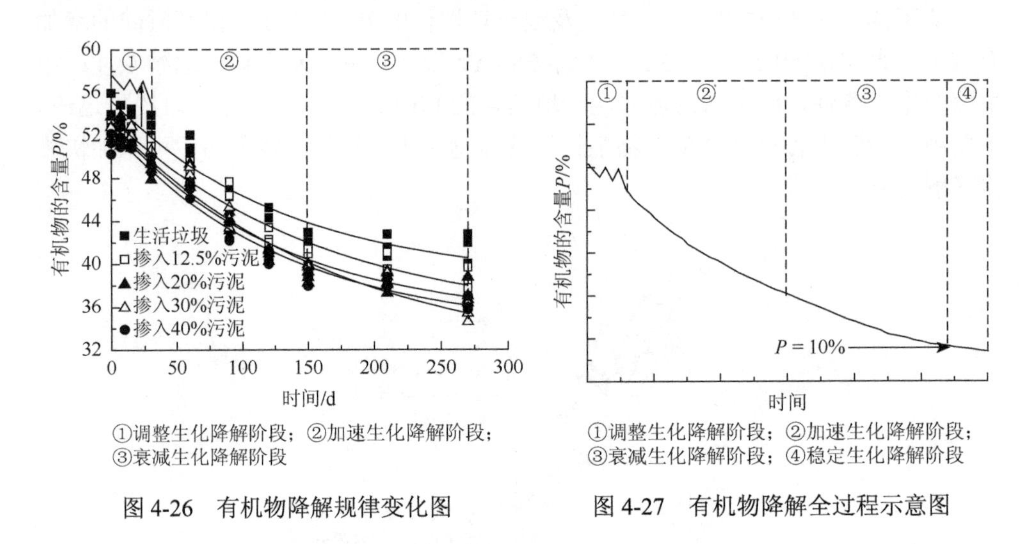

图 4-26　有机物降解规律变化图　　图 4-27　有机物降解全过程示意图

（2）室内试验进行了 270 天，生活垃圾的有机物降解率为 23.43%，污泥掺入量为 12.5%的混合填埋体的有机物降解率为 27.43%，污泥掺入量为 20%的混合填埋体的有机物降解率为 28.83%，污泥掺入量为 30%的混合填埋体的有机物降解率为 31.89%，污泥掺入量为 40%的混合填埋体的有机物降解率为 29.30%。从这里可以看出，生活垃圾中掺入污泥可以促进生活垃圾的生化降解过程，但是污泥掺入量超过 30%时，会抑制生化降解过程。

为了对有机物生化降解过程进行定量描述与分析，建立生活垃圾及混合填埋体的有机物降解规律的动力学模型。相关研究表明有机物含量与生化降解时间之间满足指数衰减关系（Hoeks，1983；易进翔等，2015），即

$$P = P_0 e^{-kt} \tag{4-18}$$

式中：P_0 为初始有机物含量；t 为生化降解时间；P 为 t 时刻所对应的有机物含量；k 为生化降解常数。

结合式（4-18）和有机物生化降解试验数据，可以获得相应条件下的生化降解常数 k，进而获取不同污泥掺入量下的有机物降解动力学模型。不同污泥掺入量下的有机物降解动力学模型如下。

生活垃圾的有机物降解动力学模型：

$$P = 53.67 e^{-0.00118t} \tag{4-19}$$

污泥掺入量为 12.5%的有机物降解动力学模型：

$$P = 52.34\mathrm{e}^{-0.00132t} \tag{4-20}$$

污泥掺入量为 20%的有机物降解动力学模型：

$$P = 51.37\mathrm{e}^{-0.00140t} \tag{4-21}$$

污泥掺入量为 30%的有机物降解动力学模型：

$$P = 51.92\mathrm{e}^{-0.00155t} \tag{4-22}$$

污泥掺入量为 40%的有机物降解动力学模型：

$$P = 50.82\mathrm{e}^{-0.00143t} \tag{4-23}$$

将污泥掺入量和所对应的生化降解常数 k 绘制成表 4-2。从表 4-2 中可以看出，生活垃圾中掺入污泥，生化降解常数 k 会增加，促进生活垃圾的生化降解，污泥掺入量超过 30%时，生化降解常数 k 会减小，抑制生化降解过程。

表 4-2　污泥掺入量与生化降解常数的关系

污泥掺入量 μ/%	生化降解常数 k	污泥掺入量 μ/%	生化降解常数 k
0	0.00118	30	0.00155
12.5	0.00132	40	0.00143
20	0.00140		

生活垃圾及混合填埋体在填埋场中经过长期的生化降解后达到稳定化，形成矿化填埋体。矿化填埋体的开采和利用是填埋体循环填埋技术的重要环节。因此，矿化填埋体形成时间的确定，成为稳定化的重要指标。以土壤中有机物含量上限 100mg/g 作为混合填埋体中有机物生化降解的下限，所对应的生化降解时间即为矿化稳定化时间。生活垃圾及混合填埋体的矿化稳定化阶段出现的内在原因在于其自身物质组分的性质，容易生化降解的物质和部分难生化降解的物质在前三个阶段被微生物消耗，而余下部分难生化降解的物质基本上难以被微生物消耗。根据有机物降解动力学模型，计算有机物含量达到 100mg/g 时所需的时间，其结果如图 4-28 所示。

从图 4-28 可以看出，生活垃圾达到矿化稳定化状态需要 3.91 年，污泥掺入量为 12.5%的混合填埋体达到矿化稳定化状态需要 3.44 年，污泥掺入量为 20%的混合填埋体达到矿化稳定化状态需要 3.21 年，污泥掺入量为 30%的混合填埋体达到矿化稳定化状态需要 2.92 年，污泥掺入量为 40%的混合填埋体达到矿化稳定化状态需要 3.12 年。说明生活垃圾中掺入污泥可以促进生活垃圾的生化降解过程；污泥掺入量超过 30%，矿化稳定时间出现上升趋势。

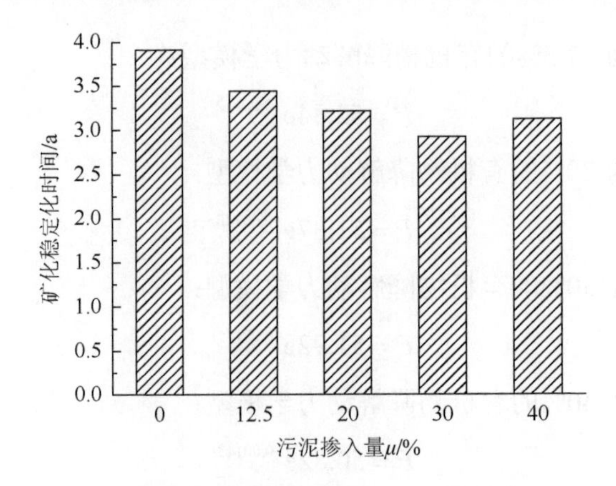

图 4-28　有机物降解矿化稳定化时间

第5章　污泥–生活垃圾混合填埋体直剪试验

污泥–生活垃圾混合填埋体的强度是影响填埋场稳定性的重要指标。相对于已有较多关于生活垃圾强度特性方面的研究成果，国内外对混合填埋体强度特性及演化规律的研究鲜有报道。混合填埋体由于在组成成分和结构上都更为复杂，加之越来越多的污泥进入填埋场进行填埋处置，该方面研究工作的重要性逐步凸显。

针对不同降解时间的污泥–生活垃圾混合填埋体抗剪强度的变化规律，采用直剪试验，获得不同有机物含量下混合填埋体的内摩擦角和黏聚力，为污泥–生活垃圾混合填埋体的稳定性分析提供基本参数。另外，混合填埋体的压实度、污泥掺入量对污泥–生活垃圾混合填埋体的力学性质有较大的影响。因此，分别从不同密度和污泥掺入量的角度对混合填埋体进行抗剪强度试验，从击实功和污泥掺入量的角度研究混合填埋体的强度变化规律。

5.1　新鲜污泥–生活垃圾混合填埋抗剪强度

5.1.1　抗剪强度与击实功的关系

为了便于控制抗剪强度试样的初始状态，选取4种不同击实功控制抗剪强度试样的密度（抗剪强度试样密度分别选取750kg/m^3、950kg/m^3、1050kg/m^3、1200kg/m^3），分别对纯垃圾和污泥掺入量为12.5%的污泥–生活垃圾混合物进行直剪试验。由于生活垃圾的剪应力随着剪切位移的增加逐渐缓慢增加，当剪切位移超过4mm后仍然没有出现峰值，因此，剪切试验继续进行，将剪切位移量达到6mm时的剪应力选作抗剪强度值。

将各组试样的法向应力与抗剪强度的关系进行绘制，如图5-1所示。由图5-1可以发现，随着击实功增加，填埋体的密实度逐渐增加，密度逐渐增大，剪应力逐渐增加，其抗剪强度包线的位置逐渐上移。图5-2为法向应力为200kPa时试样密度与抗剪参数的关系，图5-3为试样密度与抗剪强度的关系。由图可以看出，随着试样的密度由750kg/m^{3}增加到950kg/m^3，纯垃圾的内摩擦角φ由23.4°增加到25.1°，黏聚力c由3.16kPa增加到4.26kPa，污泥掺入量为12.5%的混合填埋体的φ由22.9°增加到24.3°，c由6.92kPa减小到5.11kPa；当试样密度继续增加到1050kg/m^3，

纯垃圾的 φ 由 25.1°减小到 24.8°，c 由 4.26kPa 增加到 7.86kPa，污泥掺入量为 12.5%的混合填埋体的 φ 由 24.3°增加到 24.4°，c 由 5.11kPa 增加到 12.72kPa。在整体上，随着击实功的增加，试样的抗剪强度逐渐增大。这是由于击实功的增加导致混合填埋体的密实度增大，试样的抗剪强度逐渐增大。而当试样的密度超过 950kg/m^3 时，试样密实度继续增加，填埋体的内摩擦角 φ 和黏聚力 c 没有增加甚至有减小的现象，其抗剪强度增加幅度很小甚至减少。由压实特性可知，当制备试样时每层击实次数为 50 击次时，击实功继续增加，混合填埋体的密实度基本保持稳定。在制备抗剪强度试样时，当每层击实次数超过 50 击次后，随着击实功继续增加，在制样过程中容易导致纸类、塑料等沿水平面布置，不能很好地发挥加筋作用。另外，因塑料表面比较光滑，摩擦系数较小，导致填埋体的抗剪强度基本保持稳定甚至可能减小。所以，所有的抗剪强度试验中，在制备剪切试样时，采用标准重型击实试验密度控制剪切试样的压实度，以达到减小试验误差的目的。

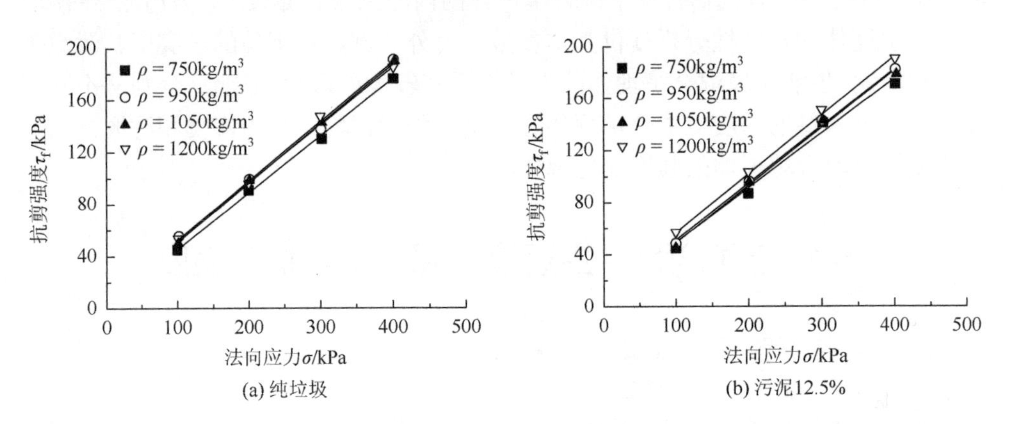

(a) 纯垃圾　　(b) 污泥12.5%

图 5-1　直剪试验中法向应力与抗剪强度的关系

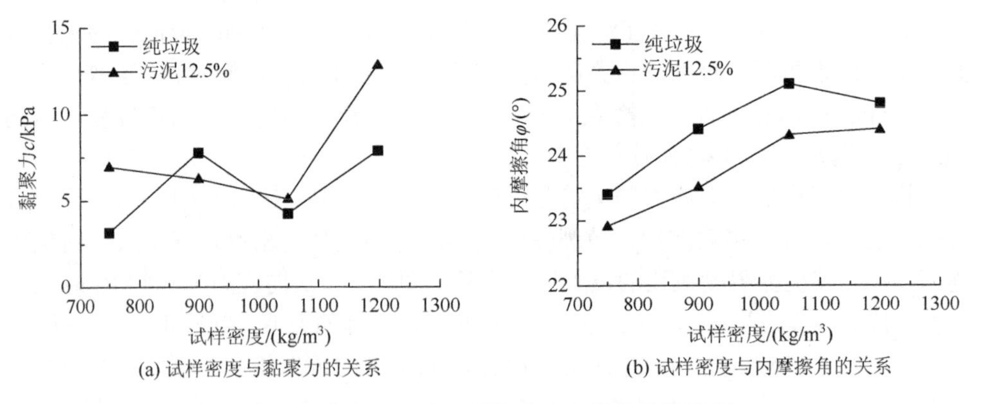

(a) 试样密度与黏聚力的关系　　(b) 试样密度与内摩擦角的关系

图 5-2　直剪试验中试样密度与抗剪参数的关系

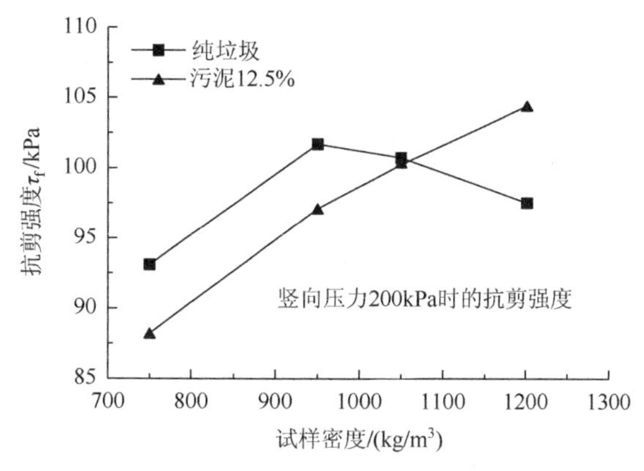

图 5-3　直剪试验中试样密度与抗剪强度的关系

5.1.2　抗剪强度与污泥掺入量的关系

由于污泥和生活垃圾在物质组成、结构等方面有着本质区别，向生活垃圾中掺入一定量的污泥，对其抗剪强度有怎样的影响，可通过对不同污泥和生活垃圾配比的新鲜混合物进行固结快剪试验，研究不同污泥掺入量条件下的污泥-生活垃圾混合填埋体的抗剪强度。考虑生活垃圾被送入填埋场进行填埋时会采用机械对垃圾进行分层碾压，所以在制备直剪试样时，采用标准重型击实试验控制剪切试样的压实度，将配置好的污泥和生活垃圾充分混合搅拌均匀后进行分层击实，每层击实次数为 50 次。试验采用 6 种不同污泥掺入量（μ=0、12.5%、20%、30%、40%、50%），4 级法向应力（100kPa、200kPa、300kPa、400kPa）。

快剪试验结果如图 5-4 所示。内摩擦角 φ、黏聚力 c 与污泥掺入量的关系，如图 5-5 所示。纯垃圾的 c 较小，φ 较大；随着污泥掺入量逐渐增加，试验得到的 φ 逐渐减小；而随着污泥掺入量的增加，c 却逐渐增加。在本次试验中，污泥掺入量达到 40%时，c 增加较快，纯污泥相当于污泥掺入量无穷大时的污泥-生活垃圾混合填埋物，其 φ 仅有 2.5°，c 也仅有 5.16kPa，所以，当污泥掺入量过大时，污泥-生活垃圾混合填埋体的黏聚力 c 反而会逐渐减小。

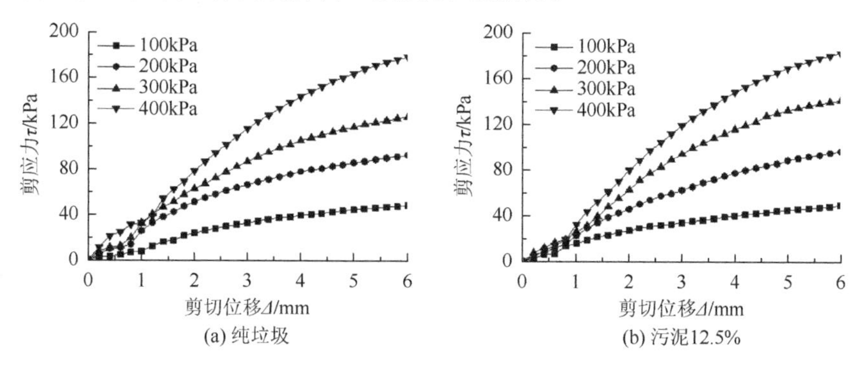

(a) 纯垃圾　(b) 污泥12.5%

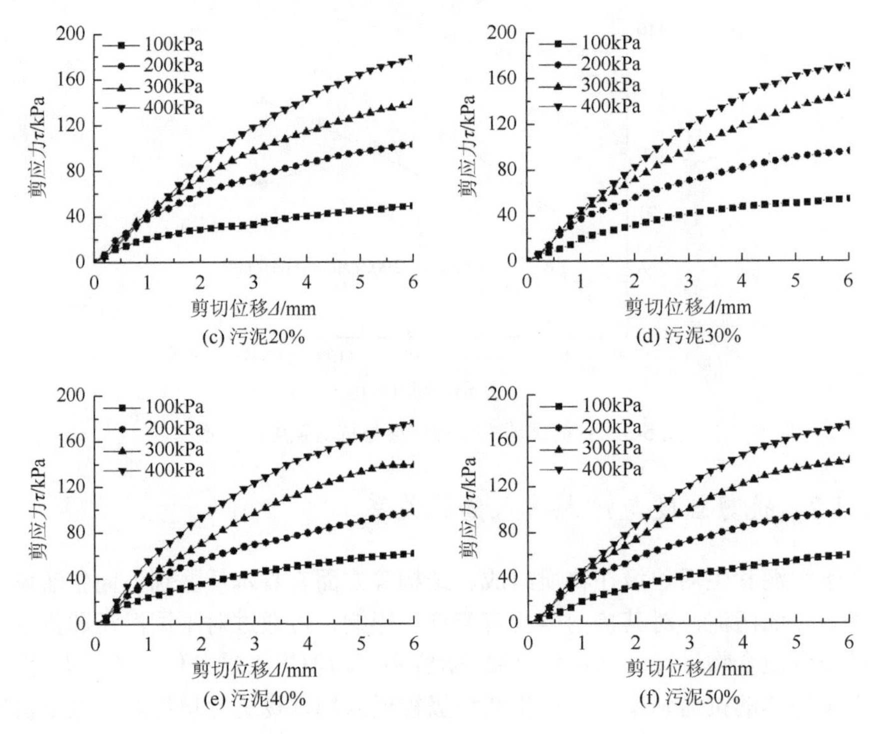

图 5-4 不同污泥掺入量下混合填埋体的剪应力-位移关系

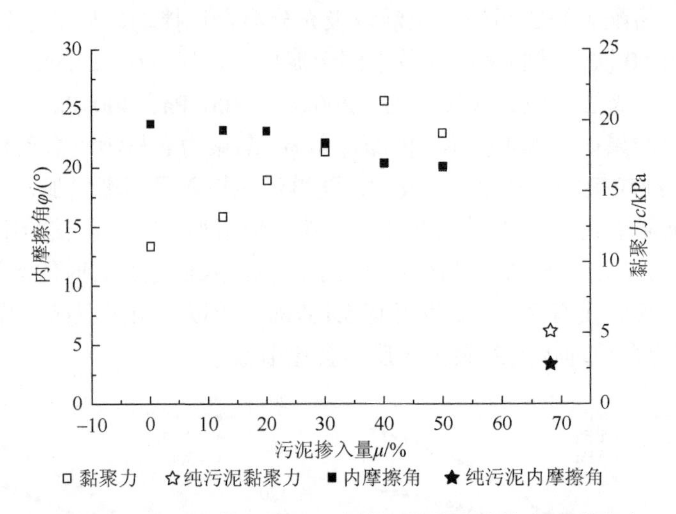

图 5-5 不同污泥掺入量下混合填埋体的内摩擦角和黏聚力

另外，由图 5-4 可以看出，法向应力为 200kPa 时，纯垃圾的剪应力为 180.1kPa，污泥掺入量为 50%的混合填埋体的剪应力为 159.4kPa，随着污泥的掺入，污泥-生活垃圾混合填埋体的剪应力明显降低。由图 5-5 可知，纯垃圾的内摩擦角 φ 为

23.8°，污泥掺入量为 50%的混合填埋体的内摩擦角 φ 为 20.1°，随着污泥的掺入，混合填埋体的内摩擦角 φ 明显减小。

5.1.3 不同剪切位移时抗剪强度研究

为了模拟污泥-生活垃圾混合填埋体在水平方向的剪切破坏过程，通过直剪试验研究随着剪应变的变化，混合填埋体抗剪强度的变化规律，试验中取剪切位移限值为 1mm、2mm、3mm、4mm、5mm、6mm、7mm，将不同剪切位移时混合填埋体的抗剪强度与法向应力的关系进行绘制，如图 5-6 所示。

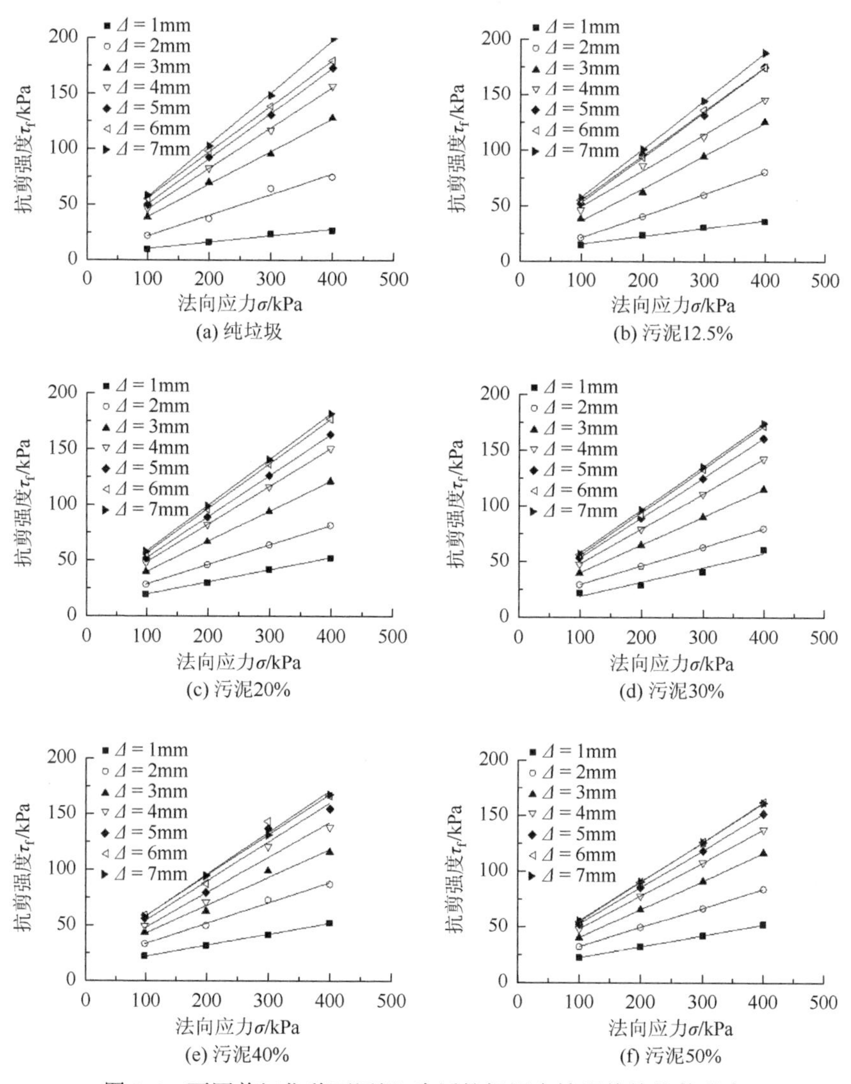

图 5-6　不同剪切位移下污泥-生活垃圾混合填埋体的抗剪强度

从图 5-6 中可以看出，随着法向应力 σ 的增加，混合填埋体的抗剪强度 τ_f 呈线性增长的规律，τ_f 与 σ 的大小符合库仑强度理论。污泥-生活垃圾混合填埋体在不同剪切位移限值条件下的抗剪强度参数结果见表 5-1。在相同的污泥掺入量下，随着剪切位移的增加，φ、c 逐渐增加，且增加幅度逐渐放缓。在剪切过程中，混合填埋体中的纸类、塑料和废布等纤维起到加筋作用，污泥-生活垃圾混合填埋体的直剪试验曲线呈硬化型，因而抗剪强度参数 c、φ 都逐渐增大。

表 5-1　不同剪切位移下污泥-生活垃圾混合填埋体的抗剪强度参数

污泥-生活垃圾填埋体	抗剪强度参数	Δ/mm						
		1	2	3	4	5	6	7
纯垃圾	c/kPa	4.73	6.09	8.79	10.62	12.81	14.12	15.96
	φ/(°)	3.1	9.9	16.8	20.7	23.7	23.8	25.7
污泥 12.5%	c/kPa	7.82	8.27	10.67	11.74	12.58	13.24	14.34
	φ/(°)	4.1	10	16.1	20.1	22.8	23.2	24.9
污泥 20%	c/kPa	9.12	10.97	12.51	13.85	14.67	15.82	16.46
	φ/(°)	6.2	10.1	15.6	19.6	21.3	23.1	23.7
污泥 30%	c/kPa	10.96	12.71	14.69	16.20	17.30	17.83	18.46
	φ/(°)	6.9	9.6	14.4	18.1	20.6	22.1	22.3
污泥 40%	c/kPa	13.5	15.68	17.35	19.31	20.86	21.43	21.45
	φ/(°)	5.5	10.4	14.2	17.3	19.3	20.4	20.6
污泥 50%	c/kPa	13.01	15.30	15.01	18.30	19.59	19.09	20.46
	φ/(°)	5.5	9.7	14.3	16.8	18.6	20.1	19.8

不同混合填埋体的抗剪强度参数与剪应变的关系如图 5-7 所示。在相同的污泥掺入量下，随着剪切试验的进行，混合填埋体的黏聚力 c 总体上随剪应变的增

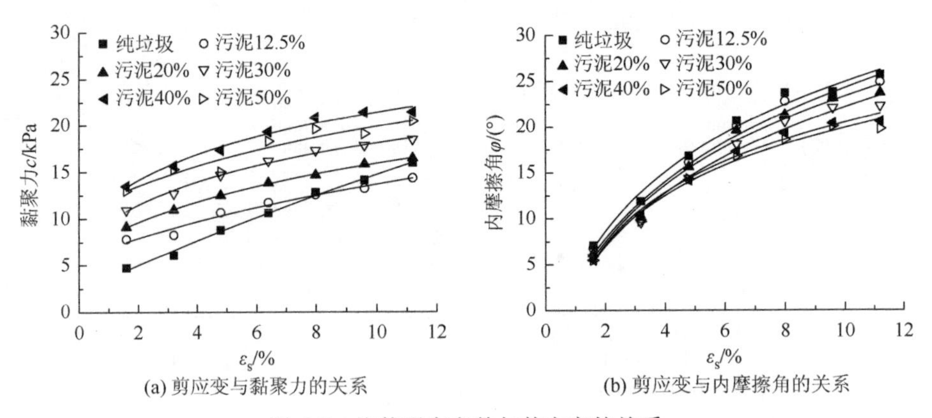

(a) 剪应变与黏聚力的关系　(b) 剪应变与内摩擦角的关系

图 5-7　抗剪强度参数与剪应变的关系

加逐渐增大。大量的塑料、布等废物，在剪切过程中起到加筋作用，随着剪应变的增加，生活垃圾中的纤维状物质被拉伸，加筋作用逐渐增强，黏聚力 c 逐渐增大；随着剪应变的增加，内摩擦角 φ 逐渐增大，且增加幅度逐渐变缓。剪应变较小时，混合填埋体的内摩擦角较纯垃圾大，这是污泥作为填充物进入垃圾中的孔隙，使得填埋体更加密实，在剪应变较小时，剪应力较大。随着剪应变的增加，纯垃圾的内摩擦角增加较快，掺入污泥的填埋体的内摩擦角增加相对较慢。

将图 5-7 中的横坐标用对数坐标进行转换，如图 5-8 所示。

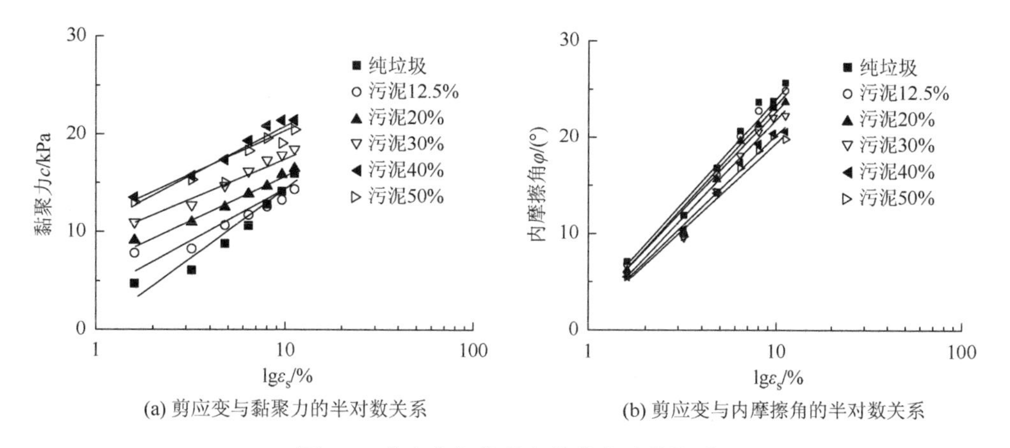

(a) 剪应变与黏聚力的半对数关系　(b) 剪应变与内摩擦角的半对数关系

图 5-8　剪应变与抗剪参数的半对数关系

黏聚力 c 和内摩擦角 φ 与 $\lg\varepsilon_s$ 的变化规律基本呈线性关系：

$$c = A + B\lg\varepsilon_s \quad (5\text{-}1)$$

$$\varphi = C + D\lg\varepsilon_s \quad (5\text{-}2)$$

式中：A、B、C、D 为与污泥掺入量等因素有关的参数，结果见表 5-2。

表 5-2　不同污泥掺入量条件下模型参数

污泥掺入量/%	A	B	C	D
0	13.520	0.535	27.954	1.589
12.5	10.025	5.355	25.853	0.721
20	8.823	6.874	22.455	0.625
30	9.327	8.612	20.952	0.404
40	8.307	10.956	19.088	1.394
50	8.949	10.691	18.468	1.434

模型参数 A、B、C、D 与污泥掺入量的关系如图 5-9 所示。

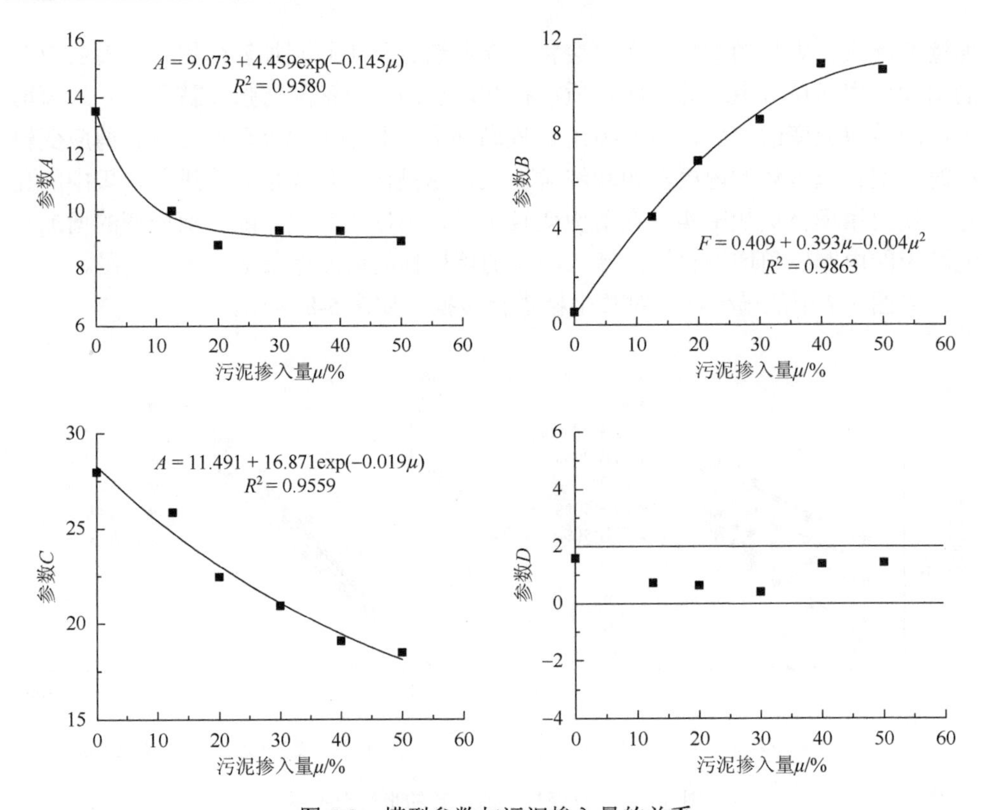

图 5-9 模型参数与污泥掺入量的关系

从图 5-9 中可以看出，随着污泥掺入量的增加，参数 A 整体趋势逐渐减小；污泥掺入量较小时，随着污泥掺入量增加，参数 A 迅速减小；当污泥掺入超过一定量后，继续掺入污泥，参数 A 减小幅度放缓并逐渐保持稳定。参数 A 与污泥掺入量 μ 之间呈指数衰减关系：

$$A = 4.459\mathrm{e}^{-0.145\mu} + 9.073 \tag{5-3}$$

随着污泥掺入量的增加，参数 B 先增加再趋于稳定，符合二次函数关系：

$$B = -0.004\mu^2 + 0.393\mu + 0.409 \tag{5-4}$$

参数 C 整体趋势逐渐减小；污泥掺入量较小时，参数 C 减小较快；污泥掺入量较大时，参数 C 减小较慢。参数 C 与污泥掺入量 μ 之间呈指数衰减关系：

$$C = 16.871\mathrm{e}^{-0.019\mu} + 11.491 \tag{5-5}$$

随着污泥掺入量的增加，参数 D 先减小后增加，取值在 1.0 左右波动，取值为 0～2.0。

5.2 降解对污泥-生活垃圾混合填埋体抗剪强度的影响

随着降解的进行，易降解有机物在微生物的作用下逐渐降解，产生水、二氧化碳和甲烷等，导致混合填埋体的有机物含量逐渐降低，无机物含量增加。难降解的塑料、橡胶等纤维状物质及无机物的相对含量的增加，造成抗剪强度逐渐增大。选取污泥掺入量为 12.5%、20%、30%、40%的填埋体，采用直剪仪，研究有机物降解对填埋体抗剪强度的影响。取剪切位移 6mm 时的剪应力为填埋体的抗剪强度值，混合填埋体在不同降解阶段的抗剪强度包线如图 5-10 所示。不同污泥掺入量的混合填埋体的抗剪强度随法向应力增加呈线性增大的趋势，其抗剪强度参数黏聚力 c 和内摩擦角 φ 的大小与降解时间的关系如图 5-11 所示。直剪试验结束后测试相应样品中的有机物含量，有机物含量与黏聚力和内摩擦角的关系如图 5-12 和图 5-13 所示。

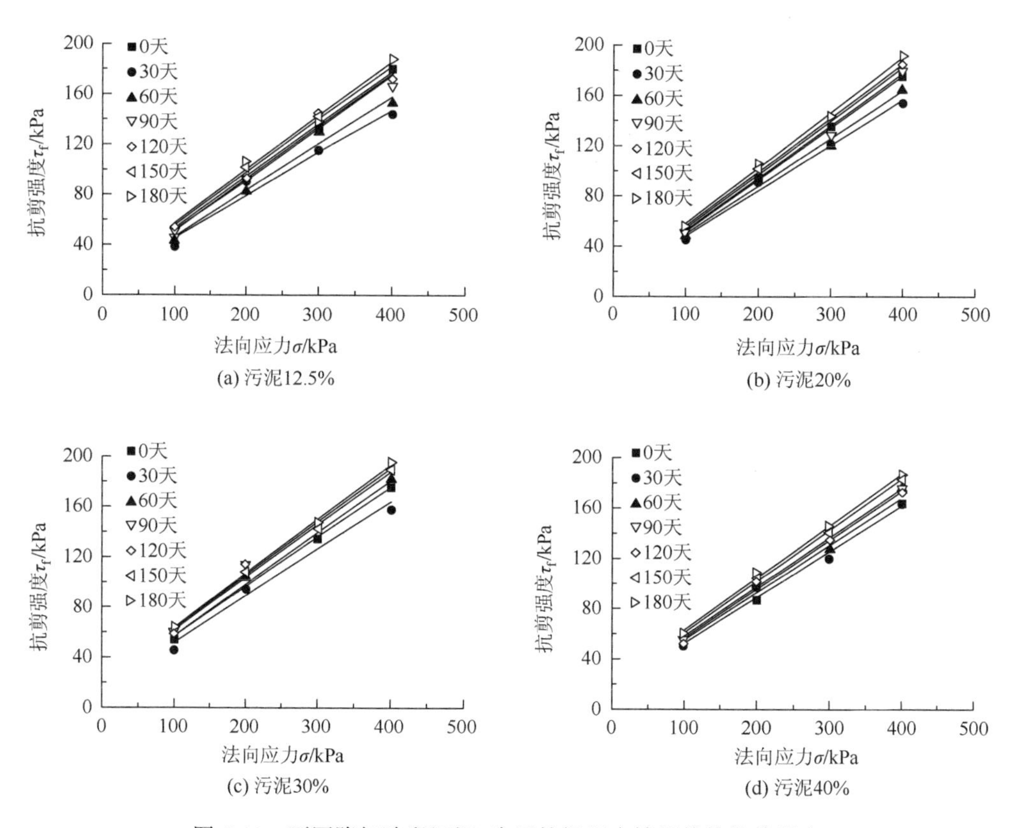

图 5-10　不同降解阶段污泥-生活垃圾混合填埋体的抗剪强度

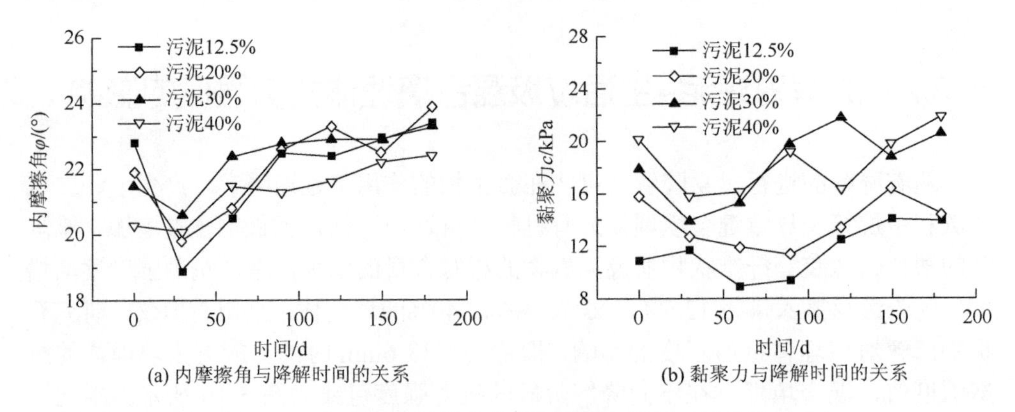

(a) 内摩擦角与降解时间的关系　(b) 黏聚力与降解时间的关系

图 5-11　混合填埋体的抗剪强度参数与降解时间的关系

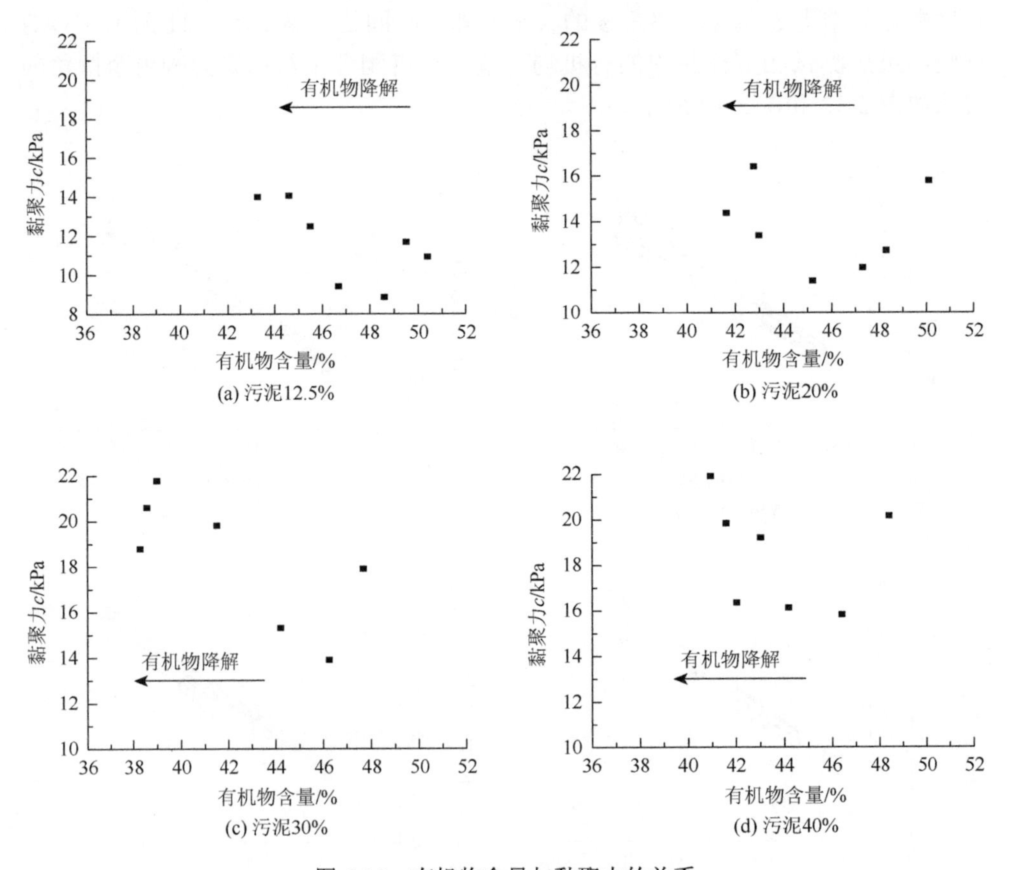

(a) 污泥12.5%　(b) 污泥20%

(c) 污泥30%　(d) 污泥40%

图 5-12　有机物含量与黏聚力的关系

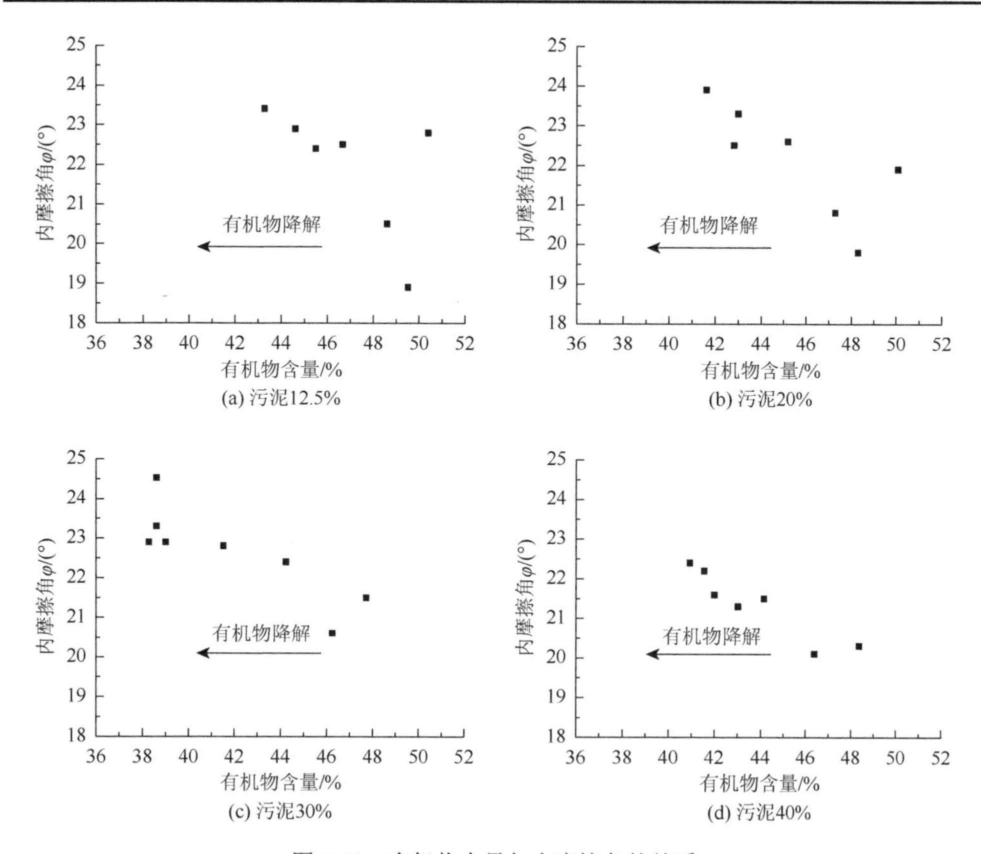

图 5-13　有机物含量与内摩擦角的关系

随着降解时间的延长，黏聚力 c 和内摩擦角 φ 整体上逐渐增大。但是降解时间 0～30 天阶段，其抗剪强度 τ_f、黏聚力 c 和内摩擦角 φ 都明显小于降解初期。此阶段试样中的氧气尚未消耗殆尽，试样处于好氧状态，好氧微生物分解有机物，有机物快速降解，黏聚力 c 及内摩擦角 φ 有明显的降低。污泥掺入量为 30%的混合填埋体的有机物含量由 47.71%下降到 46.25%时，其黏聚力 c 由 17.93kPa 减小到 13.9kPa，内摩擦角 φ 由 21.5°减小到 20.6°。易降解有机物发生降解，纸类、塑料、废布料等纤维状物质相对含量增加，纤维状物质在剪切过程中起到加筋作用，填埋体的抗剪强度参数本应增大，这与试验结果相悖。对试样的观察可以发现，纸类、塑料等组分在 30 天时较初始状态时更加松软，降解初期填埋体的抗剪强度参数减小的主要原因是污泥和生活垃圾被密封在密闭的塑料桶内，填埋体中的水与其他物质充分混合，纸类、塑料、废布料等纤维状物质被充分软化，加筋作用相对下降，其抗剪强度减小。

当降解时间由 30 天增加到 180 天时，黏聚力 c 和内摩擦角 φ 都有不同程度的增加，污泥掺入量为 12.5%的混合填埋体的黏聚力 c 由 11.69kPa 增大到 13.98kPa，

内摩擦角 φ 由 18.9°增大到 23.4°；污泥掺入量为 20%的混合填埋体的黏聚力 c 由 12.72kPa 增大到 14.38kPa，内摩擦角 φ 由 19.8°增大到 23.9°；污泥掺入量为 30%的混合填埋体的黏聚力 c 由 13.9kPa 增大到 20.62kPa，内摩擦角 φ 由 20.6°增大到 23.3°；污泥掺入量为 40%的混合填埋体的黏聚力 c 由 15.8kPa 增大到 21.88kPa，内摩擦角 φ 由 20.1°增大到 22.4°。陈云敏等（2009）研究结果表明随着有机物降解的进行，垃圾土的黏聚力随龄期增加而减小，内摩擦角随龄期增加而增大。本试验中填埋体的降解时间较短，远未达到降解稳定的阶段；另外，塑料、纤维等的加筋作用加强，引起黏聚力的不断增加。

第6章　污泥–生活垃圾混合填埋体单剪试验及强度演化

小型直剪试验具有简单、便捷的优势，能够反映均质材料在简单应力状态下的抗剪特性。但是垃圾本身是一种非均质材料，小型直剪试验难以客观反映非均质材料的抗剪特性；如果与污泥进行分层填埋，破坏面的确定及界面的抗剪特性用直剪试验也难以获得。为解决上述问题，在直剪试验的基础上，采用大型单剪仪解决不均质材料及破坏面的问题。从污泥掺入量、击实功、污泥含水率、填埋方式、生化降解等方面开展大型单剪试验，并结合有机物降解动力学模型，获得混合填埋体的强度特性及演化规律，可为污泥进入填埋场进行填埋处置提供设计参数，同时也是填埋场稳定性分析的重要基础。

6.1　试验方案

第一组为污泥掺入量对混合填埋体抗剪强度特性影响的试验，其中混合填埋体的大型单剪试验试样采用大型击实仪进行制备（25击次、分4层击实），具体试验方案见表6-1。

表6-1　污泥掺入量对混合填埋体抗剪强度的影响试验方案

试验编号	污泥掺入量 μ/%	法向荷载 p/kPa			
1-1	0	50	75	100	125
1-2	12.5	50	75	100	125
1-3	20	50	75	100	125
1-4	30	50	75	100	125
1-5	40	50	75	100	125
1-6	50	50	75	100	125

第二组为击实功对新鲜混合填埋体抗剪强度特性影响的试验，根据重型击实下击实功与干密度的曲线，选取垃圾试样的密度分别为650kg/m^3、750kg/m^3、931kg/m^3、1043kg/m^3、1085kg/m^3，污泥掺入量为12.5%的混合填埋体试样的密度分别为700kg/m^3、800kg/m^3、1049kg/m^3、1148kg/m^3、1192kg/m^3，具体试验方案见表6-2。

表 6-2　击实功对混合填埋体抗剪强度的影响试验方案

试验编号	污泥掺入量 μ/%	密度 ρ/(kg/m^3)				法向荷载 p/kPa			
2-1	0	650				25	40	60	80
2-2	0	750	931	1043	1085	50	75	100	125
2-3	12.5	700				25	40	60	80
2-4	12.5	800	1049	1148	1192	50	75	100	125

第三组为污泥含水率对混合填埋体抗剪强度特性的影响。填埋规范要求混合填埋时污泥的含水率不超过 150%，但是由于污泥脱水往往不达标，因此选择两种含水率的污泥与生活垃圾进行混合（含水率分别为 331.03%和 150%），然后开展大型单剪试验，采用大型击实方法制备试样（25 击次、分 4 层击实），见表 6-3。

表 6-3　污泥含水率对混合填埋体抗剪强度的影响试验方案

试验编号	污泥含水率 ω/%	污泥掺入量 μ/%	法向荷载 p/kPa			
3-1	150	30	50	75	100	125
3-2	331.03	30	50	75	100	125

第四组为生化降解对混合填埋体抗剪强度特性的影响。选取污泥掺入量为 0、12.5%、30%的混合填埋体进行单剪试验，试样采用大型击实仪进行制备（25 击次、分 4 层击实），单剪试验完成之后，将混合填埋体试样取出，对固结排出的水进行收集，回灌入混合填埋体，然后重新混合搅拌均匀，装入塑料桶，继续降解，定期进行单剪试验，具体的试验方案见表 6-4。

表 6-4　生化降解对混合填埋体抗剪强度的影响试验方案

试验编号	污泥掺入量 μ/%	时间/d						
4-1	0	0	30	60	90	150	210	270
4-2	12.5	0	30	60	90	150	210	270
4-3	30	0	30	60	90	150	210	270

第五组为研究分层填埋方式对混合填埋体抗剪强度特性的影响。制样方式分层进行，顺序从下往上依次为生活垃圾、污泥、生活垃圾，均采用大型击实的试验结果，控制试样密度为 782kg/m^3；污泥含水率为 331.03%时，控制污泥层密度为 1.08g/cm^3；污泥含水率为 150%时，控制污泥层密度为 1.29g/cm^3。采用表 6-5 中的填埋质量，主要是控制污泥层的质量。

强度试验采用大型单剪仪进行，试验方法选择等应变单剪试验，剪切速率设置为 2mm/min，剪切过程中若没有出现峰值，则继续剪切直至 60mm，停止试验，选取剪切位移为 45mm 时的剪应力作为抗剪强度（剪切应变为 15%），其中第二组击实功下的强度试验加载固结时间为 2h，其余强度试验采用固结稳定标准。

表 6-5　污泥和生活垃圾分层填埋的试验方案

试验编号	污泥含水率 ω/%	填埋质量 m/kg	法向荷载 p/kPa
5-1	331.03	4、3、4.5	35
5-2	331.03	4、1.5、6.3	35
5-3	150	4、3、5.2	35、100

6.2　混合填埋体抗剪强度特性

6.2.1　法向应力-应变的关系

不同污泥掺入量的混合填埋体单剪试验中法向应力-应变关系如图 6-1 所示。生活垃圾及混合填埋体的压缩应变均随着法向应力的增加而增加，并且其增加的趋势会逐渐变缓；当法向应力相同时，生活垃圾及混合填埋体的压缩应变整体趋势均随着污泥掺入量的增加而减小。这是因为生活垃圾及混合填埋体组分中的大颗粒尺寸物质（金属、陶瓷、塑料、橡胶等）起骨架作用，而类土物质（麦麸、土等）和污泥起填充作用（严立俊，2015），在法向应力作用下生活垃圾及混合填埋体组分表现出自身变形协调特性（易进翔等，2016）；在变形初期，生活垃圾及混合填埋体的孔隙比较大，以及部分可以压缩的材料（麦麸、污泥等）均会随着法向应力的增大而发生较明显的变形，继续增加法向应力，生活垃圾及混合填埋体

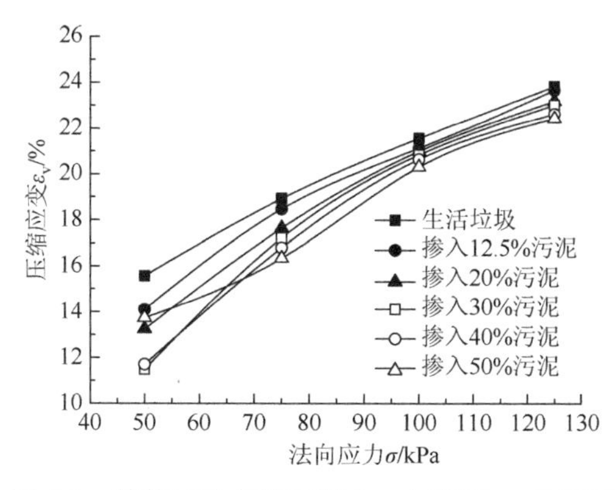

图 6-1　单剪试验中法向应力 σ 与应变 ε_v 的关系

的密实度逐渐增加，孔隙比减小所贡献的变形将不再明显，其弹塑性变形也将不再明显，垃圾及混合填埋体的压缩应变增加趋势逐渐变缓，直至稳定。单剪试验的试样采用击实制样，而且随着污泥掺入量的增加，击实干密度均增加，在法向应力相同时其密实度的增加导致其压缩应变减小。

采用半对数坐标，将上述法向应力-应变关系重新绘制在半对数坐标中，如图 6-2 所示，法向应力的对数 lgσ 与压缩应变 ε_v 呈线性关系，可用式（6-1）表示：

$$\varepsilon_v = k + l\lg\sigma \tag{6-1}$$

式中：k 和 l 为与混合填埋体的组分、初始密度、污泥掺入量等因素有关的参数，结果见表 6-6。

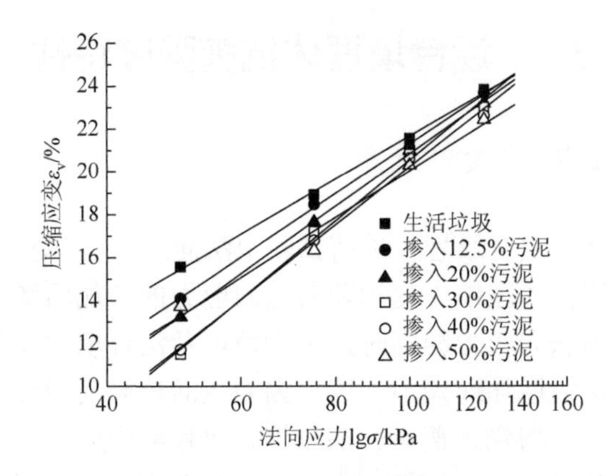

图 6-2 单剪试验中法向应力 σ 与压缩应变 ε_v 的半对数关系

表 6-6 混合填埋体的法向应力-应变关系式的参数

关系式中参数	污泥掺入量/%					
	0	12.5	20	30	40	50
k	−19.63	−26.28	−29.57	−38.00	−35.66	−24.85
l	20.65	23.79	25.21	29.27	27.95	22.45

6.2.2 剪应力与剪应变的关系

单剪试验中剪应力与剪应变的关系如图 6-3 所示。

生活垃圾及混合填埋体的剪应力与剪应变的变化关系基本一致，即随着剪应变的增加，剪应力的总体趋势在增加，且增大的趋势逐渐变小，呈硬化趋势，符合双曲线关系。生活垃圾及混合填埋体在剪切过程中受纤维相（布、塑料、橡胶

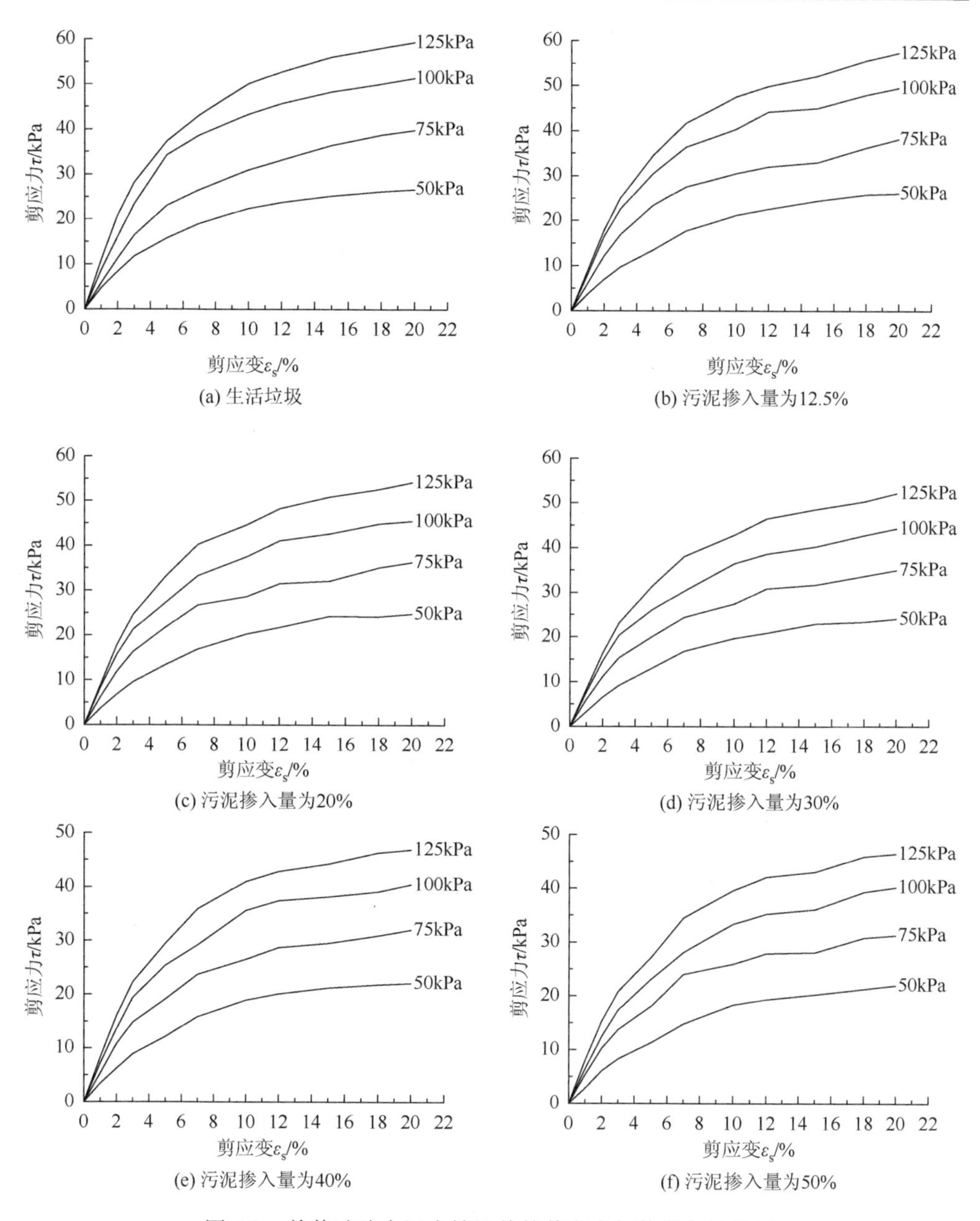

图 6-3　单剪试验中混合填埋体的剪应力与剪应变的关系

等）加筋作用的影响，随着剪应变的增加，加筋作用逐渐增强，因而剪应力随着剪应变的增加而增加，曲线呈硬化型（张振营等，2015；严立俊，2015）。剪应力与剪应变的双曲线关系为

$$\tau = \frac{\varepsilon_s}{i + j\varepsilon_s} \tag{6-2}$$

式中：i 和 j 为与混合填埋体的组分、污泥掺入量、法向应力等因素有关的参数。参数结果见表 6-7。

从表 6-7 可知，生活垃圾的 i 为 0.0661～0.1665kPa，j 为 0.0135～0.0288。当污泥掺入量在 12.5%～50%时，混合填埋体的 i 为 0.0753～0.2581kPa，j 为 0.0138～0.0330。

表 6-7　混合填埋体的剪应力与剪应变双曲线关系参数

污泥掺入量/%	参数	σ/kPa			
		50	75	100	125
0	i/kPa	0.1665	0.1294	0.0731	0.0661
	j	0.0288	0.0188	0.0158	0.0135
12.5	i/kPa	0.2205	0.1123	0.0827	0.0754
	j	0.0267	0.0214	0.0162	0.0138
20	i/kPa	0.2178	0.1186	0.0909	0.0753
	j	0.0287	0.0221	0.0173	0.0147
30	i/kPa	0.2237	0.1347	0.1003	0.0820
	j	0.0297	0.0221	0.0178	0.0151
40	i/kPa	0.2239	0.1276	0.0925	0.0788
	j	0.0330	0.0250	0.0201	0.0172
50	i/kPa	0.2581	0.1386	0.1162	0.0918
	j	0.0320	0.0251	0.0192	0.0167

6.2.3　抗剪强度参数

对不同污泥掺入量的混合填埋体进行单剪试验，取剪应变限值分别为 3%、5%、7%、10%、12%、15%、18%、20%，其所对应的剪应力为该剪应变限值下的抗剪强度。不同剪应变限值下法向应力与抗剪强度的关系如图 6-4 所示。不同剪应变限值下生活垃圾及混合填埋体的抗剪强度 τ_f 随法向应力 σ 呈线性增长。

不同剪应变限值下黏聚力和内摩擦角的变化关系如图 6-5 和图 6-6 所示。生活垃圾及混合填埋体的内摩擦角与剪应变的变化关系基本一致，即随着剪应变的增加，内摩擦角的总体趋势在增加，且增大的趋势逐渐变小。生活垃圾的内摩擦角与剪应变曲线在上方，污泥掺入量越大，所对应的内摩擦角与剪应变曲线越在下方。这说明污泥的掺入劣化了生活垃圾的内摩擦角。随着剪应变的增加，黏聚力的总体趋势在增加，且增大的趋势逐渐变小。生活垃圾的黏聚力与剪应变曲线在下方；混合填埋体的黏聚力与剪应变曲线在上方。这说明污泥的掺入加强了生活垃圾的黏聚力。

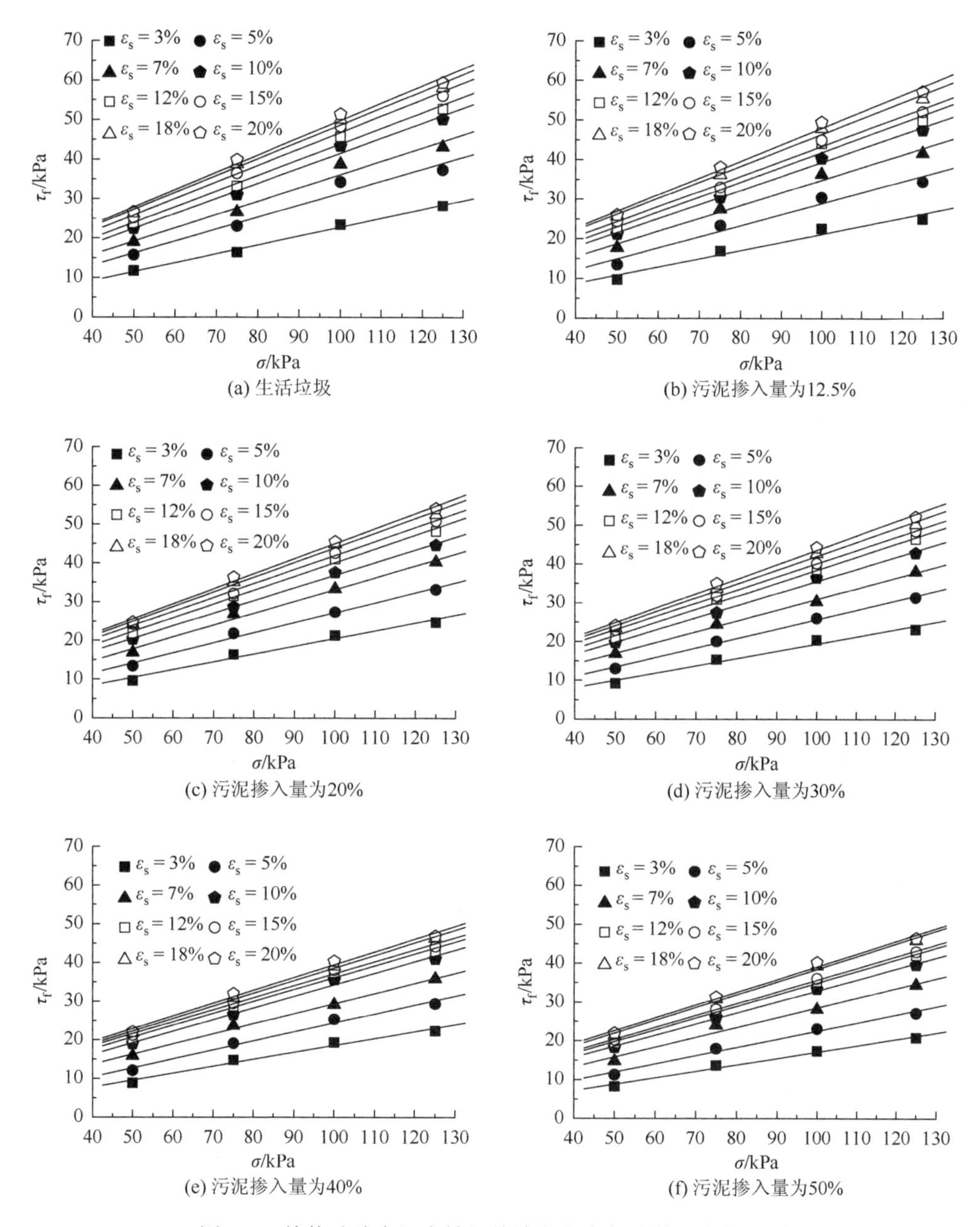

(a) 生活垃圾

(b) 污泥掺入量为12.5%

(c) 污泥掺入量为20%

(d) 污泥掺入量为30%

(e) 污泥掺入量为40%

(f) 污泥掺入量为50%

图 6-4　单剪试验中混合填埋体法向应力与抗剪强度的关系

在相同的污泥掺入量下，随着剪应变限值的增加，所对应的抗剪强度参数黏聚力和内摩擦角整体趋势都逐渐增加，且增加趋势逐渐放缓。不同剪应变限值下生活垃圾的 c 为 0.222～5.907kPa，φ 为 12.7°～23.7°。当污泥掺入量在 12.5%～50%时，不同剪应变限值下混合填埋体的 c 为 0.389～6.352kPa，φ 为 9.4°～22.8°。

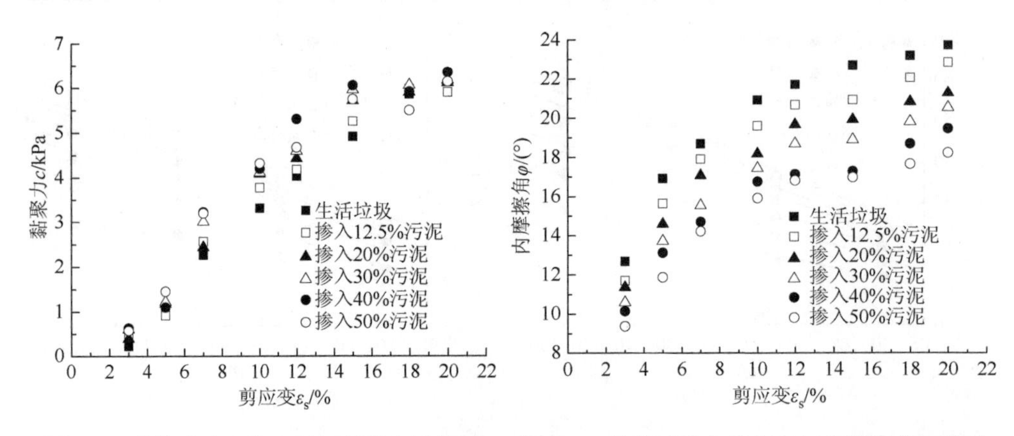

图 6-5　单剪试验中剪应变与黏聚力的关系　　图 6-6　单剪试验中剪应变与内摩擦角的关系

这说明在剪切过程中，生活垃圾及混合填埋体的纸类、塑料和废布等纤维起到加筋作用，随着剪切位移的增加，纤维加筋作用逐渐增强，因而不同剪应变限值下抗剪强度参数 c、φ 都逐渐增大。

将剪切位移为 45mm（剪应变为 15%）时的剪应力作为抗剪指标，结果见表 6-8。

表 6-8　剪应变为 15%时混合填埋体的抗剪强度参数

抗剪强度参数	污泥掺入量/%					
	0	12.5	20	30	40	50
c/kPa	4.918	5.258	5.723	5.959	6.060	5.750
φ/(°)	22.7	20.9	19.9	18.9	17.3	17.0

6.3　污泥掺入量对抗剪强度的影响

试验方案获得的污泥掺入量与抗剪强度的关系如图 6-7 所示。

随着污泥掺入量的增加，抗剪强度逐渐降低；当污泥掺入量为 30%时，抗剪强度最大下降了 16.73%；当污泥掺入量为 50%时，抗剪强度最大下降了 25.38%。这说明污泥的掺入会劣化生活垃圾的强度。污泥的掺入，引起生活垃圾的含量相对减少，生活垃圾中的纤维成分相对减少，加筋作用会被削弱，污泥是一种自身力学性质较差的泥质物质，在生活垃圾颗粒孔隙之间起一定的润滑作用。

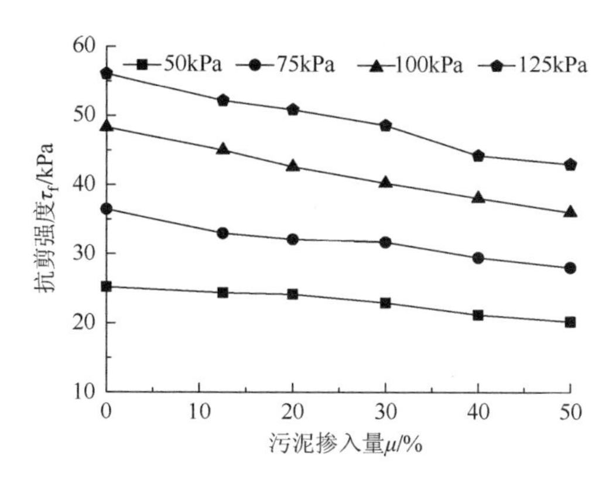

图 6-7 不同法向应力下污泥掺入量与抗剪强度的关系

图 6-8 为混合填埋体的污泥掺入量与黏聚力的关系。污泥掺入量较小时，黏聚力增加比较明显；污泥掺入量增加到 40%时，继续增加污泥的掺入量，黏聚力会减小。污泥掺入量较小时，其填充效果比较明显，密实度增加较快，黏聚力增加；污泥掺入量较大时，其填充效果不再明显，污泥自身的性质对混合填埋体的抗剪强度影响逐步增加，污泥颗粒之间基本为松散联结，造成黏聚力下降。

图 6-9 为混合填埋体的污泥掺入量与内摩擦角的关系。随着污泥掺入量的增加，内摩擦角逐渐减小，主要原因是污泥为一种泥质物质，且含水率较高，其本身力学性质较差，在垃圾颗粒孔隙之间会起一定的润滑作用。

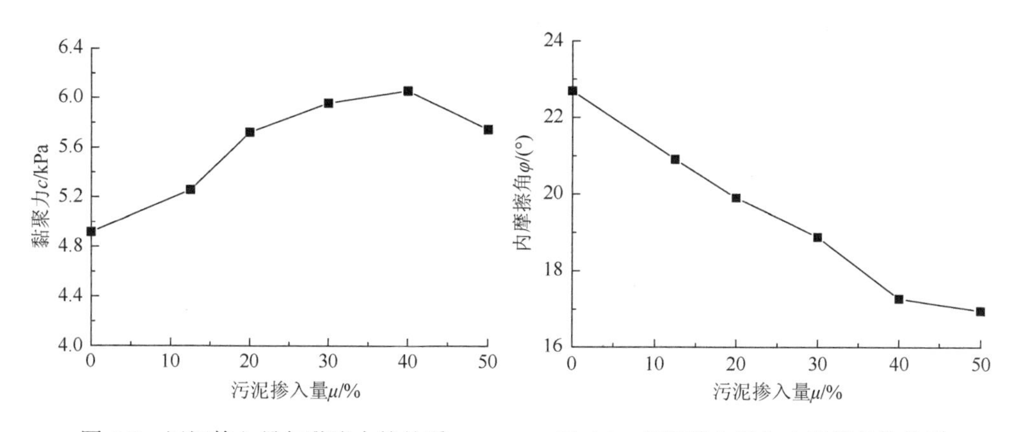

图 6-8 污泥掺入量与黏聚力的关系　　图 6-9 污泥掺入量与内摩擦角的关系

6.4 击实功对抗剪强度的影响

根据试验方案中所选取生活垃圾试样的密度进行单剪试验，加载固结时间为 2h，试验结果如图 6-10 所示。

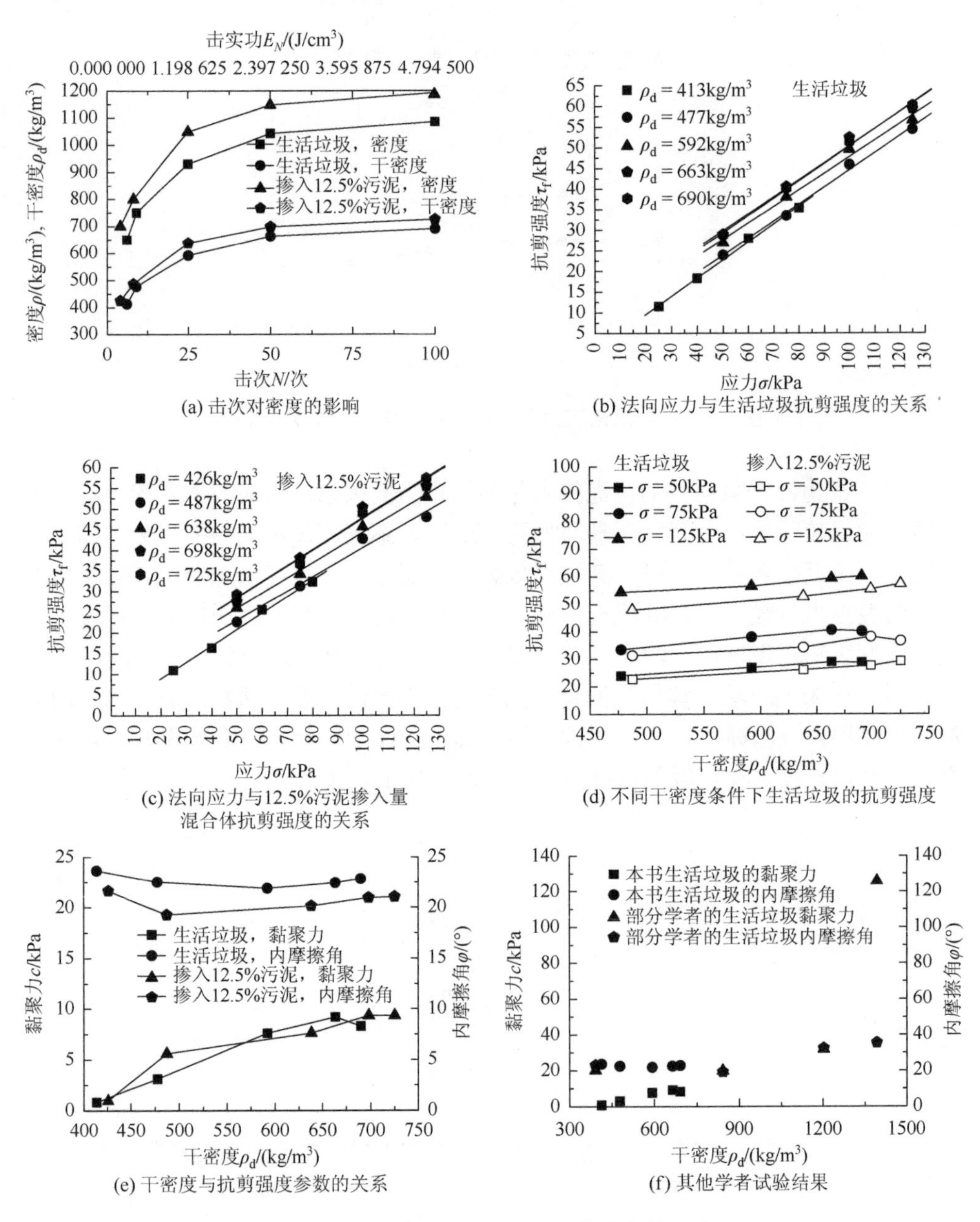

(a) 击次对密度的影响　(b) 法向应力与生活垃圾抗剪强度的关系

(c) 法向应力与12.5%污泥掺入量混合体抗剪强度的关系　(d) 不同干密度条件下生活垃圾的抗剪强度

(e) 干密度与抗剪强度参数的关系　(f) 其他学者试验结果

图 6-10　密度对混合填埋体抗剪强度的影响

随着击实功的增加，生活垃圾及混合填埋体的密度和干密度均在增加，其抗剪强度在增加，相应的抗剪强度包线上移；25 击次之前，干密度增加较大，其抗剪强度有一定的增加；25 击次之后，干密度增加逐渐减慢，其抗剪强度略有增加，超过 50 击次之后，继续增加击次，干密度变化不大，其抗剪强度也趋于稳定。随着击实功的增加，混合填埋体的密实度增加，引起抗剪强度参数增加，此外击实功的增加，会引起纤维相物质倾向水平取向，导致其加筋作用减弱，密实度较大时，继续增加击实功，抗剪强度参数变化不大，甚至略有下降。

随着击实功的增加，生活垃圾及混合填埋体的密度和干密度均在增加，且增加趋势逐渐变缓，其内摩擦角和黏聚力总体趋势在增加，增加的幅度在减小，相比内摩擦角，黏聚力的增加幅度较大，增加的趋势也比较明显。

混合填埋体的抗剪强度试验研究相对缺乏，在此采用生活垃圾的抗剪强度参数进行对比分析。从图 6-10（f）可知，试验结果与部分学者的研究成果相一致，即随着干密度的增加，内摩擦角和黏聚力均有增加的规律（陈云敏等，2000；张丙印和介玉新，2006；李晓红等，2006；施建勇等，2010）。

6.5　污泥含水率对抗剪强度的影响

将不同含水率的污泥制成试样，进行单剪试验，结果如图 6-11 所示。

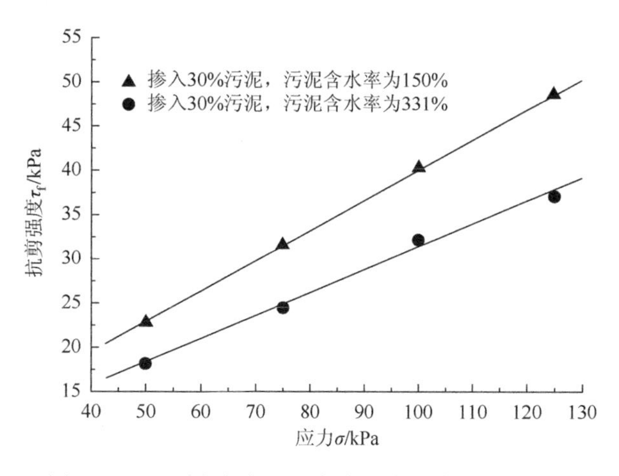

图 6-11　污泥含水率对混合填埋体抗剪强度的影响

污泥含水率高的混合填埋体的抗剪强度较小，相应的抗剪强度包线在下方，其抗剪强度参数也较小。这主要是因为污泥的含水率较高，污泥和垃圾混合之后含水率依旧较高，这样混合填埋体的饱和度较高，击实过程中制约了水和空气的排出（Sridharan and Sivapullaiah，2005），承担了一部分的击实功，也容易出现“橡皮土”的现象，其击实干密度较小，干密度为 451kg/m^3。而污泥含水率为 150%的混合填埋体的干密度为 516kg/m^3。目前一般带式脱水机对污泥脱水后的含水率高达 400%，直接进行混合填埋，其击实性能不良，干密度较小，强度较低；而对污泥进行深度脱水，使其含水率低于 150%，再进行混合填埋，其击实性能提高，干密度增加，强度也会增加，能够满足填埋处置的要求。

6.6 生化降解对混合填埋体抗剪强度的影响

6.6.1 生化降解时间与抗剪强度的关系

对污泥掺入量为 0、12.5%、30%，生化降解时间为 0 天、30 天、60 天、90 天、150 天、210 天、270 天的混合填埋体试样分别进行单剪试验，其试验结果如图 6-12 所示。

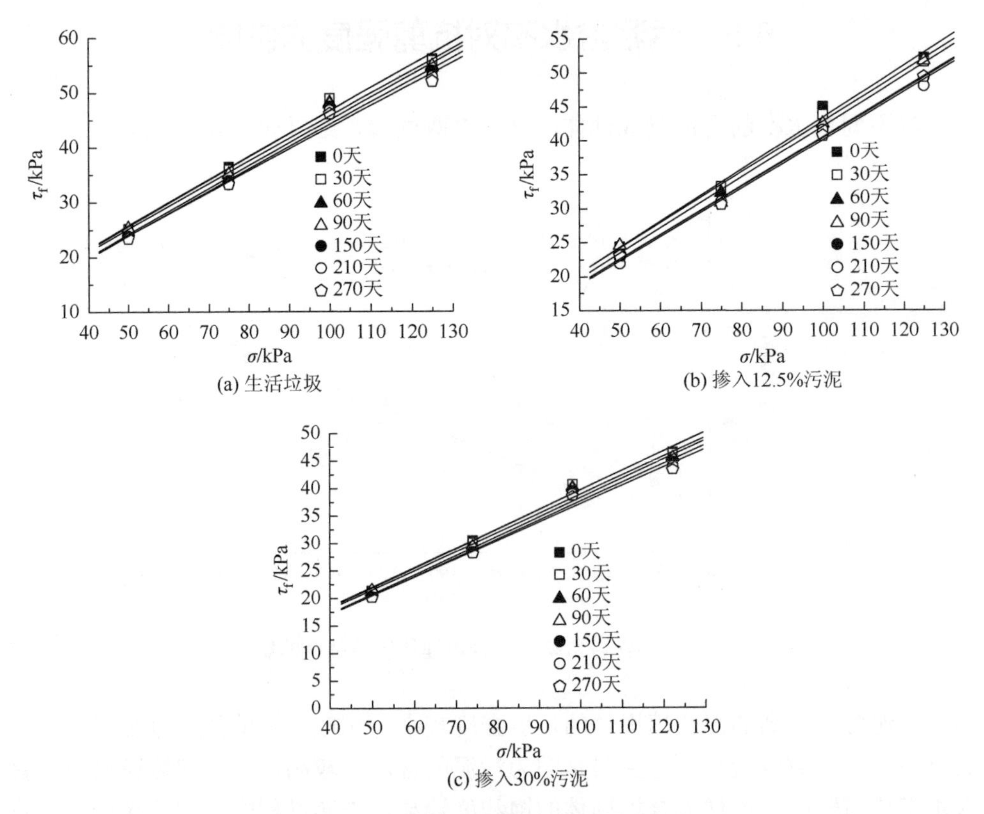

图 6-12　生化降解时间对抗剪强度的影响

随着有机物生化降解的进行，生活垃圾及混合填埋体的抗剪强度总体趋势在减小，相应的抗剪强度包线下移。不同生化降解时间对应的黏聚力和内摩擦角如图 6-13 和图 6-14 所示。结合生化降解的阶段划分结果，可以发现在调整生化降解阶段（0～30 天），生活垃圾和混合填埋体的黏聚力下降速率在 0.46%/d～1.01%/d，内摩擦角下降速率在 0.58%/d～2.13%/d；在加速生化降解阶段（30～150 天），生活垃圾和混合填埋体的黏聚力下降速率在 0.81%/d～2.17%/d，内摩擦角下降速率在 0.78%/d～1.63%/d；在衰减生化降解阶段（150～270 天），生活垃圾和混合填埋体的黏聚力下降速率在 0.18%/d～0.55%/d，内摩擦角下降速率在 0.25%/d～0.95%/d。

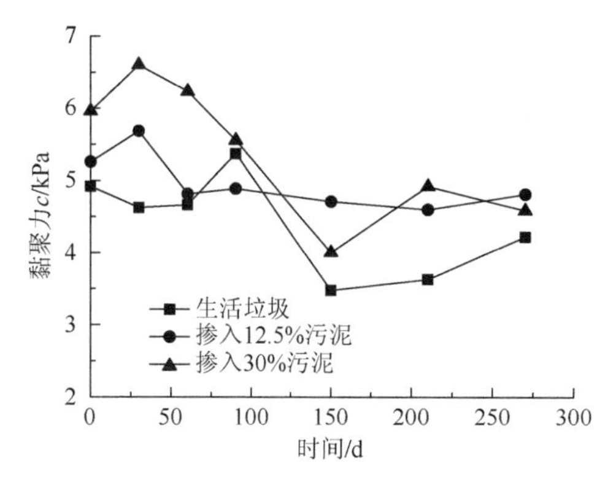

图 6-13　生化降解时间与黏聚力的关系

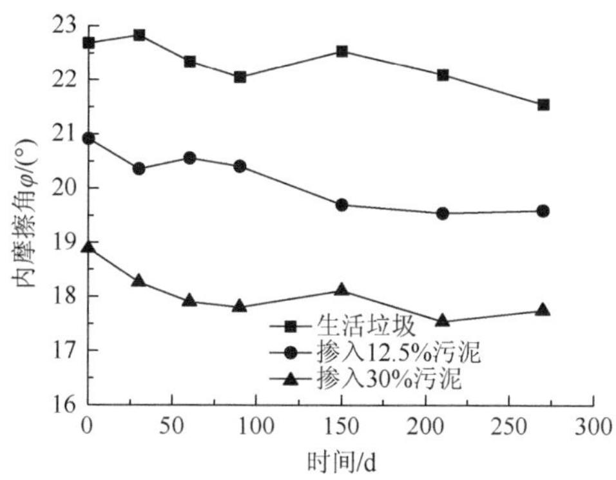

图 6-14　生化降解时间与内摩擦角的关系

随着有机物生化降解的进行，生活垃圾及混合填埋体的抗剪强度参数总体趋势在减小，其中黏聚力随生化降解作用的时间波动较大。当生化降解时间为 0～270 天时，生活垃圾及混合填埋体的黏聚力在 3.48～6.60kPa，下降率在 8.50%～26.25%；内摩擦角在 17.5°～22.8°，下降率在 4.99%～6.27%。

在生化降解初期，混合填埋体中的水与其他物质充分混合，纸类、塑料、废布料等纤维相物质被软化，这一阶段主要是物理的软化作用（王佩，2017），此时微生物的活性较低，对强度的影响作用较小；随着生化降解时间的增加，微生物在生化降解过程中将大分子有机物颗粒酸化、水解、分解成小分子颗粒、气体、渗滤液等，主要表现在纤维相成分由大变小、气体气压的存在、含水率的增加（Harris et al.，2006；刘晓东等，2011a）。在生化降解过程中，纤维相成分由大变小，加筋作用被削弱（Gabr et al.，2007；Hossain et al.，2009b）；含水率的增加，会加剧润滑作用（施建勇等，2010）。

（1）纤维相成分由大变小，由纤维相成分引起的摩擦会减弱，含水率的增加，会加剧润滑作用，因此内摩擦角会降低。

（2）软化作用导致纤维相加筋作用降低，黏聚力会减小；含水率增加，颗粒之间吸着水膜较厚，颗粒间斥力增大，引起黏聚力减小。但是颗粒由大变小，密实度增加，会引起黏聚力的增加。因此，黏聚力波动较大，但整体上表现出减小的趋势。

6.6.2　混合填埋体抗剪强度演化规律

由图 6-15 和图 6-16 可知，随着有机物的生化降解，生活垃圾及混合填埋体的有机物降解率增加，其黏聚力和内摩擦角的损失率均在增加，呈正相关。生活垃圾及混合填埋体的黏聚力和内摩擦角受制于有机物含量及生化降解速率，有机物的生化降解产生一系列的变化是黏聚力和内摩擦角损失的主要因素。

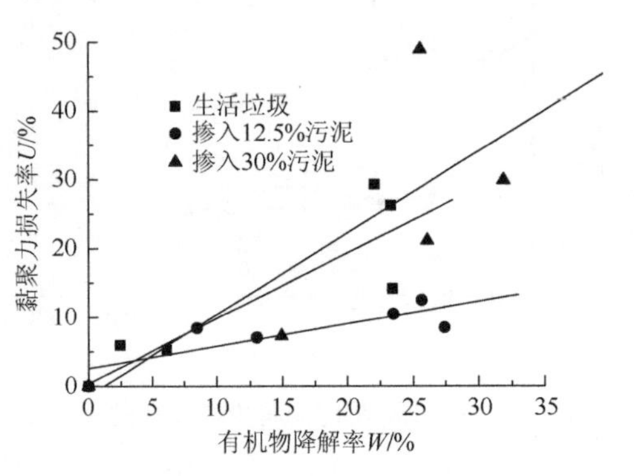

图 6-15　黏聚力损失率与有机物降解率的关系

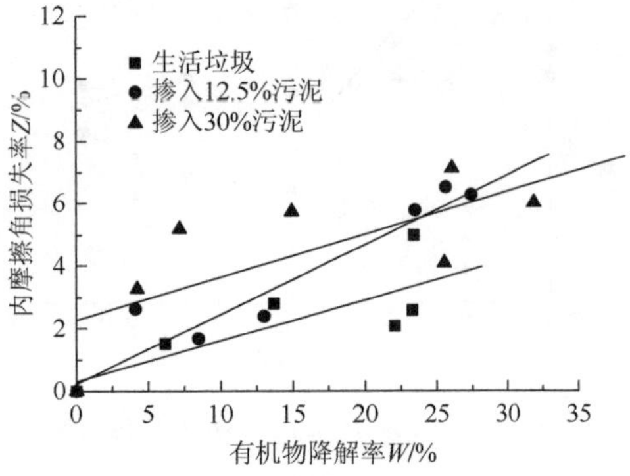

图 6-16　内摩擦角损失率与有机物降解率的关系

黏聚力和内摩擦角的损失率与有机物降解率基本呈线性关系，可以用以下关系式表示：

$$U = \eta_1 + \eta_2 W \tag{6-3}$$

$$Z = \lambda_1 + \lambda_2 W \tag{6-4}$$

式中：U 为黏聚力损失率，%，为经过一段生化降解时间后黏聚力减小量与初始黏聚力之比；Z 为内摩擦角损失率，%，为经过一段生化降解时间后内摩擦角减小量与初始内摩擦角之比；W 为有机物降解率，%，为经过一段生化降解时间后有机物减小量与初始有机物含量之比；η_1、η_2、λ_1、λ_2 为与生化降解速率、混合填埋体组分、污泥掺入量等因素有关的参数，取值见表 6-9 和表 6-10。

表 6-9　黏聚力损失率与有机物降解率关系的参数

参数	污泥掺入量/%		
	0	12.5	30
η_1	1.226	2.508	−1.870
η_2	0.950	0.326	1.185

表 6-10　内摩擦角损失率与有机物降解率关系的参数

参数	污泥掺入量/%		
	0	12.5	30
λ_1	0.405	0.365	2.346
λ_2	0.130	0.223	0.137

根据有机物的降解动力学模型，结合黏聚力和内摩擦角的损失率及有机物降解率的概念，则式（6-3）和式（6-4）可以转化为

$$\frac{c_0 - c_t}{c_0} \times 100\% = \eta_1 + \eta_2 \frac{P_0 - P_t}{P_0} \times 100\% \tag{6-5}$$

$$\frac{\varphi_0 - \varphi_t}{\varphi_0} \times 100\% = \lambda_1 + \lambda_2 \frac{P_0 - P_t}{P_0} \times 100\% \tag{6-6}$$

因 $P_t = P_0 \mathrm{e}^{-kt}$，则

$$\frac{P_0 - P_t}{P_0} = 1 - \mathrm{e}^{-kt} \tag{6-7}$$

简化式（6-5）和式（6-6），则强度参数变化规律为

$$c_t = c_0 \times \left[1 - \frac{\eta_1}{100\%} - \eta_2 (1 - \mathrm{e}^{-kt})\right] \tag{6-8}$$

$$\varphi_t = \varphi_0 \times \left[1 - \frac{\lambda_1}{100\%} - \lambda_2 (1 - \mathrm{e}^{-kt})\right] \tag{6-9}$$

不同生化降解阶段下混合填埋体的抗剪强度与法向应力的关系也符合库仑定律，则其抗剪强度演化模型为

$$\tau_\mathrm{f} = \sigma \tan\left\{\varphi_0 \times \left[1 - \frac{\lambda_1}{100\%} - \lambda_2 (1 - \mathrm{e}^{-kt})\right]\right\} + c_0 \times \left[1 - \frac{\eta_1}{100\%} - \eta_2 (1 - \mathrm{e}^{-kt})\right] \tag{6-10}$$

式中：c_0 为初始混合填埋体的黏聚力；φ_0 为初始混合填埋体的内摩擦角；P_0 为初始有机物含量；k 为生化降解速率常数；t 为生化降解时间；η_1、η_2、λ_1、λ_2 为常数；P_t 为 t 时刻对应的有机物含量；c_t 为 t 时刻对应的黏聚力；φ_t 为 t 时刻对应的内摩擦角。

为了对混合填埋体抗剪强度演化模型的合理性进行验证，采用模型计算值与试验值进行对比分析，其模型计算值和试验值对比情况如图 6-17 所示。

从图 6-17 可以看出，混合填埋体抗剪强度演化模型的计算值和试验值的吻合程度较好，混合填埋体抗剪强度演化模型相对合理，可以反映其抗剪强度演化规律。

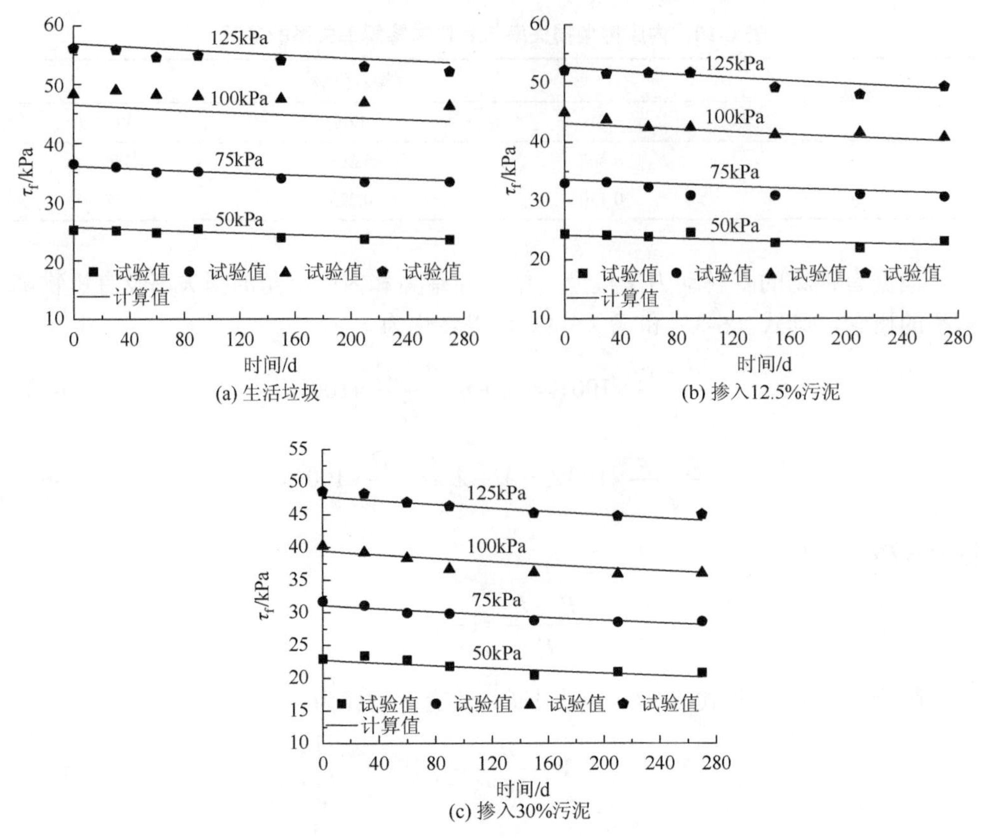

图 6-17　混合填埋体抗剪强度演化模型计算值和试验值的对比

采用有机物降解动力学模型，获得的混合填埋体的生化降解稳定化时间（生活垃圾稳定化时间为 3.91 年，污泥掺入量为 12.5%的混合填埋体的稳定化时间为 3.44 年，污泥掺入量为 30%的混合填埋体的稳定化时间为 2.92 年）。在此基础上通过混合填埋体抗剪强度演化模型对其进行预测，结果如图 6-18 所示。

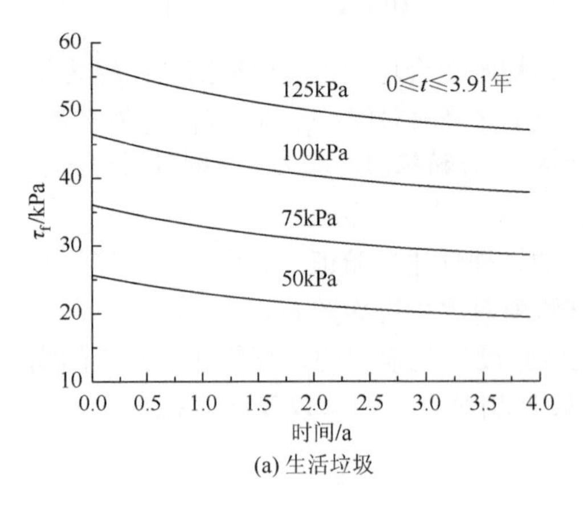

(a) 生活垃圾

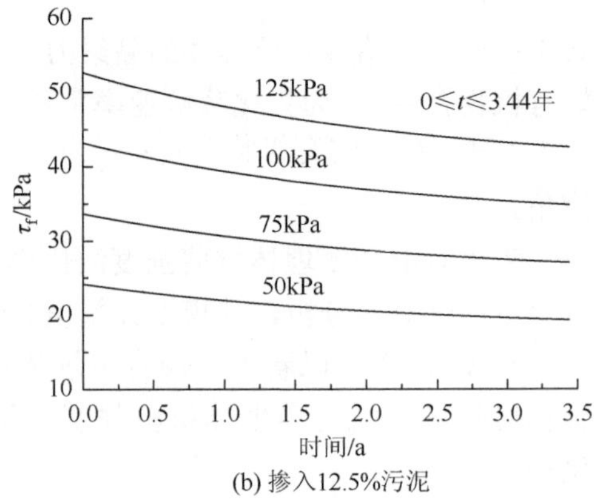

(b) 掺入12.5%污泥

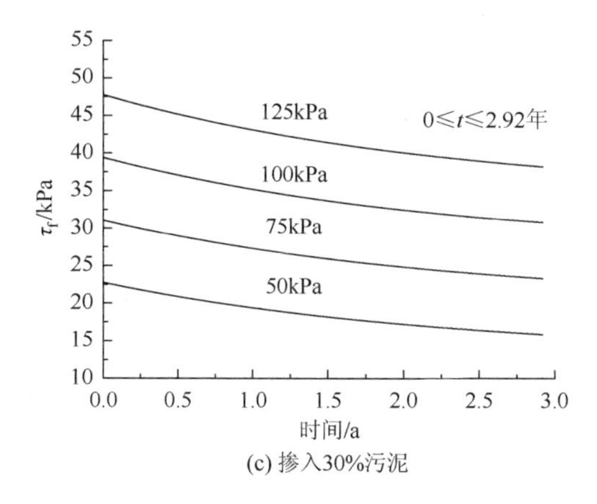

(c) 掺入30%污泥

图 6-18　混合填埋体抗剪强度的演化

从图 6-18 可以看出，在有机物生化降解稳定化后，抗剪强度趋于稳定；垃圾的抗剪强度损失率在 17.34%～24.27%；污泥掺入量为 12.5%的混合填埋体抗剪强度损失率在 19.18%～20.02%；污泥掺入量为 30%的混合填埋体抗剪强度损失率在 21.82%～30.02%。

6.7　填埋方式对抗剪强度的影响

目前填埋场对污泥和生活垃圾进行混合填埋操作主要有两种方式，一种是两种物质分层填埋；另一种是混合后进行填埋。根据两种填埋方式获得的单剪试验结果如图 6-19 所示。

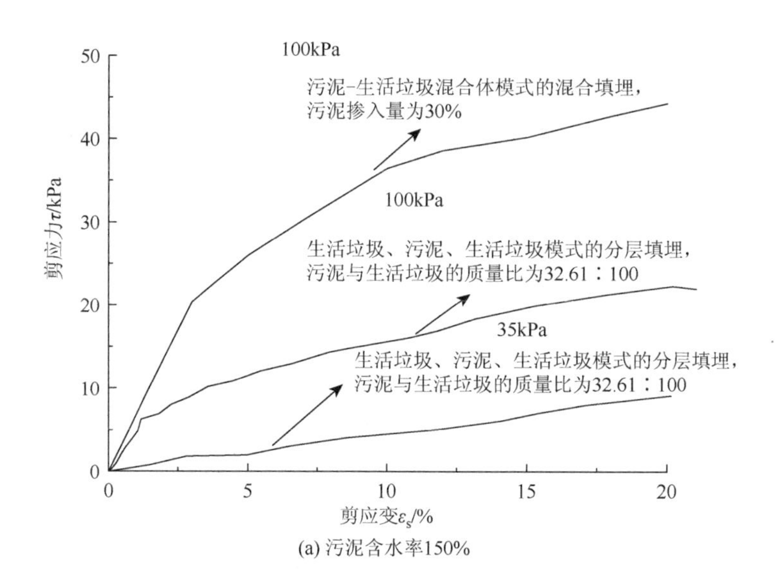

(a) 污泥含水率150%

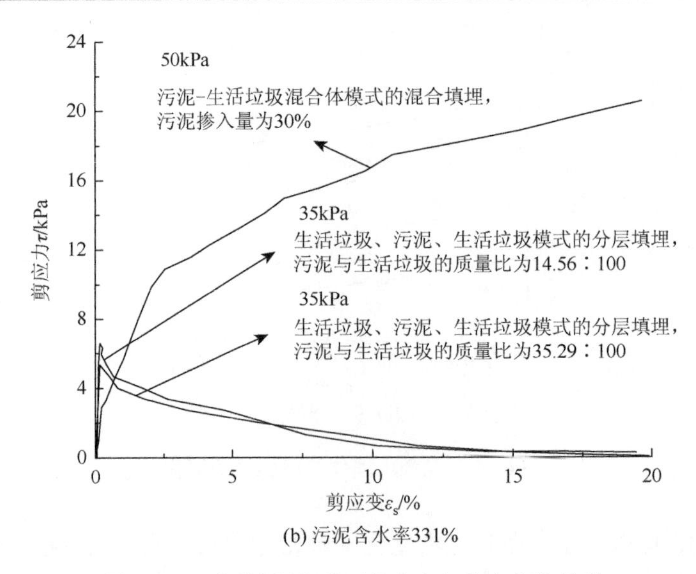

(b) 污泥含水率331%

图 6-19　不同填埋方式下剪应力与剪应变的关系

分层填埋时，污泥含水率对单剪试验的结果影响较大，当污泥含水率为 331%时，剪应力和剪应变的关系具有明显的软化特征，并且在极小的剪切位移下达到峰值（一般不超过 1mm），之后直接屈服破坏；当污泥含水率为 150%时，剪应力和剪应变的关系出现硬化现象，其曲线上扬，没有出现峰值。这说明分层填埋时，软弱层污泥自身的力学性质对破坏应力有重要影响。

相比混合填埋方式，分层填埋方式下相同应变条件下，剪应力相对较低。这是因为分层填埋方式下破坏应力主要取决于软弱层污泥自身的力学性质，而混合填埋方式下的抗剪强度取决于混合填埋体的力学性质。从这个角度出发，混合填埋方式优于分层填埋方式。

6.8　污泥-生活垃圾剪切强度产生机理

混合填埋体是一种具有高有机物含量，多纤维组分，与一般土体具有一定差异的复合材料。在剪切过程中混合填埋体总抗剪强度是由纤维相产生的抗力和剪切面上的摩擦力及黏聚力所贡献的。目前，一般采用类似“加筋土”的复合材料模型来分析生活垃圾的强度特性。在此基础上，提出了混合填埋体的复合材料模型，如图 6-20 所示。从图 6-20 中可以看出，混合填埋体可以看成是由“基本相”和“加筋相”两部分构成。这些纤维相物质如橡胶、塑料、废纸及布等，对整个混合填埋体来说起到加筋作用，在混合填埋体发生变形时，特别是在较大变形的情况下，纤维表现出抗拉特性，在抗剪参数上会引起附加的黏聚力。“基本相”包含混合填埋体中的类土物质和污泥，与普通土体类似，拥有摩擦材料的特性。

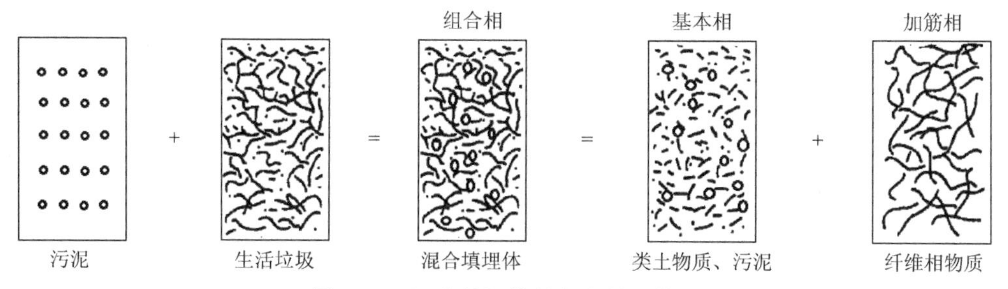

图 6-20　混合填埋体的复合材料模型

图 6-21 表示了黏聚力、内摩擦角与剪应变的关系。在单剪过程中，黏聚力和内摩擦角随着剪应变的增加都出现了增加的趋势，但是在剪应变达到 15%以后黏聚力增加趋势减缓，而内摩擦角在剪应变超过 5%以后，增加趋势趋缓。剪应变较小时，混合填埋体中纤维相尚未拉紧，其在剪切面上的纤维相加筋作用尚未发挥，剪应变继续增加，混合填埋体中穿过剪切面的纤维相开始拉紧，并在剪切面上逐渐发挥加筋拉力作用，因此黏聚力出现了持续的增加；但是当剪应变超过一定限度，纤维会被拉断或因长度问题剥离剪切面，黏聚力增加逐步趋缓。内摩擦角主要由混合填埋体中的类土物质，如污泥、土、陶瓷、金属等之间的相互咬合等产生，当剪应变持续增加，类土物质之间相互错动，达到新的平衡，所以内摩擦角的增加趋势逐步趋缓。

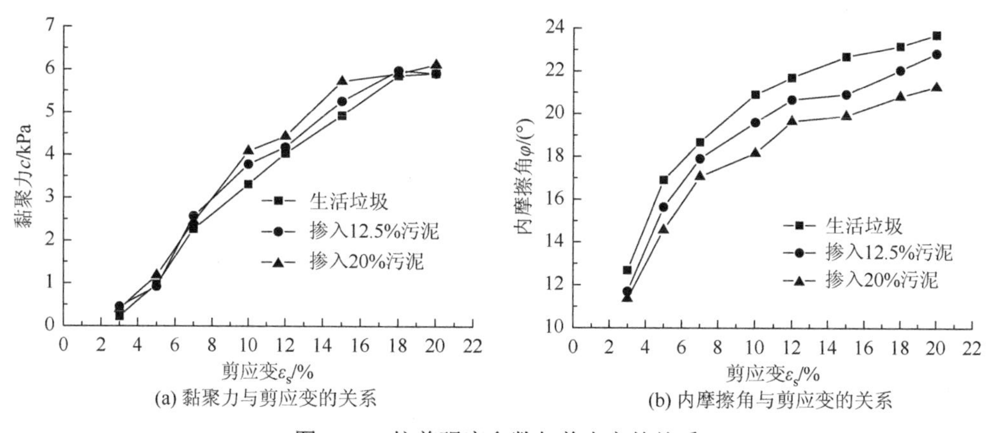

(a) 黏聚力与剪应变的关系　(b) 内摩擦角与剪应变的关系

图 6-21　抗剪强度参数与剪应变的关系

混合填埋体中纤维相物质（如纸张、塑料等）一般呈扁平状或长条状，在压实和施加法向应力时倾向于水平向，但是并不是所有的纤维相物质均平行于剪切面，部分纤维相物质穿过剪切面。混合填埋体单剪过程示意图如图 6-22 所示。

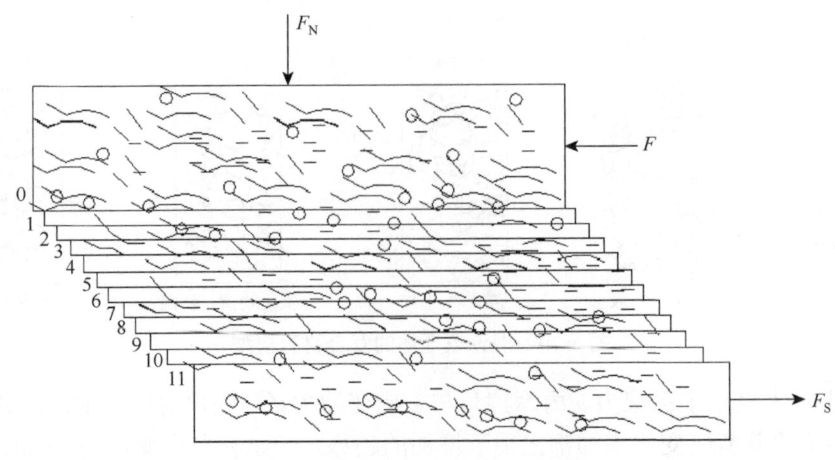

图 6-22　混合填埋体的单剪过程

混合填埋体的摩擦强度主要是由纤维相成分与类土物质颗粒之间的摩擦、纤维相成分与污泥颗粒之间的摩擦、纤维相成分之间的摩擦、类土物质颗粒与污泥颗粒之间的摩擦、类土物质颗粒之间的摩擦及污泥颗粒之间的摩擦六部分构成；黏聚力主要是由“纤维相加筋”引起的黏聚力和黏结力两部分组成，其中黏结力是指混合填埋体内部各成分之间的胶结作用，与静电引力等因素有关。相比生活垃圾，混合填埋体是在生活垃圾中掺入污泥，而污泥虽然起到了一定的填充作用，但是污泥是一种自身力学性质较差的泥状物，含水率高，抗剪强度低，污泥颗粒与类土物质颗粒之间的摩擦较小，污泥与纤维相成分之间的摩擦也较小，污泥的填充，削弱了生活垃圾中由类土物质颗粒和纤维相成分引起的摩擦力，在生活垃圾中掺入污泥，起到了润滑作用，使抗剪强度降低。

图 6-23 和图 6-24 分别为混合填埋方式和分层填埋方式下的单剪试验剪切相对位移变化，其中竖轴“0～12”代表各自叠环与上一叠环的剪切相对位移。

从图 6-23 中可以看出，新鲜混合填埋体和生化降解下的混合填埋体的剪切相对位移随着试样高度的变化规律大体一致，结合两种情况下抗剪强度参数的变化，可以获得生化降解情况下的影响，主要表现在降解之后力学参数的劣化，尤其是抗剪强度参数的劣化。不同的叠环次序对应的剪切相对位移不同，出现了多个剪切相对位移峰值，这也说明了混合填埋体是个各向异性材料，均匀性较差，存在多个薄弱剪切带，从而形成剪切变形相对集中带（彭凯等，2011），叠环 11 处剪切相对位移最大，在该剪切带发生破坏，叠环 1 处剪切相对位移次之，这是因为这两处所受应力集中。混合填埋体在剪切过程中，叠环相对位移越大，纤维发挥的抗拉作用也越大，相应的抗剪强度就越大。相比混合填埋方式，分层填埋方式

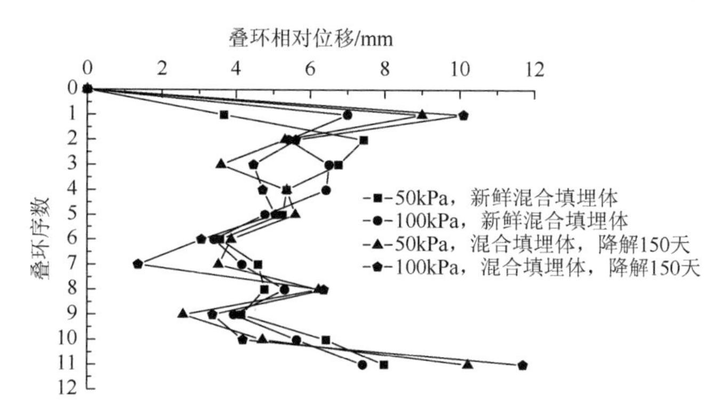

图 6-23 混合填埋方式下单剪试验剪切相对位移

污泥掺入量为 30%，污泥含水率为 150%

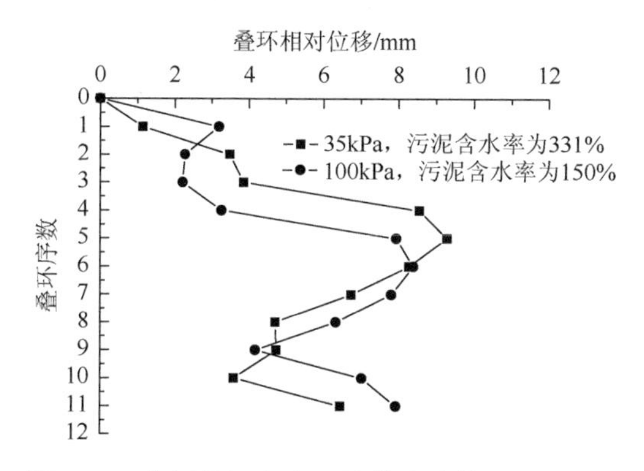

图 6-24 分层填埋方式下单剪试验剪切相对位移

污泥含水率为 150%时，污泥与生活垃圾的质量比为 32.61∶100；
污泥含水率为 331%时，污泥与生活垃圾的质量比为 35.29∶100

下剪切相对位移随着试样高度的变化规律有很大的差异，主要表现在污泥层附近产生较大的剪切集中带，其相对剪切位移最大，在这一软弱污泥层发生破坏，其破坏应力相对较低。这说明分层填埋方式下破坏应力主要取决于软弱层污泥自身的力学性质，而混合填埋方式下的抗剪强度取决于混合填埋体的力学性质。

第 7 章　污泥-生活垃圾混合填埋场的边坡稳定性

影响混合填埋体边坡稳定性的因素主要包括：①污泥掺入量、击实功、填埋方式等；②混合填埋体自身的力学特性；③混合填埋体生化降解引发的力学性质的演化及产生的填埋气等。

结合某污泥-生活垃圾混合填埋场的情况，选取该填埋场具有代表性的边坡，采用 OptumG2 岩土分析软件对填埋场边坡的稳定性进行分析，并从污泥掺入量、击实功、污泥含水率、填埋方式、生化降解引起抗剪强度参数的变化、生化降解产气产生孔隙气压力等角度进行稳定性评价。

7.1　边坡稳定性计算模型

7.1.1　边界条件

某生活填埋场具备先进的防渗系统、渗滤液收集系统、气体收集系统等。该填埋场每天接纳市政污泥 700t，采取垃圾围堰打包处置方式，存在滑坡隐患，需要开展相应的稳定性研究。图 7-1 是填埋过程的典型断面图，对其进行适当的简化，得到填埋场典型计算剖面，如图 7-2 所示，最大坡角为 17.7°、最小坡角为 14.4°，填埋体最大高差 46m。根据《生活垃圾卫生填埋场岩土工程技术规范》(CJJ 176—2012)，正常工况下该填埋场边坡抗滑稳定安全系数应不小于 1.30。

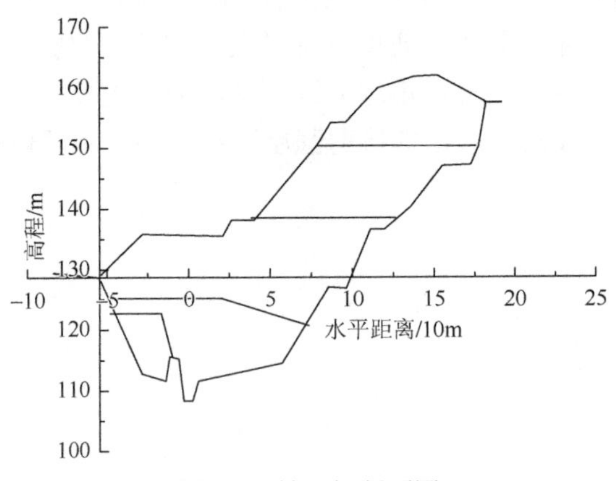

图 7-1　填埋场断面图

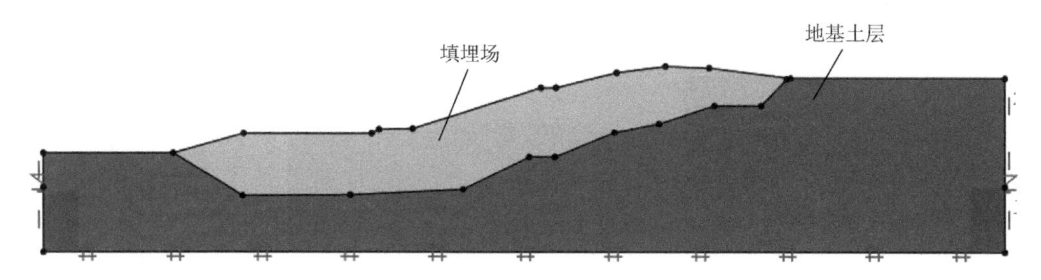

图 7-2　填埋场计算剖面

（1）计算模型边界的选取方法：坡脚至左边界的距离为坡高的 1.5 倍，坡顶至右边界的距离为坡高的 2.5 倍，底部边界至坡顶的距离不低于 2 倍坡高。模型总宽为 461m，模型总高为 92m。

（2）计算模型边界条件的选取方法：选择标准边界条件，左、右边界水平方向位移为零，竖直方向允许发生变形，下边界的水平、竖直方向位移均为零。

（3）渗滤液水位的选取方法：根据《生活垃圾卫生填埋场岩土工程技术规范》（CJJ 176—2012），并参考美国国家环境保护局（钱学德等，2001），取 300mm 水位高度对边坡进行稳定性分析。

7.1.2　计算工况

针对污泥掺入量、击实功、污泥含水率、填埋方式、生化降解引起抗剪强度参数的变化、生化降解产气产生孔隙气压力等情况，采用 OptumG2 岩土分析软件进行稳定性分析，计算工况如下。

（1）不同污泥掺入量下的稳定性计算。污泥的掺入量分别取 0、12.5%、20%、30%、40%、50%，计算其边坡稳定性安全系数。

（2）击实功对混合填埋体抗剪强度参数的影响。选取生活垃圾的密度分别为 650kg/m^3、750kg/m^3、931kg/m^3、1043kg/m^3、1085kg/m^3，污泥掺入量为 12.5% 的混合填埋体的密度分别为 700kg/m^3、800kg/m^3、1049kg/m^3、1148kg/m^3、1192kg/m^3，选择其对应的混合填埋体抗剪强度参数，在此基础上计算边坡稳定性安全系数。

（3）污泥含水率对混合填埋体抗剪强度参数的影响。选择两种含水率的污泥（含水率为 331%和 150%）与生活垃圾进行混合，选取相应的抗剪强度参数，在此基础上计算边坡稳定性安全系数。

（4）不同填埋方式的稳定性计算。填埋方式主要为分层填埋、混合填埋、垃圾围堰污泥打包填埋。

（5）生化降解对混合填埋体稳定性的影响。污泥掺入量选取 0、12.5%、30%，生化降解时间分别取0天、30天、60天、90天、150天、210天、270天，开展填埋体稳定性分析。

（6）填埋气对混合填埋体稳定性的影响。分析生化降解引起的应力-气压耦合作用，结合混合填埋体的有机物降解动力学模型，推导孔隙气压力解析解，并结合强度参数变化规律，研究生化降解产气和强度参数变化对边坡稳定性的影响。

7.1.3 计算软件

OptumG2是一款既可以进行有限元分析，又可以进行极限分析的岩土分析软件，在计算分析中有显著的优势。

（1）高效稳健的算法。目前普通有限元程序面临一些困扰，如无法收敛及类似的数值问题，而OptumG2在鲁棒性（收敛性）和计算效率方面具有很好的表现，不必对计算参数进行调整，可集中时间和精力分析所要解决的问题。

（2）上下限分析。OptumG2针对所研究的对象采取严格的上下限计算方法。通过所求的上限解和下限解，能够估计精确解及误差范围，并可利用增加单元格来改进两者的精度。

（3）自适应网格加密。利用这一功能可以对网格进行内置自适应加密，并结合上下限分析，可以提高精度且极大地减小计算成本。目前普通岩土有限元分析软件通常都还没有这一特性。

（4）友好的用户界面。OptumG2图形用户界面的设计确保了在定义问题和解释结果的过程中保持最高的效率。加上其受限很少的算核，使该程序无论是针对简单的问题，还是涉及众多的施工阶段、材料和分析类型的问题，都能够更为容易和直观地使用。

（5）它能够高效、严格地开展强度折减分析中边坡安全系数的上下限评估。

考虑污泥-生活垃圾混合填埋体自身的特性，进行数值分析时，其材料的本构性选择Mohr-Coulomb模型，而OptumG2能较好地解决传统有限元软件在使用过程中遇到的Mohr-Coulomb模型的收敛性问题，且在分析气压力对边坡稳定性影响时，OptumG2能提供友好的用户界面，可以高效直观地进行分析。

以污泥掺入量为30%的混合填埋体边坡稳定性数值模拟为例，计算结果见表7-1。单元格从100个到30 000个，上限解和下限解的精度在提高，误差在减小，单元格超过10 000时，误差在0.006～0.001，可以估计精确解和误差范围。计算中选择单元格为20 000个，采用自适应网格加密方法。

表 7-1　单元格数对数值模拟的影响

单元格/个	上限解	下限解
100	1.795	1.548
500	1.777	1.596
1 000	1.728	1.662
5 000	1.703	1.679
10 000	1.692	1.682
20 000	1.694	1.684
30 000	1.690	1.684

7.1.4　计算参数

计算参数的确定主要依据室内试验结果、填埋场的地质资料及相关参考文献等。该填埋场地基土层强度指标较高，地基承载力较大，无软弱下卧层，不存在地基稳定性问题。模型计算参数见表 7-2～表 7-7。

表 7-2　不同污泥掺入量的混合填埋体稳定性计算参数

参数	污泥掺入量/%					
	0	12.5	20	30	40	50
γ/(kN/m^3)	7.82	8.40	8.58	8.94	9.23	9.44
c/kPa	4.918	5.258	5.723	5.959	6.060	5.750
φ/(°)	22.7	20.9	19.9	18.9	17.3	17.0
E/MPa	7.415	7.510	7.616	7.673	7.779	7.875
v	0.33	0.33	0.32	0.31	0.31	0.30

注：γ 表示重度；v 表示泊松比。

表 7-3　击实功对混合填埋体稳定性影响的计算参数

生活垃圾				掺入 12.5%污泥			
γ/(kN/m^3)	c/kPa	φ/(°)	E/MPa	γ/(kN/m^3)	c/kPa	φ/(°)	E/MPa
6.50	0.837	23.653	4.642	7.00	0.973	21.653	4.981
7.50	3.119	22.538	6.923	8.00	5.614	19.290	6.630
9.31	7.606	21.900	13.236	10.49	7.615	20.153	14.302
10.43	9.191	22.441	17.662	11.48	9.321	20.957	18.289
10.85	8.291	22.831	18.273	11.92	9.326	21.057	18.879

表 7-4　污泥含水率对混合填埋体稳定性影响的计算参数

污泥含水率 ω/%	污泥掺入量 μ/%	γ/(kN/m^3)	c/kPa	φ/(°)	E/MPa	ν
150	30	8.94	5.959	18.9	7.673	0.31
331	30	8.45	5.457	14.4	5.876	0.30

表 7-5　垃圾和污泥分层填埋的稳定性计算参数

含水率 ω/%	γ/(kN/m^3)	c/kPa	φ/(°)	E/MPa	ν	备注
60	7.82	4.918	22.7	7.415	0.33	生活垃圾
331	10.58	1.05	3.2	2.121	0.31	污泥
150	12.90	5.13	11.1	8.571	0.32	污泥

表 7-6　生化降解对混合填埋体稳定性影响的计算参数

污泥掺入量/%	参数	降解时间/d						
		0	30	60	90	150	210	270
0	c/kPa	4.918	4.625	4.661	5.371	3.477	3.627	4.221
	φ/(°)	22.7	22.8	22.3	22.0	22.5	22.1	21.6
12.5	c/kPa	5.258	5.682	4.814	4.887	4.708	4.600	4.811
	φ/(°)	20.9	20.4	20.6	20.4	19.7	19.5	19.6
30	c/kPa	5.959	6.603	6.232	5.554	4.001	4.919	4.588
	φ/(°)	18.9	18.3	17.9	17.8	18.1	17.5	17.7

表 7-7　土层参数

γ/(kN/m^3)	c/kPa	φ/(°)	E/MPa	ν
19.8	44	27	35	0.35

7.1.5　塑性乘数

稳定性数值模拟一般采用塑性乘数图或剪切耗散图，塑性乘数图能够反映潜在的破坏面。

塑性乘数反映的是塑性应变的增量，塑性应变满足流动法则：

$$d\varepsilon^{p} = \lambda \frac{\partial G}{\partial \sigma'} \tag{7-1}$$

式中：$d\varepsilon^{p}$ 为塑性应变增量；G 为塑性势（可以等于或不等于屈服函数）；$\lambda \geqslant 0$ 为塑性乘数。假设 $\dfrac{\partial G}{\partial \sigma'}$ 的大小与 σ' 的大小无关，塑性乘数 λ 是塑性应变增量的直接测量值。塑性乘数无单位，无量纲。

7.2　污泥掺入量对边坡稳定性的影响

对不同污泥掺入量下的混合填埋体边坡开展稳定性分析，塑性乘数图如图 7-3 所示，并将塑性乘数图中的安全系数与污泥掺入量绘制成图 7-4。

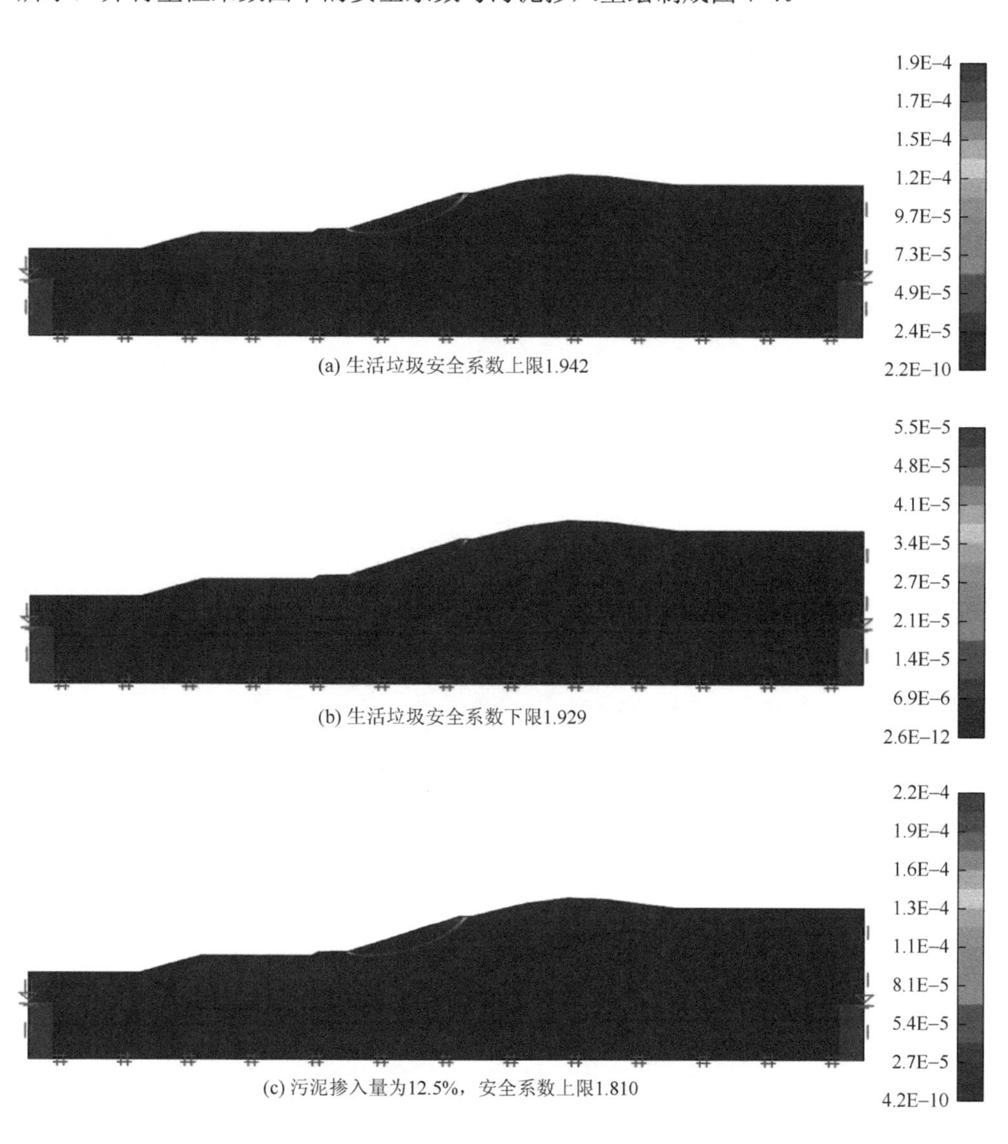

(a) 生活垃圾安全系数上限1.942

(b) 生活垃圾安全系数下限1.929

(c) 污泥掺入量为12.5%，安全系数上限1.810

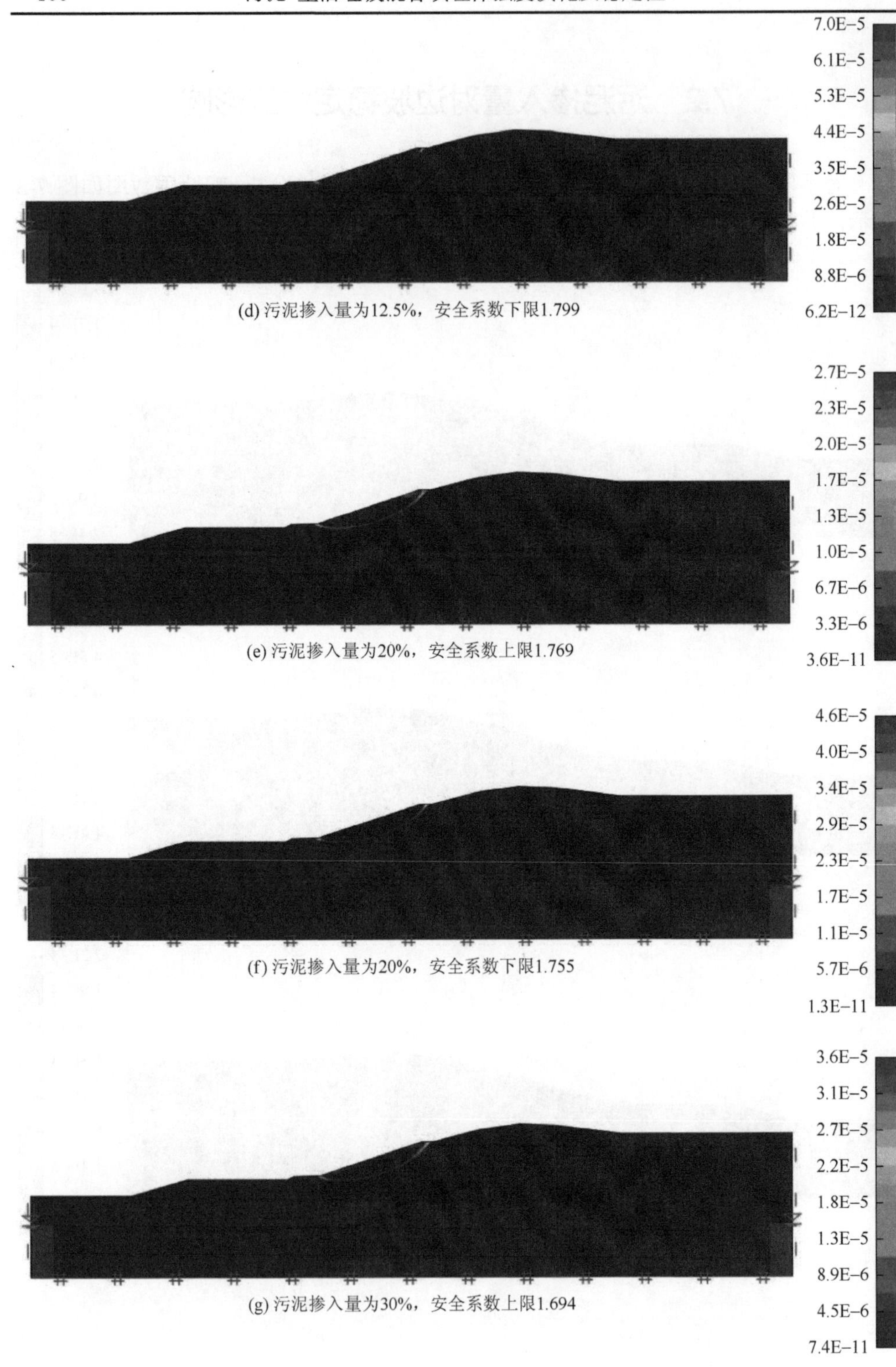

(d) 污泥掺入量为12.5%，安全系数下限1.799

(e) 污泥掺入量为20%，安全系数上限1.769

(f) 污泥掺入量为20%，安全系数下限1.755

(g) 污泥掺入量为30%，安全系数上限1.694

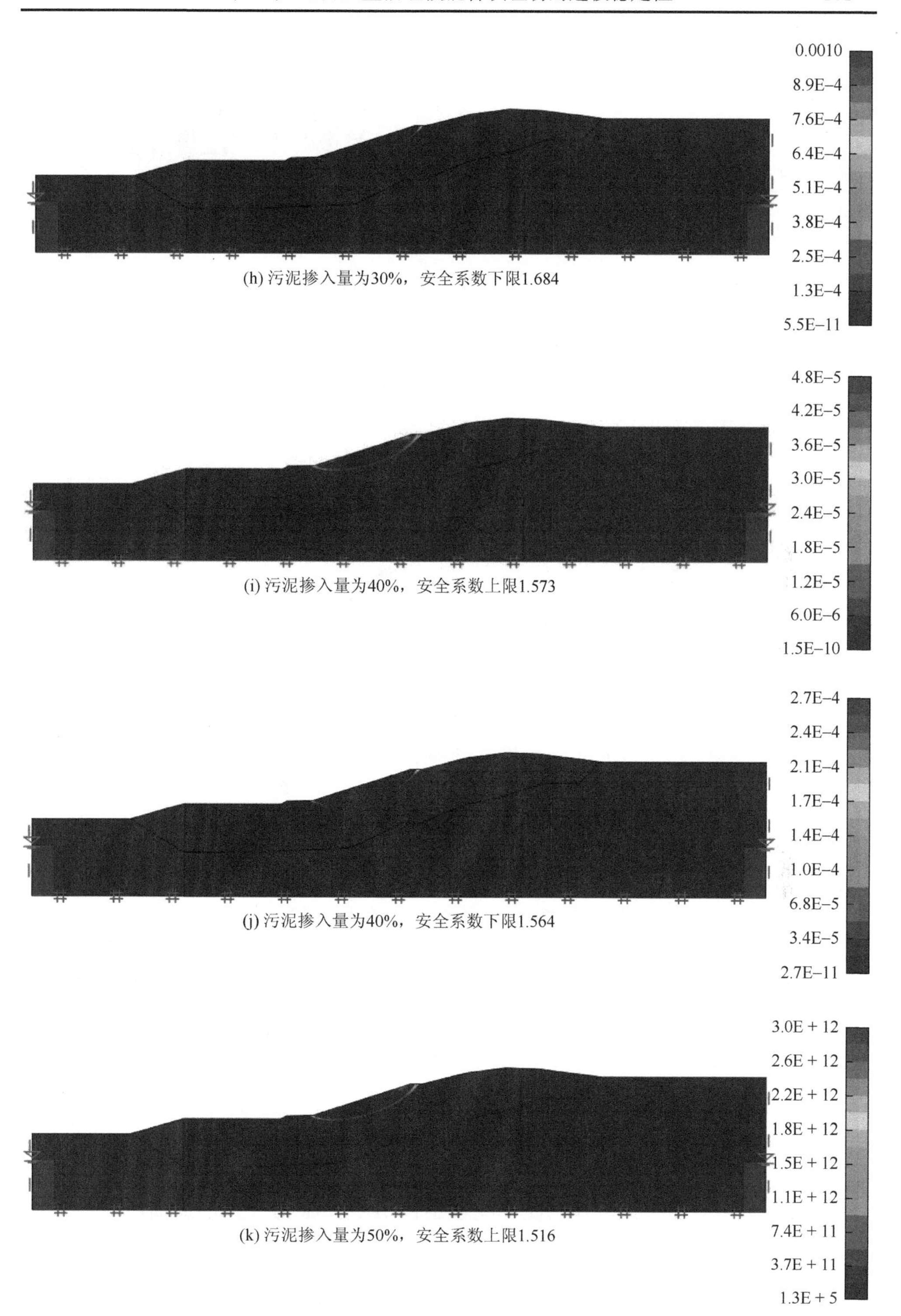

(h) 污泥掺入量为30%，安全系数下限1.684

(i) 污泥掺入量为40%，安全系数上限1.573

(j) 污泥掺入量为40%，安全系数下限1.564

(k) 污泥掺入量为50%，安全系数上限1.516

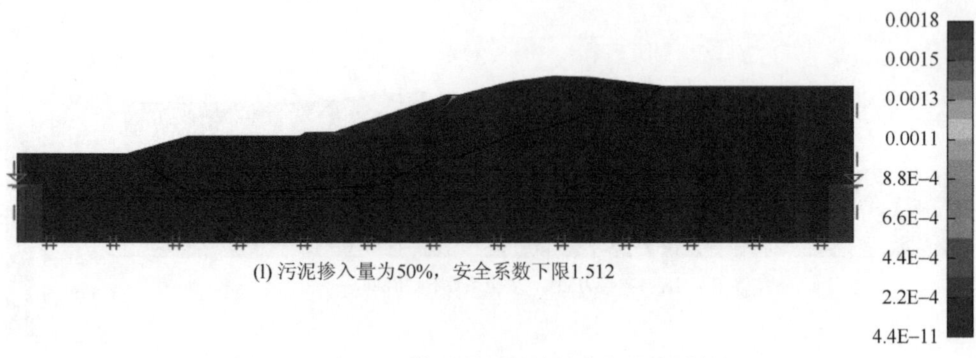

(l) 污泥掺入量为50%，安全系数下限1.512

图 7-3　不同污泥掺入量下的边坡稳定塑性乘数图

色棒表示塑性乘数

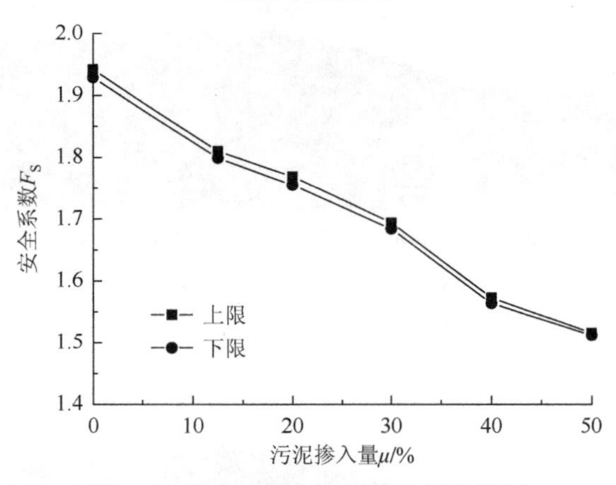

图 7-4　安全系数与污泥掺入量的关系

从图 7-3 可知，混合填埋体的边坡破坏模式大体相同，均为圆弧滑动；混合填埋体的安全系数上下限之间的误差小于 0.015，误差较小，安全系数上限和下限精度较高；随着污泥掺入量的增加，安全系数的上限和下限均在减小。

从图 7-4 可以看出，不同污泥掺入量下的混合填埋体边坡的安全系数均大于 1.30，满足填埋场的稳定性要求。在生活垃圾中掺入污泥，其安全系数会降低；当污泥掺入量小于 30%时，其安全系数下降较慢，而当污泥掺入量超过 30%时，其安全系数下降较快。当污泥掺入量为 30%时，其安全系数下限为 1.684，安全系数下降了 12.70%；当污泥掺入量为 50%时，其安全系数上限为 1.516，安全系数下降了 21.94%。这说明污泥的掺入会显著降低边坡的安全系数。

7.3　击实功对混合填埋体边坡稳定性的影响

由塑性乘数图（图 7-5）可以看出，混合填埋体的边坡破坏模式大体相同，均为圆弧滑动；混合填埋体的安全系数上下限之间的误差小于 0.015，误差较小，安全系数上限和下限精度较高；随着密度的增加，安全系数的上限和下限均在增加，当密度增加较大时，安全系数的上限和下限变化不大，甚至略有下降。

结合图 3-4 和图 7-6 可以看出，不同击实功下的混合填埋体边坡的安全系数均大于 1.30，满足填埋场的稳定性要求。随着击实功的增加，生活垃圾及混合填埋体的密度和干密度均在增加，安全系数也在增加；25 击次之前，干密度增加较大，安全系数增加也较大；25 击次之后，干密度增加逐渐减慢，安全系数增加也减慢；超过 50 击次之后，继续增加击次，干密度变化不大，趋于稳定，则安全系数变化不大，甚至略有下降。随着击实功的增加，混合填埋体的密实度增加，抗剪强度参数增加，有利于边坡稳定性，而密实度的增加，也意味着重度的增加，但重度对边坡的稳定性不利，密实度较大时，继续增加击实功，安全系数变化不大，甚至略有下降。

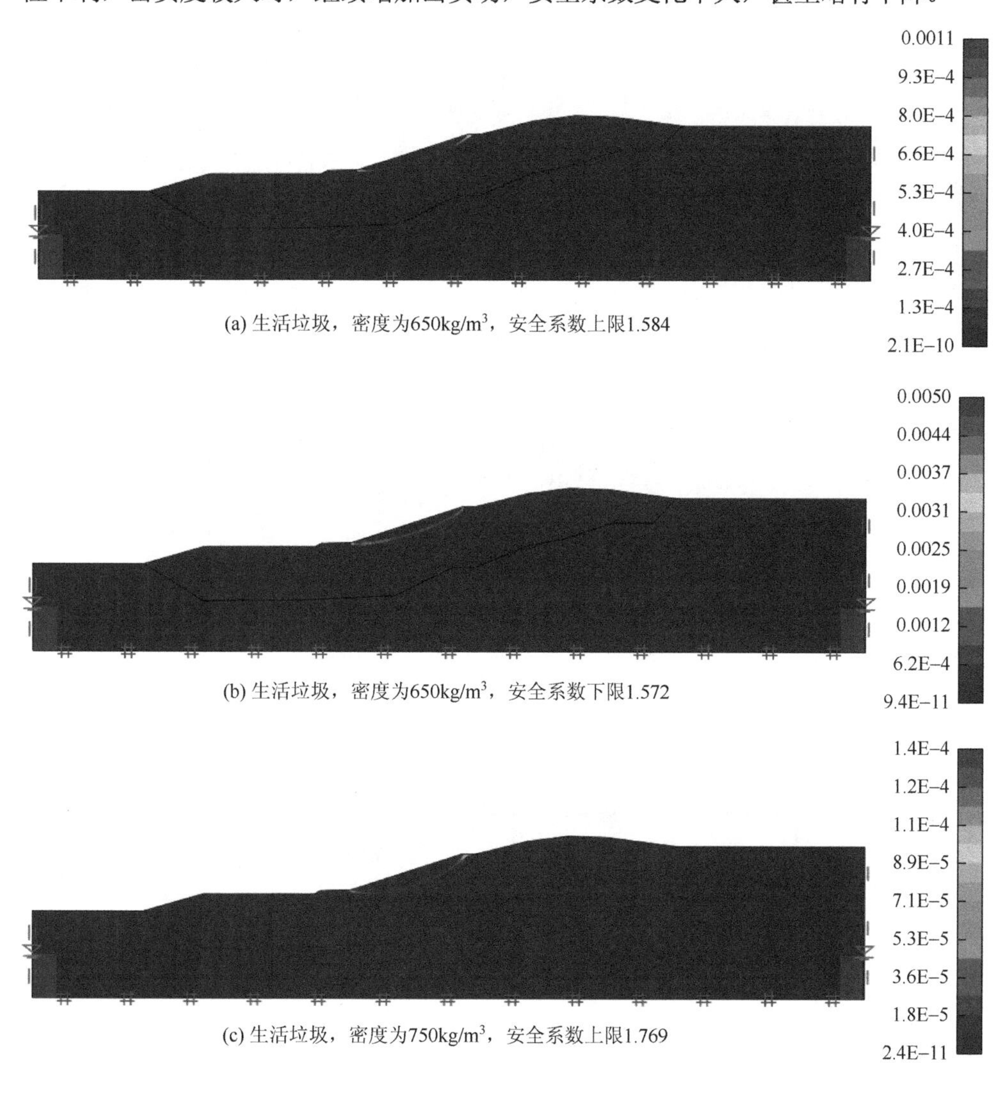

(a) 生活垃圾，密度为650kg/m^3，安全系数上限1.584

(b) 生活垃圾，密度为650kg/m^3，安全系数下限1.572

(c) 生活垃圾，密度为750kg/m^3，安全系数上限1.769

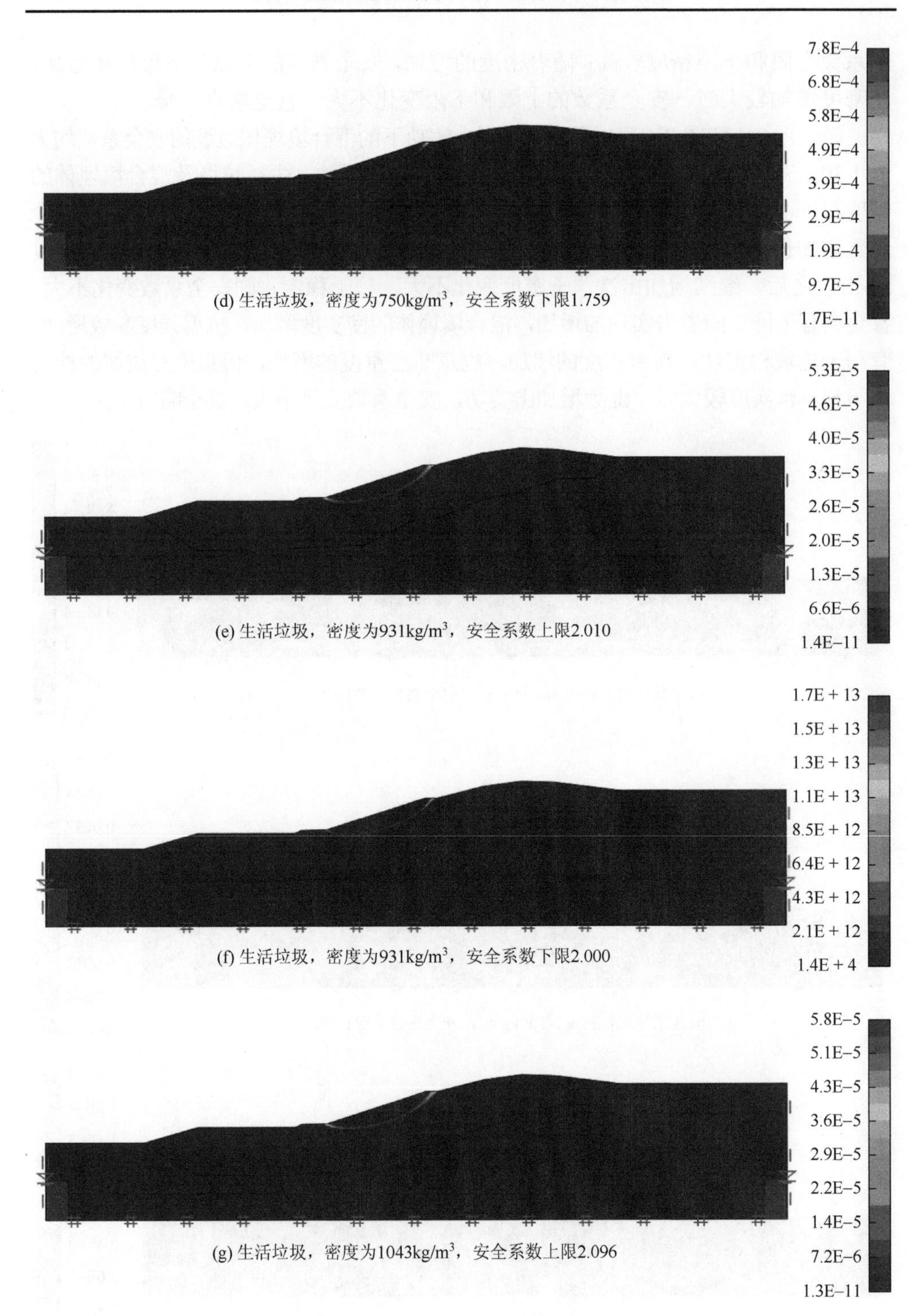

(d) 生活垃圾，密度为750kg/m^3，安全系数下限1.759

(e) 生活垃圾，密度为931kg/m^3，安全系数上限2.010

(f) 生活垃圾，密度为931kg/m^3，安全系数下限2.000

(g) 生活垃圾，密度为1043kg/m^3，安全系数上限2.096

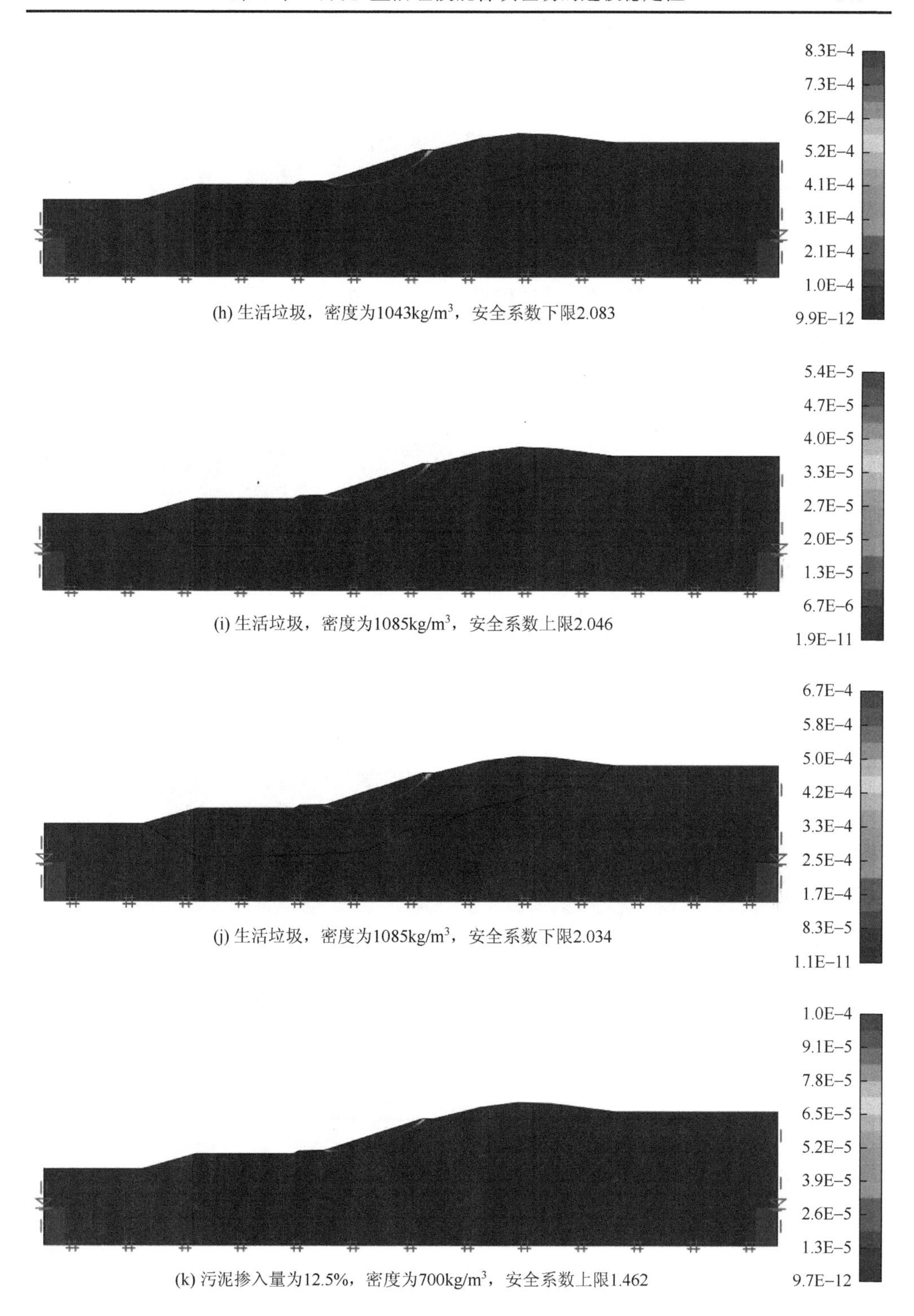

(h) 生活垃圾，密度为1043kg/m^3，安全系数下限2.083

(i) 生活垃圾，密度为1085kg/m^3，安全系数上限2.046

(j) 生活垃圾，密度为1085kg/m^3，安全系数下限2.034

(k) 污泥掺入量为12.5%，密度为700kg/m^3，安全系数上限1.462

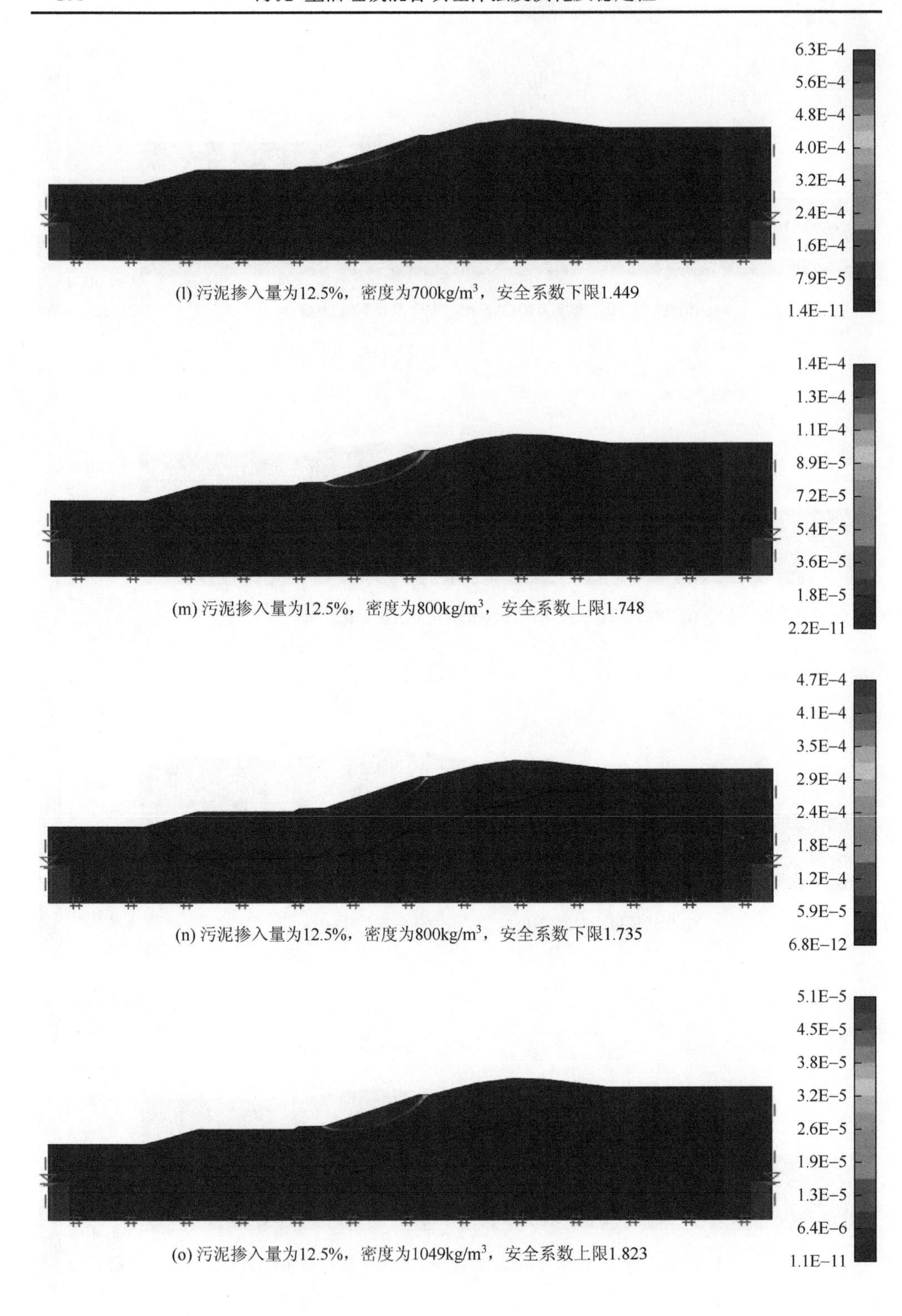

(l) 污泥掺入量为12.5%，密度为700kg/m³，安全系数下限1.449

(m) 污泥掺入量为12.5%，密度为800kg/m³，安全系数上限1.748

(n) 污泥掺入量为12.5%，密度为800kg/m³，安全系数下限1.735

(o) 污泥掺入量为12.5%，密度为1049kg/m³，安全系数上限1.823

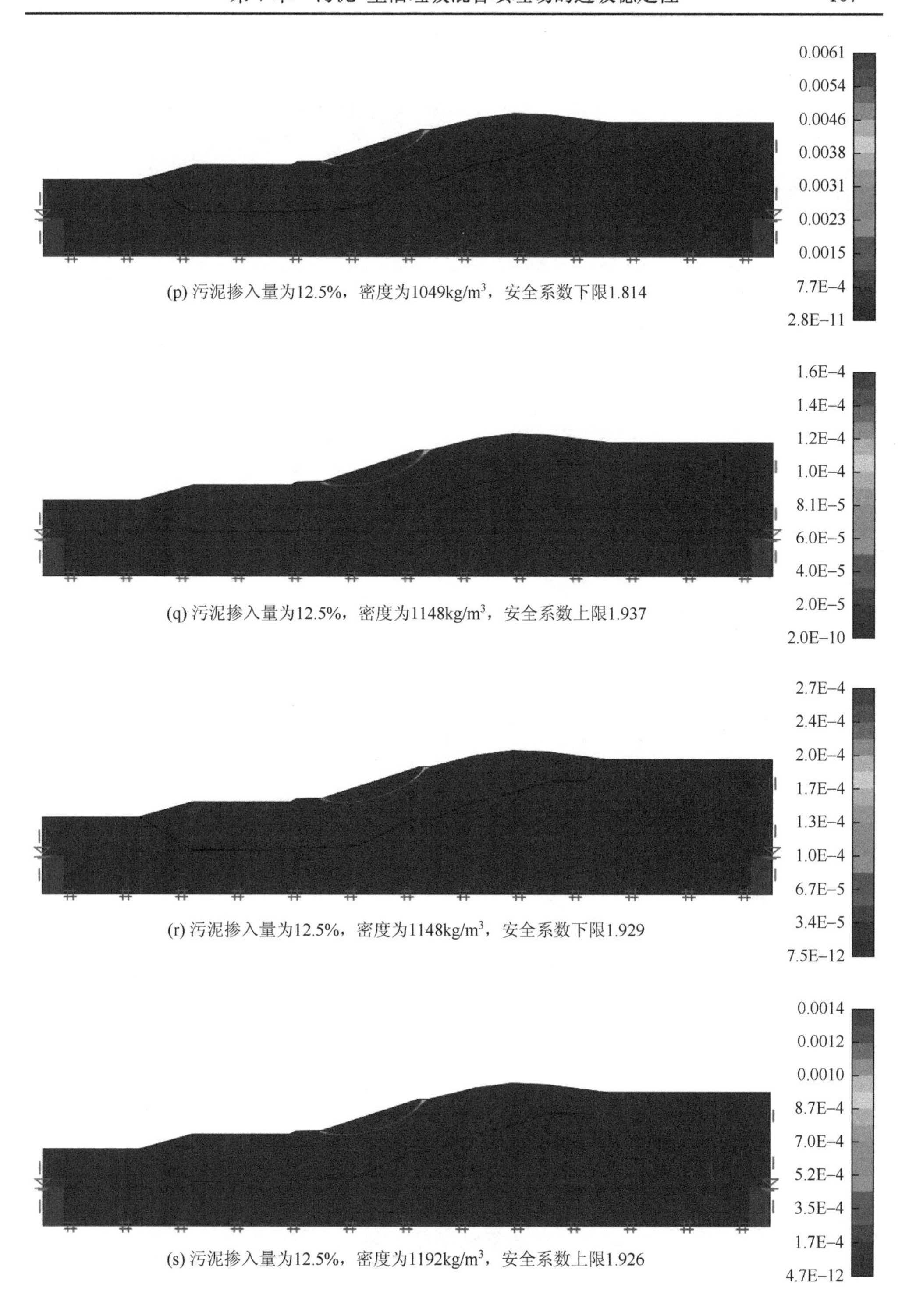

(p) 污泥掺入量为12.5%，密度为1049kg/m^3，安全系数下限1.814

(q) 污泥掺入量为12.5%，密度为1148kg/m^3，安全系数上限1.937

(r) 污泥掺入量为12.5%，密度为1148kg/m^3，安全系数下限1.929

(s) 污泥掺入量为12.5%，密度为1192kg/m^3，安全系数上限1.926

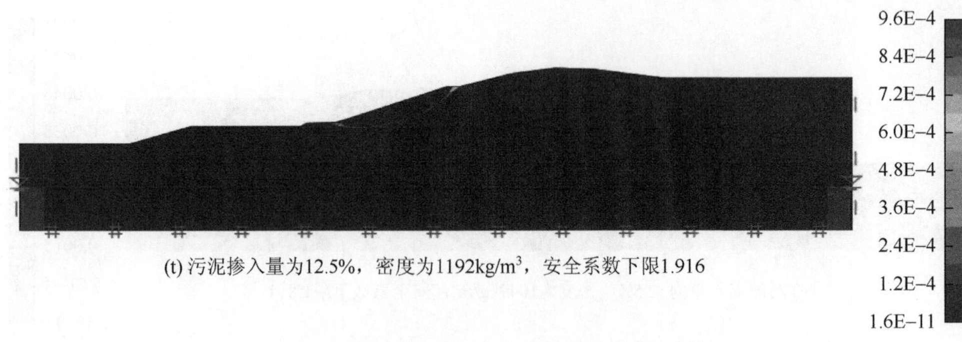

(t) 污泥掺入量为12.5%，密度为1192kg/m^3，安全系数下限1.916

图 7-5　不同击实功条件下边坡稳定塑性乘数图

色棒表示塑性乘数

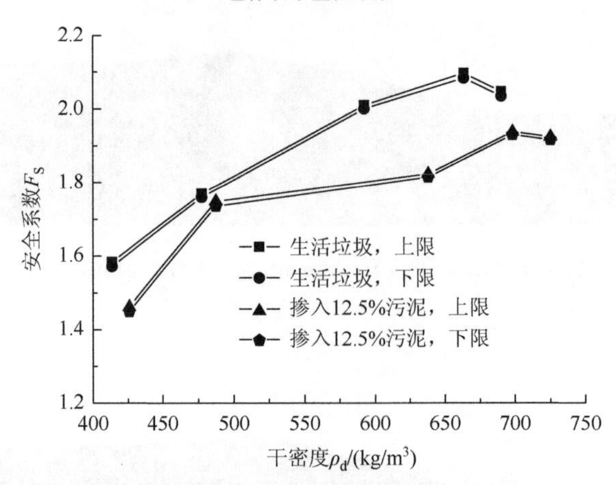

图 7-6　击实功与混合填埋体边坡安全系数的关系

7.4　污泥含水率对混合填埋体边坡稳定性的影响

边坡的塑性乘数图如图 7-7 所示。混合填埋体的边坡破坏模式大体相同，均为圆弧滑动；混合填埋体的安全系数上下限之间的误差不超过 0.01，误差较小，安全系数上限和下限精度较高；随着污泥含水率的增加，安全系数的上限和下限均在减小。

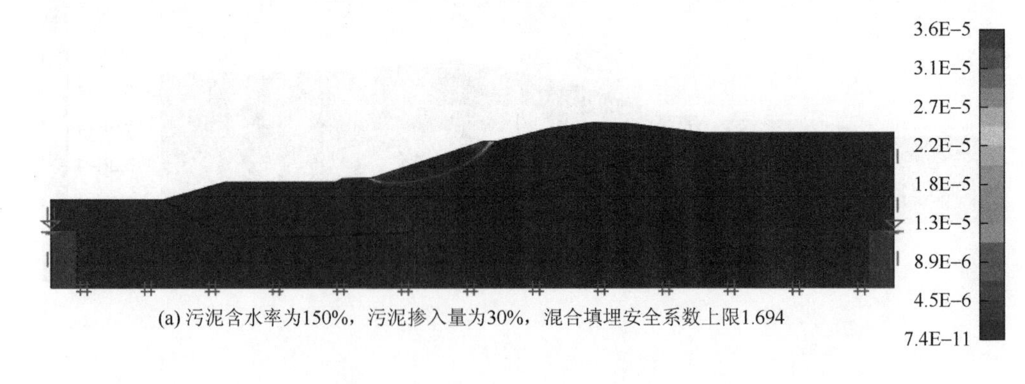

(a) 污泥含水率为150%，污泥掺入量为30%，混合填埋安全系数上限1.694

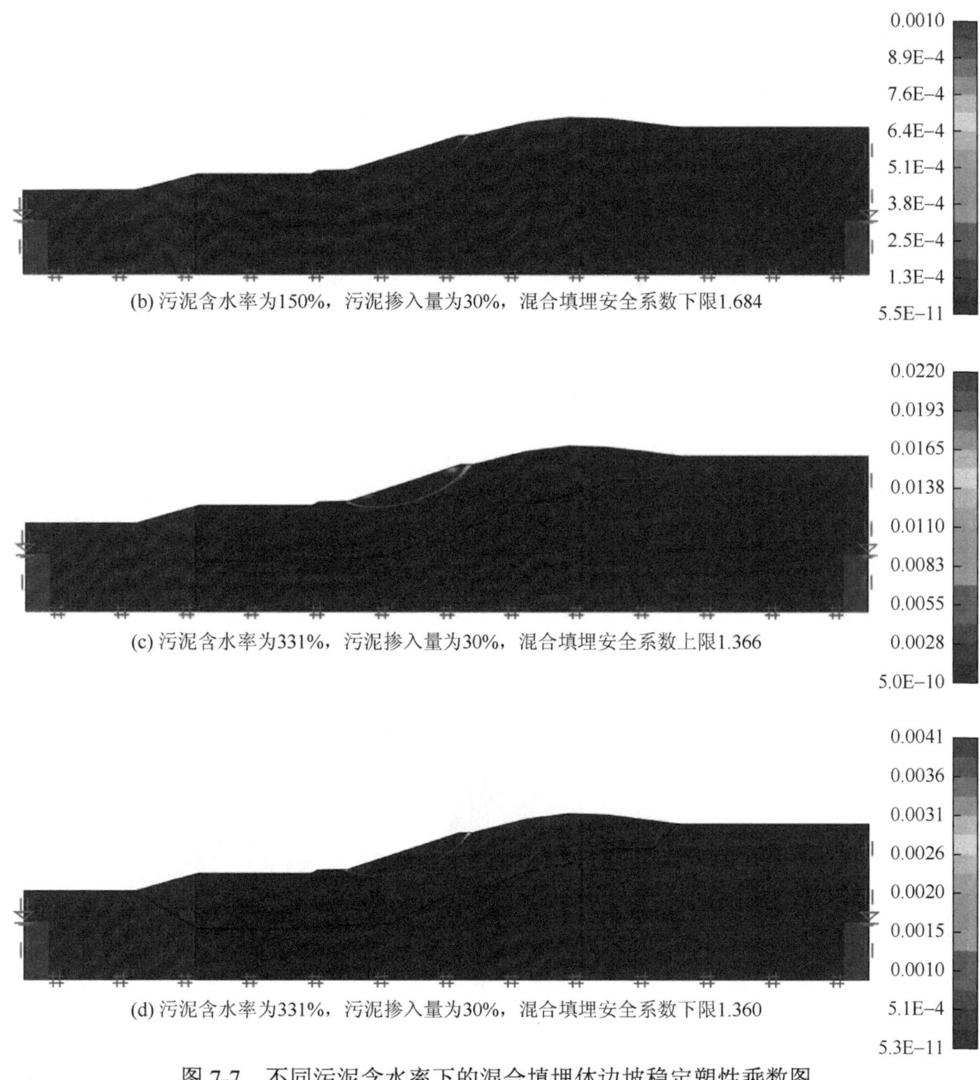

(b) 污泥含水率为150%，污泥掺入量为30%，混合填埋安全系数下限1.684

(c) 污泥含水率为331%，污泥掺入量为30%，混合填埋安全系数上限1.366

(d) 污泥含水率为331%，污泥掺入量为30%，混合填埋安全系数下限1.360

图 7-7　不同污泥含水率下的混合填埋体边坡稳定塑性乘数图

色棒表示塑性乘数

污泥含水率为 331%的混合填埋体边坡安全系数上限为 1.366，存在滑坡隐患，而污泥含水率为 150%的混合填埋体边坡安全系数下限为 1.684，高于 1.30，满足填埋场的稳定性要求（图 7-8）。污泥的含水率较高，导致污泥和生活垃圾混合之后含水率依旧较高。污泥的击实干密度为 451kg/m^3，而混合填埋体的干密度为 516kg/m^3。这说明污泥含水率较高，直接进行混合填埋，其击实性能不良，干密度较小，强度较低，安全系数不高，而将污泥进行深度脱水，使其含水率进一步降低，再进行混合填埋，其击实性能提高，干密度增加，强度也会增加，可提高边坡的稳定性。

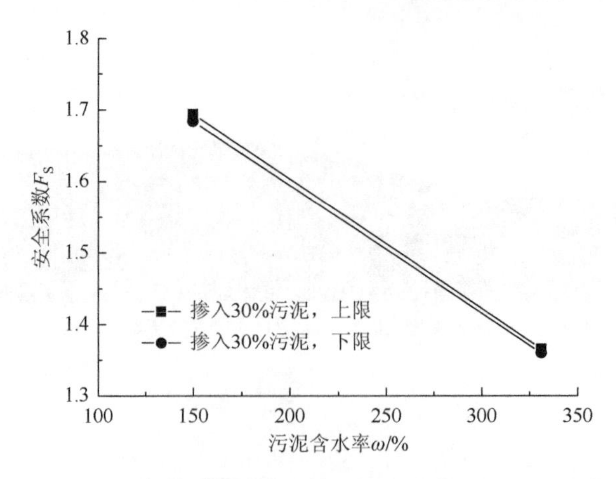

图 7-8　污泥含水率与混合填埋体边坡安全系数的关系

7.5　填埋方式对混合填埋体边坡稳定性的影响

选择两种含水率的污泥（含水率为 331%和 150%）与生活垃圾进行不同填埋方式下的边坡稳定性数值模拟，边坡稳定塑性乘数图如图 7-9 所示。

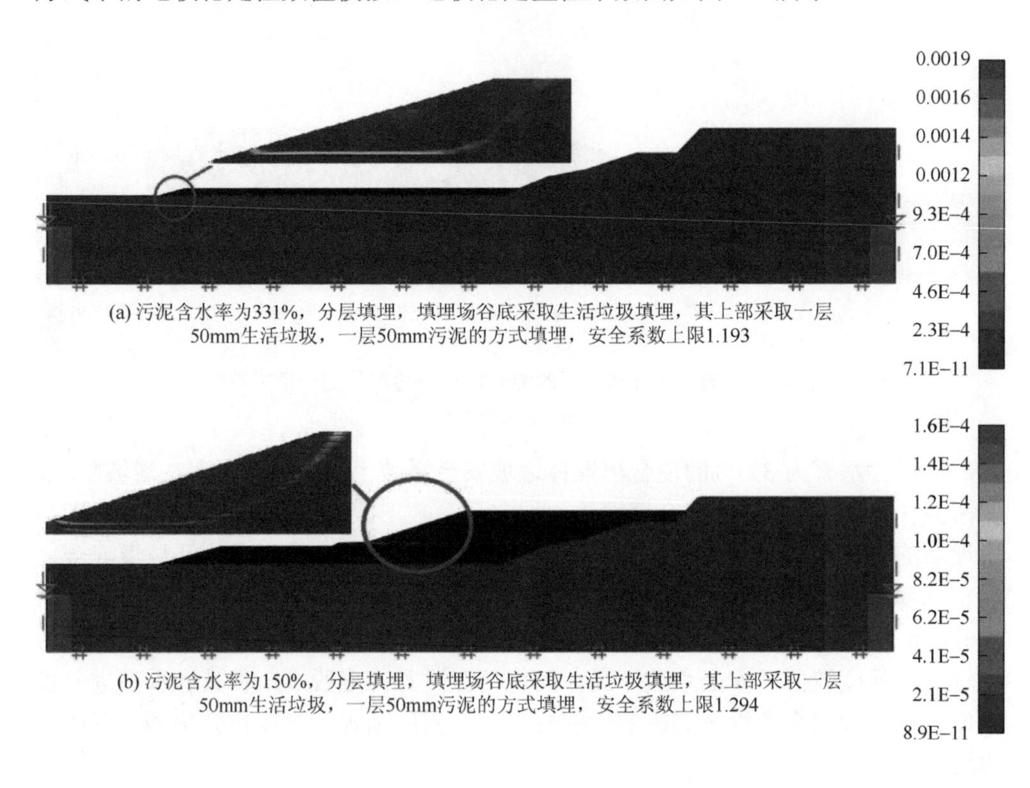

(a) 污泥含水率为331%，分层填埋，填埋场谷底采取生活垃圾填埋，其上部采取一层50mm生活垃圾，一层50mm污泥的方式填埋，安全系数上限1.193

(b) 污泥含水率为150%，分层填埋，填埋场谷底采取生活垃圾填埋，其上部采取一层50mm生活垃圾，一层50mm污泥的方式填埋，安全系数上限1.294

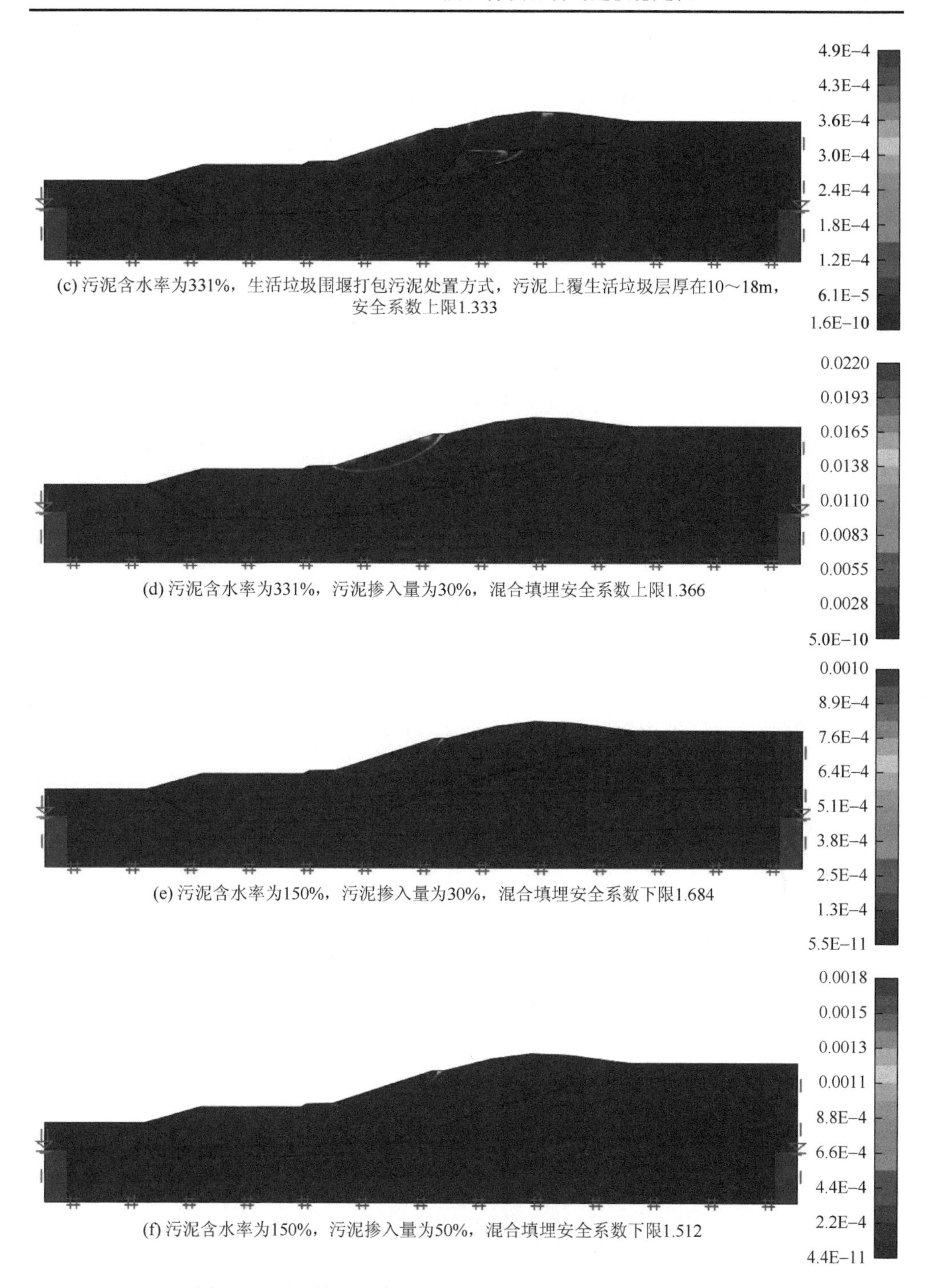

(c) 污泥含水率为331%，生活垃圾围堰打包污泥处置方式，污泥上覆生活垃圾层厚在10～18m，安全系数上限1.333

(d) 污泥含水率为331%，污泥掺入量为30%，混合填埋安全系数上限1.366

(e) 污泥含水率为150%，污泥掺入量为30%，混合填埋安全系数下限1.684

(f) 污泥含水率为150%，污泥掺入量为50%，混合填埋安全系数下限1.512

图 7-9　不同填埋方式下混合填埋体的边坡稳定塑性乘数图

色棒表示塑性乘数

（1）分层填埋。污泥含水率为331%时，分层填埋至坡脚往上3m处，其边坡稳定安全系数上限为1.193，低于1.30，从污泥软弱层发生失稳破坏；当污泥含水率为150%时，分层填埋至坡脚往上23m处，其边坡稳定安全系数上限为1.294，低于1.30，也从污泥软弱层发生失稳破坏。

（2）生活垃圾围堰打包方式对污泥进行填埋处置。污泥含水率为331%时，是一种黏稠性较大的流体，抗剪强度接近于0，不能承受剪应力，但可以像液体一样传递正应力。在污泥上方堆填生活垃圾，流态污泥会将上覆生活垃圾的荷载传递到侧面的生活垃圾堆体上，对生活垃圾堆体产生一个推力，发生侧向位移，薄弱处会形成拉裂口，直至上覆生活垃圾堆体形成的超压全部消散，正是这种原因导致了图7-9（c）中的破坏面。图7-9（c）中的边坡稳定安全系数上限为1.333，相对较小，存在滑坡隐患。

（3）混合填埋。污泥含水率为331%，污泥掺入量为30%时，混合填埋体边坡稳定安全系数上限为1.366，存在滑坡隐患；而污泥含水率为150%，污泥掺入量为30%～50%时，混合填埋体边坡稳定安全系数下限为1.512～1.684，满足填埋场稳定性要求。

混合填埋方式优于分层填埋方式和生活垃圾围堰打包污泥处置方式。污泥进行深度脱水，使其含水率低于150%，再进行混合填埋，从安全角度来说是更为可行的处置方式。

7.6　生化降解对混合填埋体边坡稳定性的影响

7.6.1　抗剪参数演化对边坡稳定性的影响

由图7-10可以看出，不同生化降解时间下混合填埋体的边坡破坏模式大体相同，均为圆弧滑动；混合填埋体的安全系数上下限之间的误差小于0.015，误差较小，安全系数上限和下限精度较高；随着生化降解时间的增加，安全系数的上限和下限的总体趋势均在减小，其中混合填埋体的安全系数为1.475～1.942。

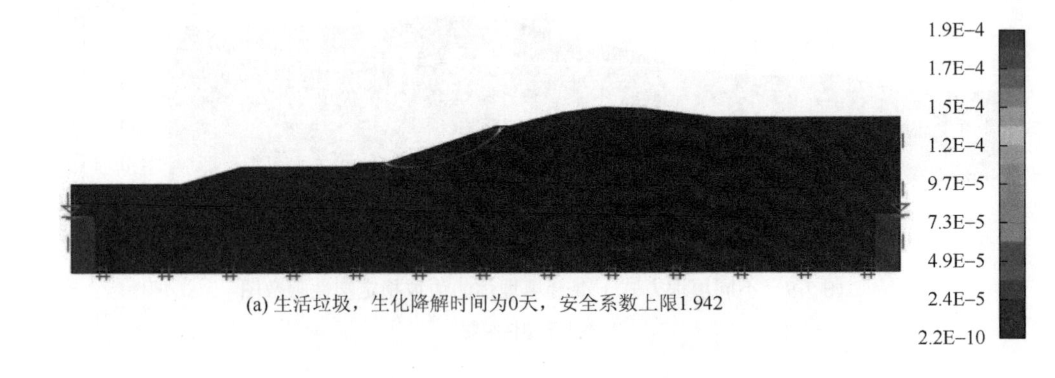

(a) 生活垃圾，生化降解时间为0天，安全系数上限1.942

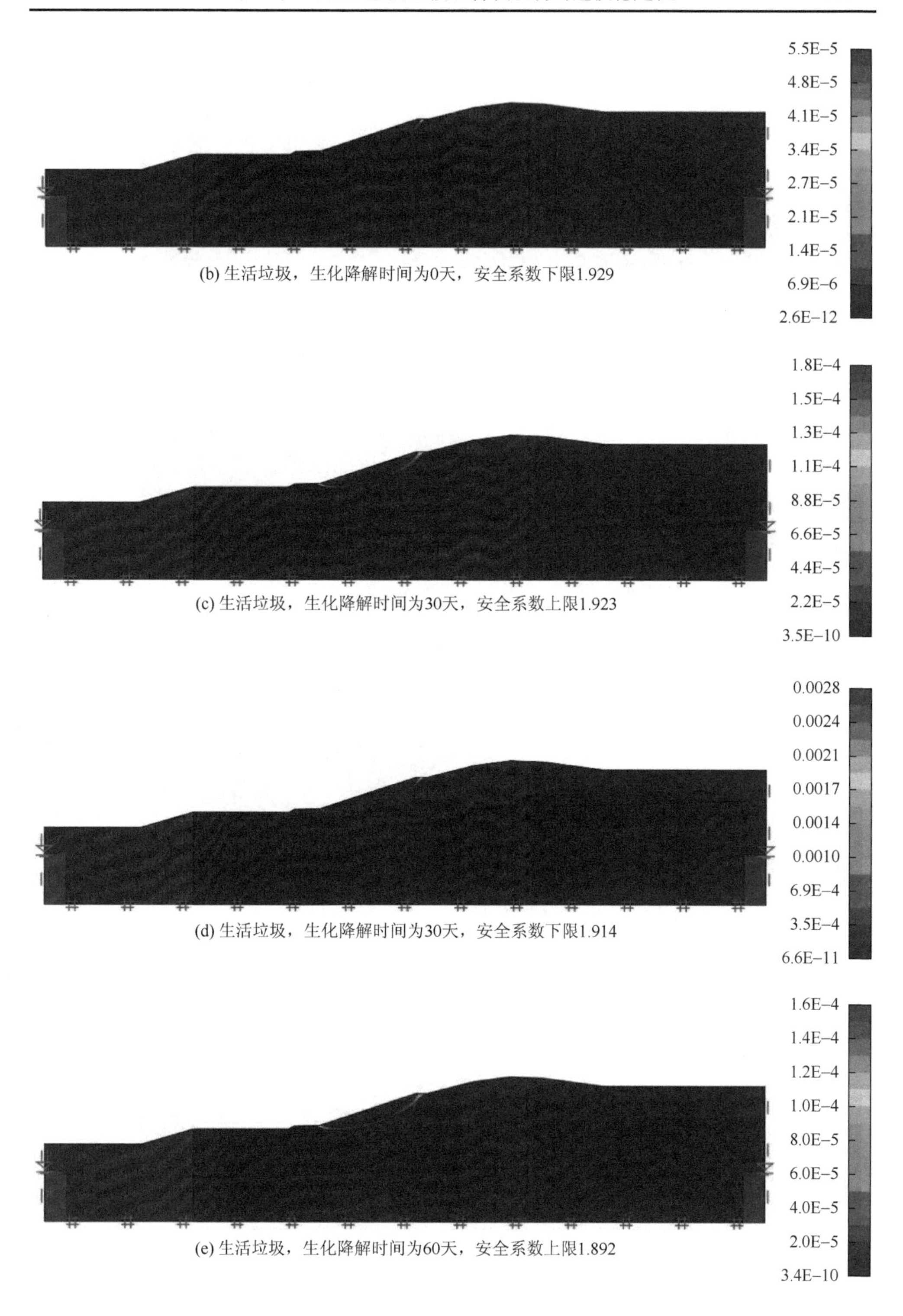

(b) 生活垃圾，生化降解时间为0天，安全系数下限1.929

(c) 生活垃圾，生化降解时间为30天，安全系数上限1.923

(d) 生活垃圾，生化降解时间为30天，安全系数下限1.914

(e) 生活垃圾，生化降解时间为60天，安全系数上限1.892

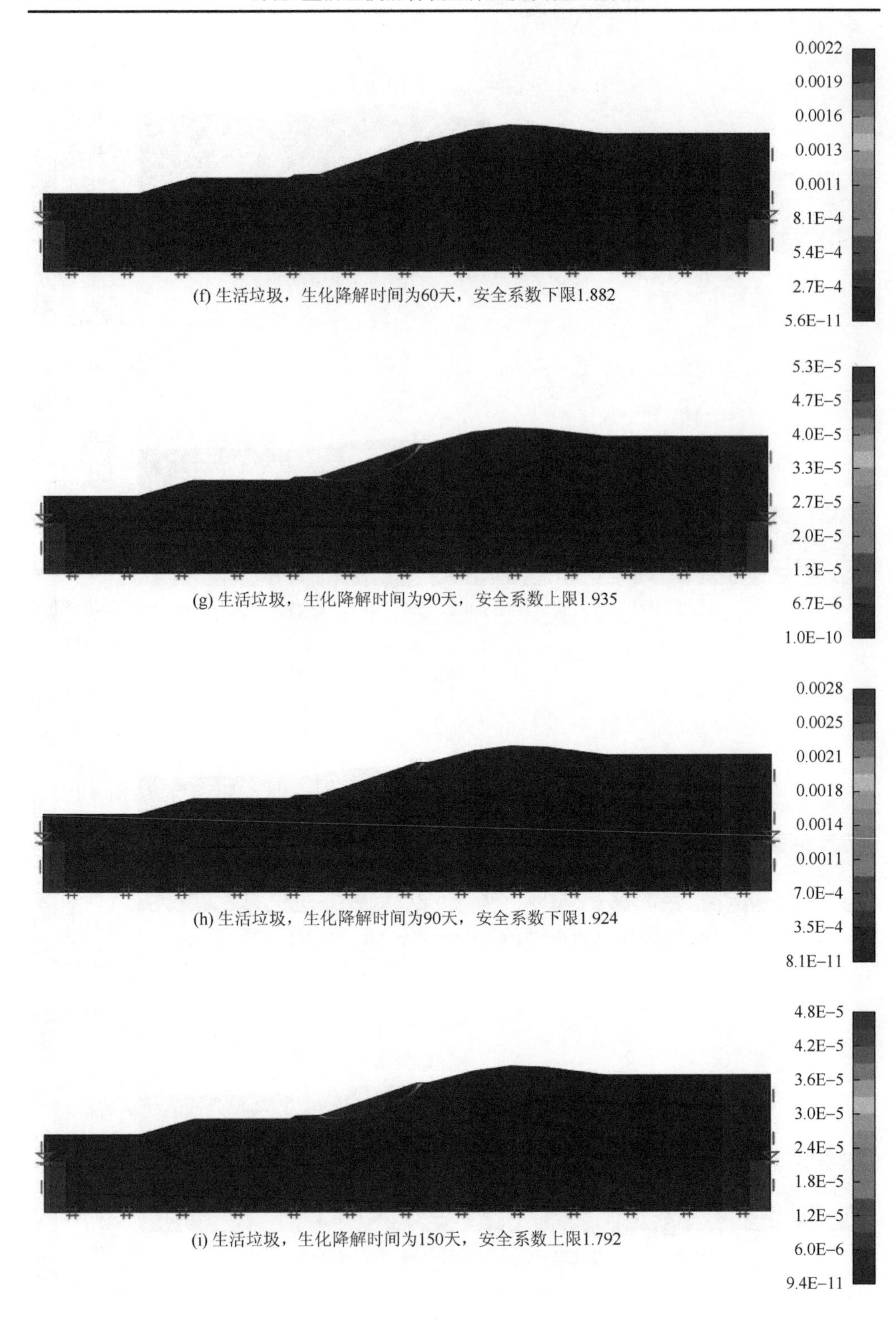

(f) 生活垃圾，生化降解时间为60天，安全系数下限1.882

(g) 生活垃圾，生化降解时间为90天，安全系数上限1.935

(h) 生活垃圾，生化降解时间为90天，安全系数下限1.924

(i) 生活垃圾，生化降解时间为150天，安全系数上限1.792

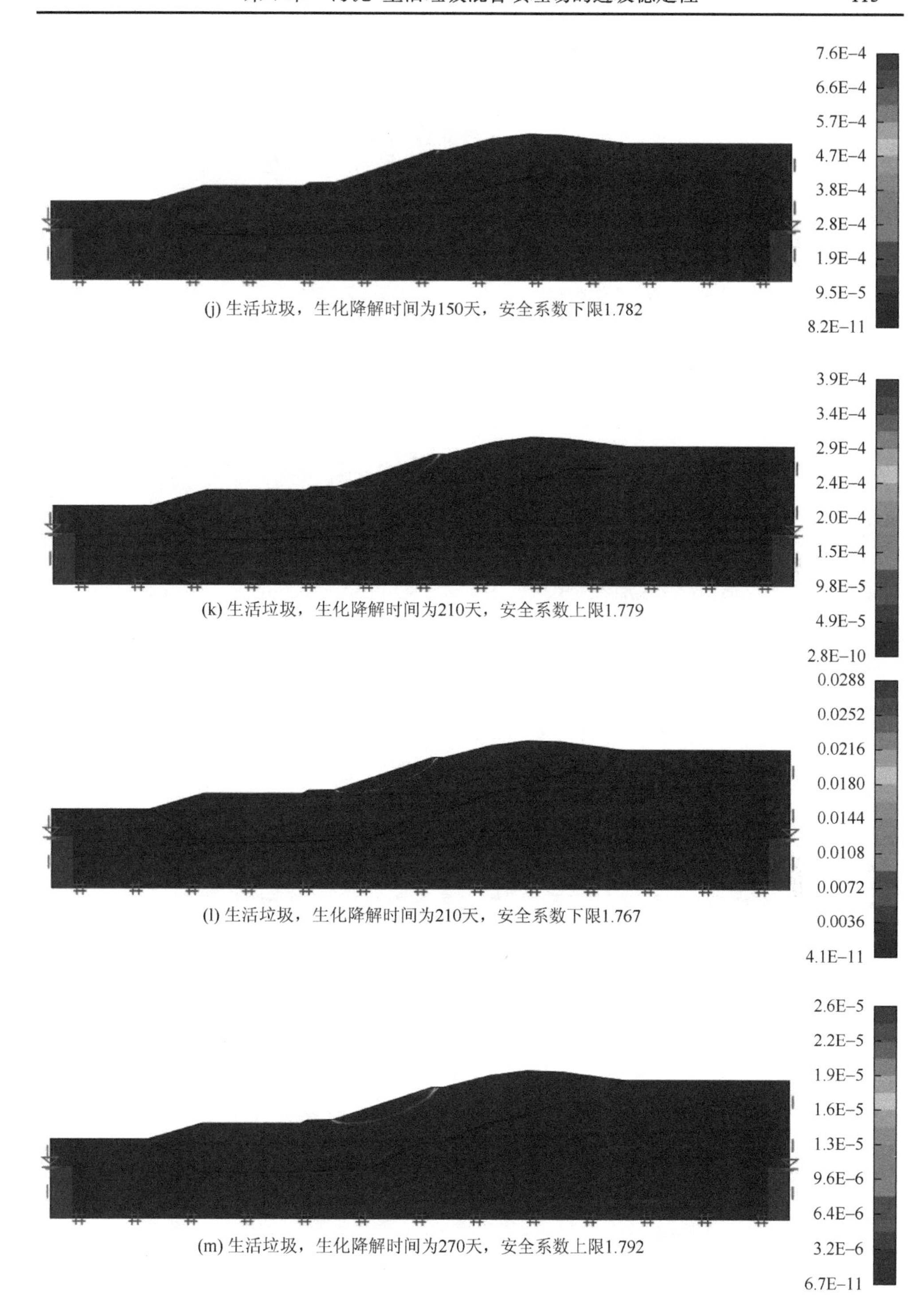

(j) 生活垃圾，生化降解时间为150天，安全系数下限1.782

(k) 生活垃圾，生化降解时间为210天，安全系数上限1.779

(l) 生活垃圾，生化降解时间为210天，安全系数下限1.767

(m) 生活垃圾，生化降解时间为270天，安全系数上限1.792

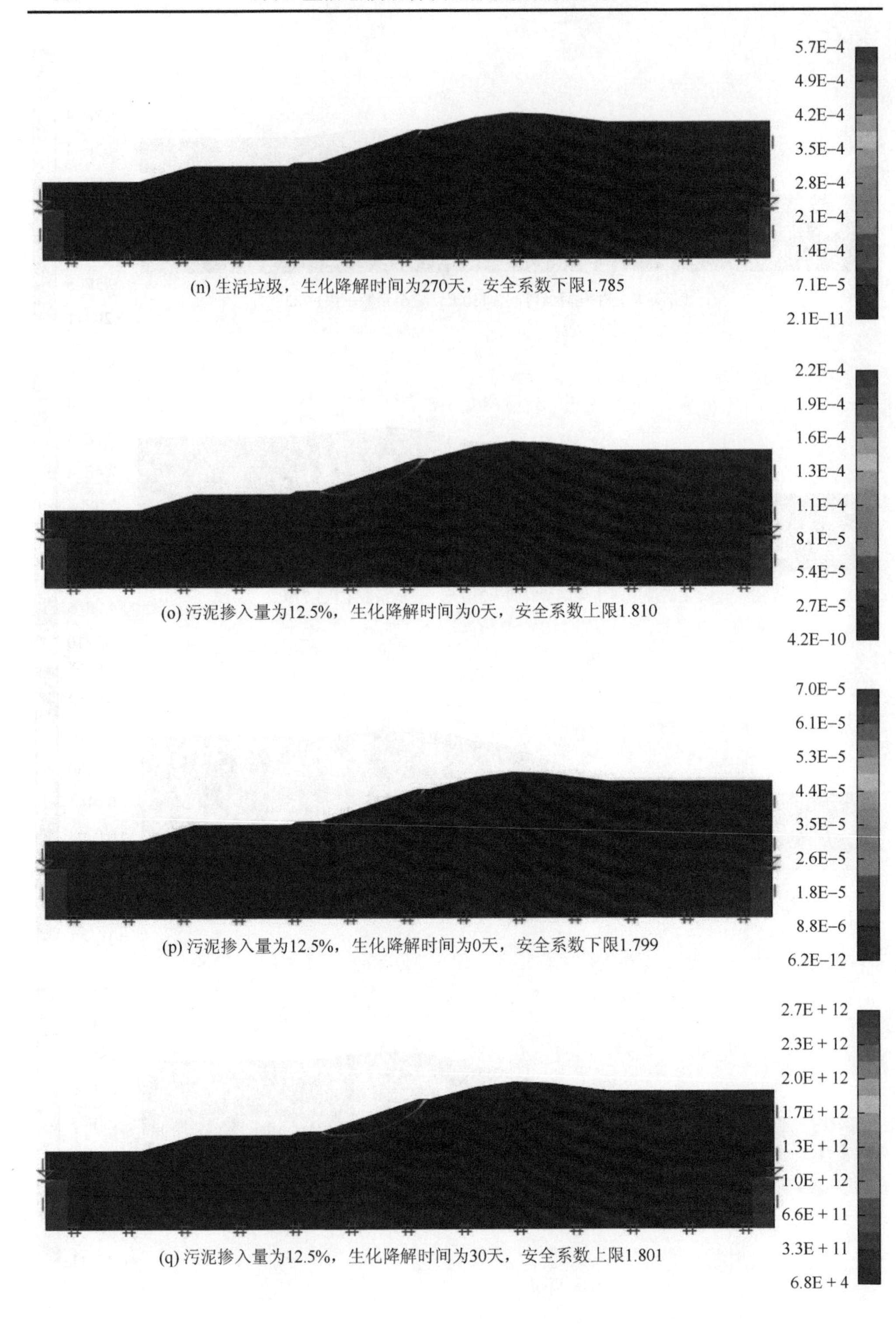

(n) 生活垃圾，生化降解时间为270天，安全系数下限1.785

(o) 污泥掺入量为12.5%，生化降解时间为0天，安全系数上限1.810

(p) 污泥掺入量为12.5%，生化降解时间为0天，安全系数下限1.799

(q) 污泥掺入量为12.5%，生化降解时间为30天，安全系数上限1.801

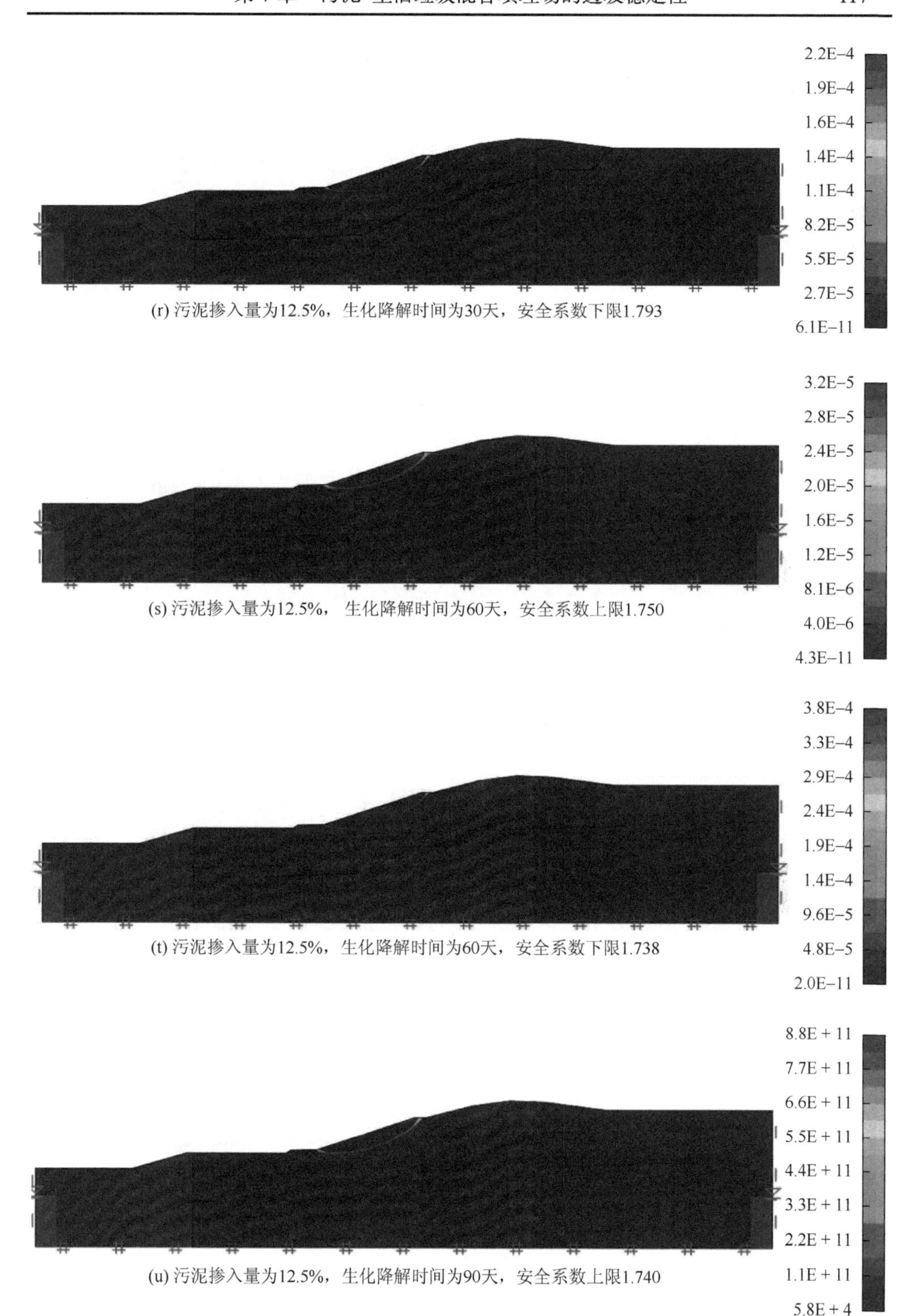

(r) 污泥掺入量为12.5%，生化降解时间为30天，安全系数下限1.793

(s) 污泥掺入量为12.5%， 生化降解时间为60天，安全系数上限1.750

(t) 污泥掺入量为12.5%，生化降解时间为60天，安全系数下限1.738

(u) 污泥掺入量为12.5%，生化降解时间为90天，安全系数上限1.740

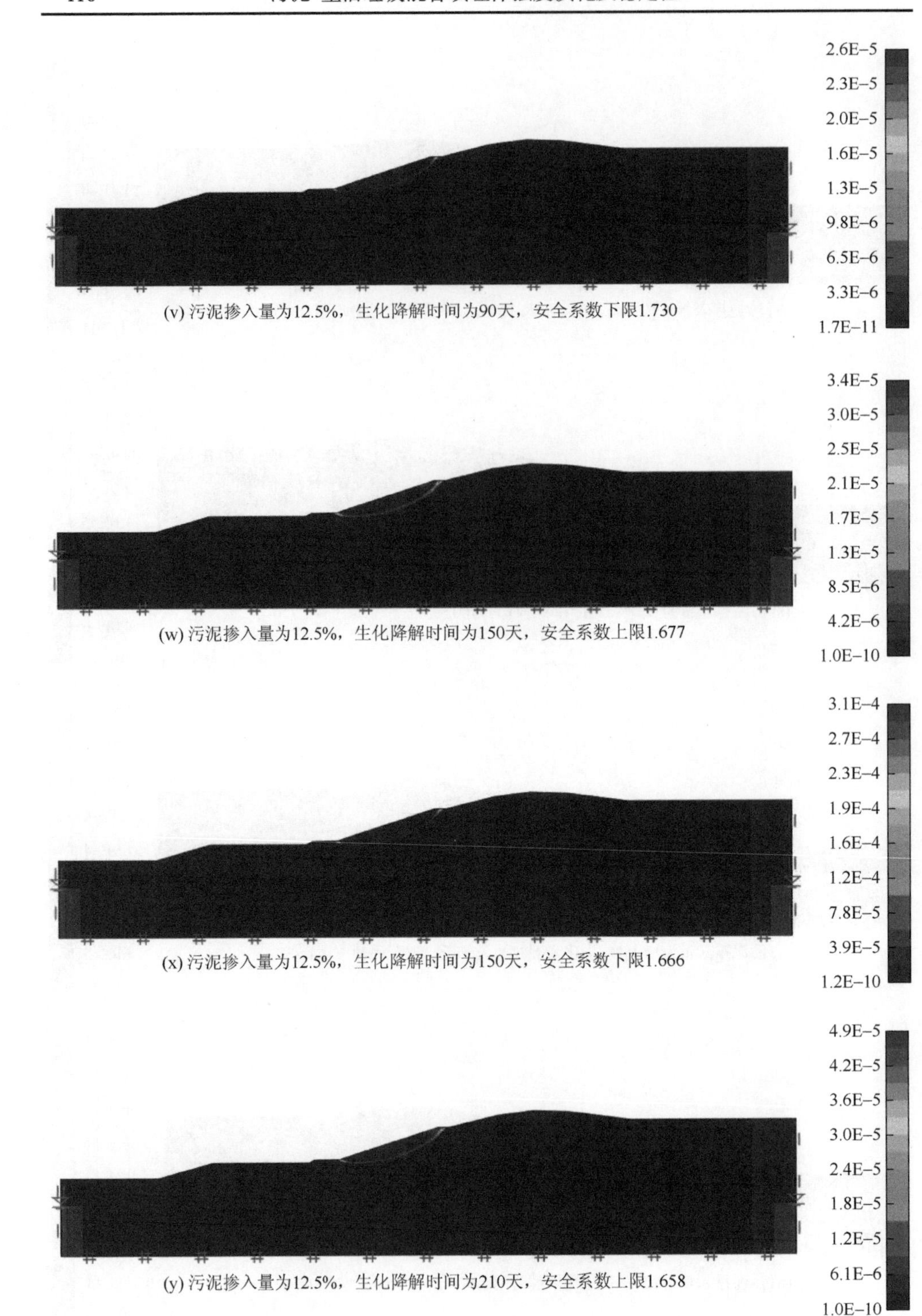

(v) 污泥掺入量为12.5%，生化降解时间为90天，安全系数下限1.730

(w) 污泥掺入量为12.5%，生化降解时间为150天，安全系数上限1.677

(x) 污泥掺入量为12.5%，生化降解时间为150天，安全系数下限1.666

(y) 污泥掺入量为12.5%，生化降解时间为210天，安全系数上限1.658

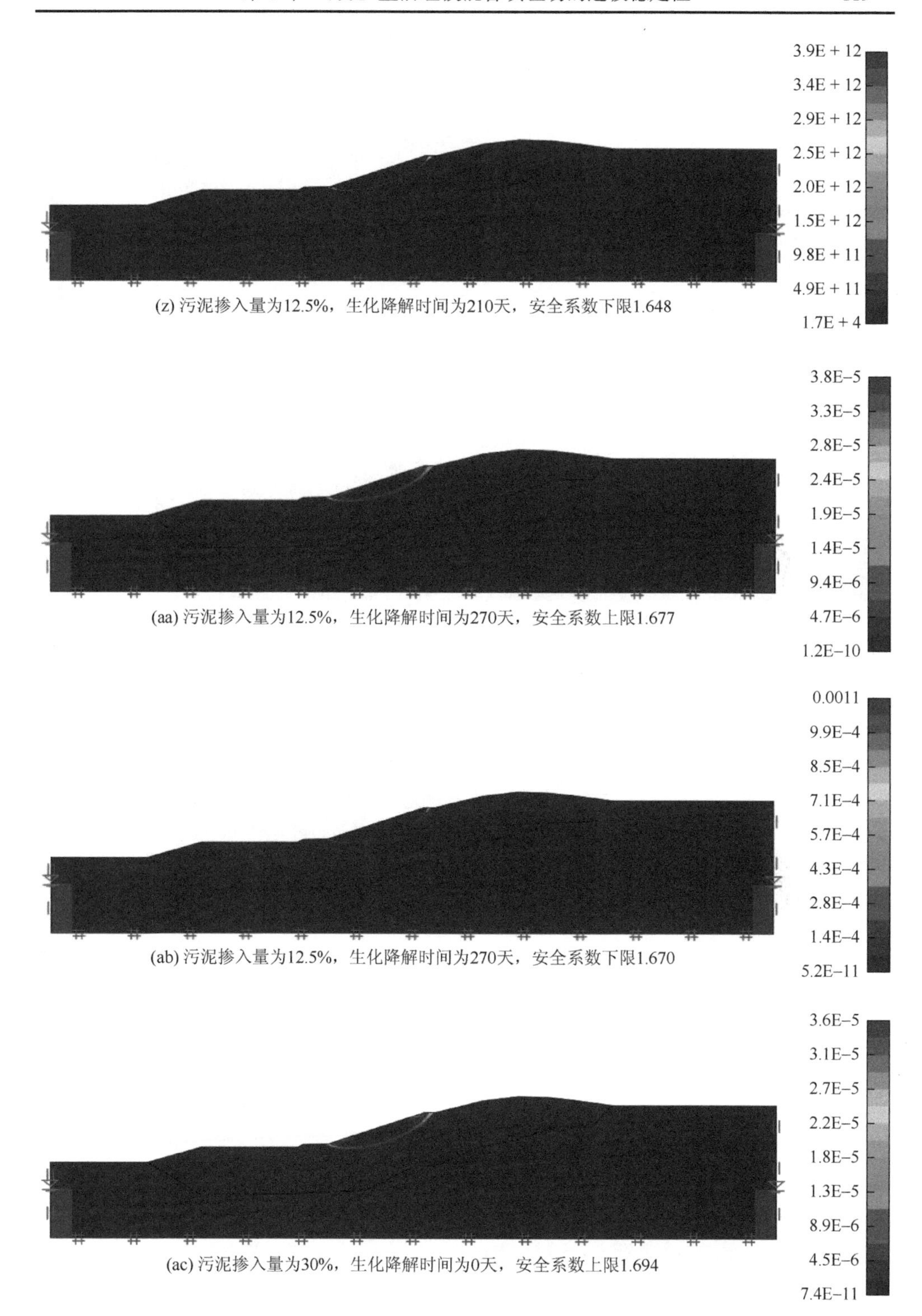

(z) 污泥掺入量为12.5%，生化降解时间为210天，安全系数下限1.648

(aa) 污泥掺入量为12.5%，生化降解时间为270天，安全系数上限1.677

(ab) 污泥掺入量为12.5%，生化降解时间为270天，安全系数下限1.670

(ac) 污泥掺入量为30%，生化降解时间为0天，安全系数上限1.694

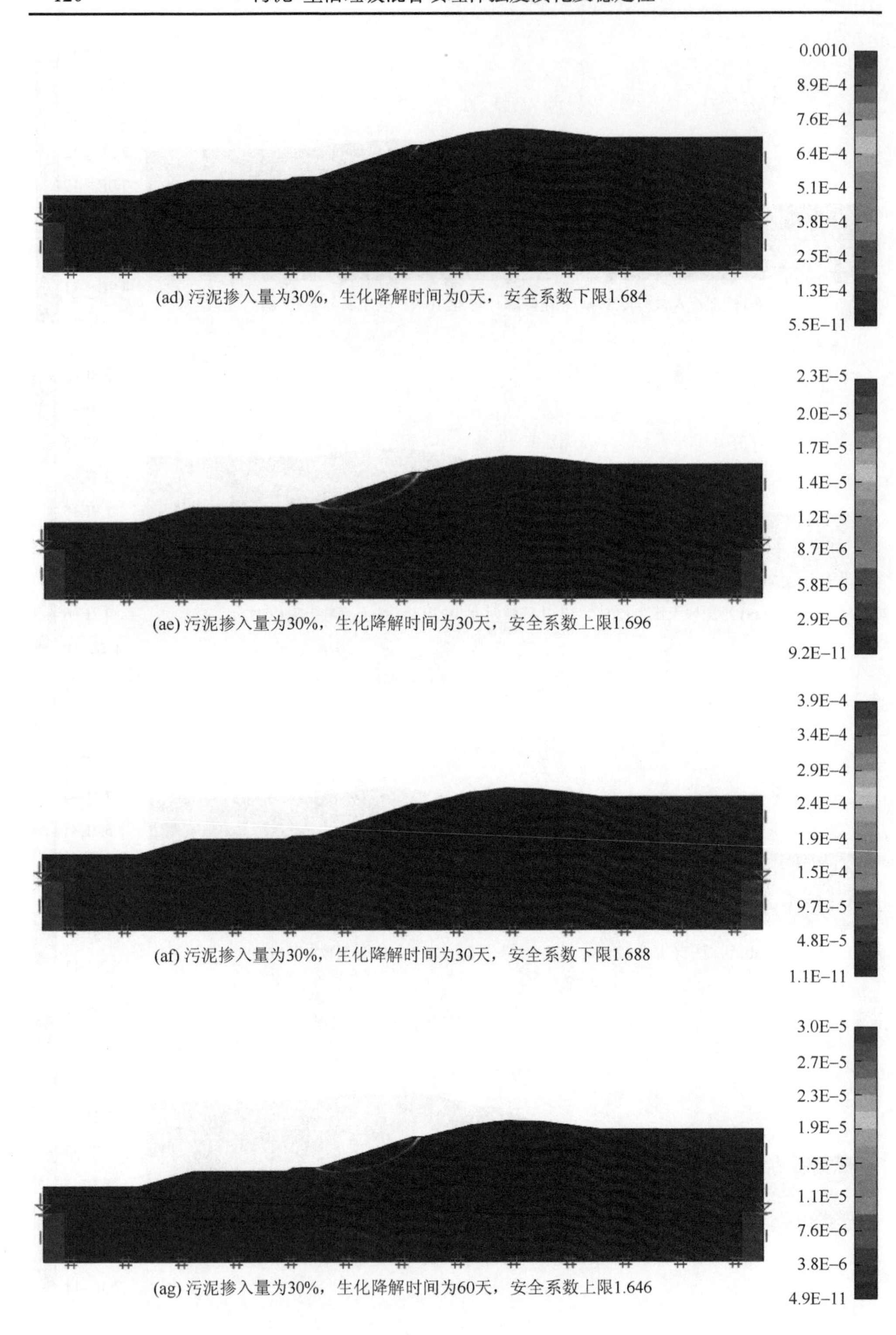

(ad) 污泥掺入量为30%，生化降解时间为0天，安全系数下限1.684

(ae) 污泥掺入量为30%，生化降解时间为30天，安全系数上限1.696

(af) 污泥掺入量为30%，生化降解时间为30天，安全系数下限1.688

(ag) 污泥掺入量为30%，生化降解时间为60天，安全系数上限1.646

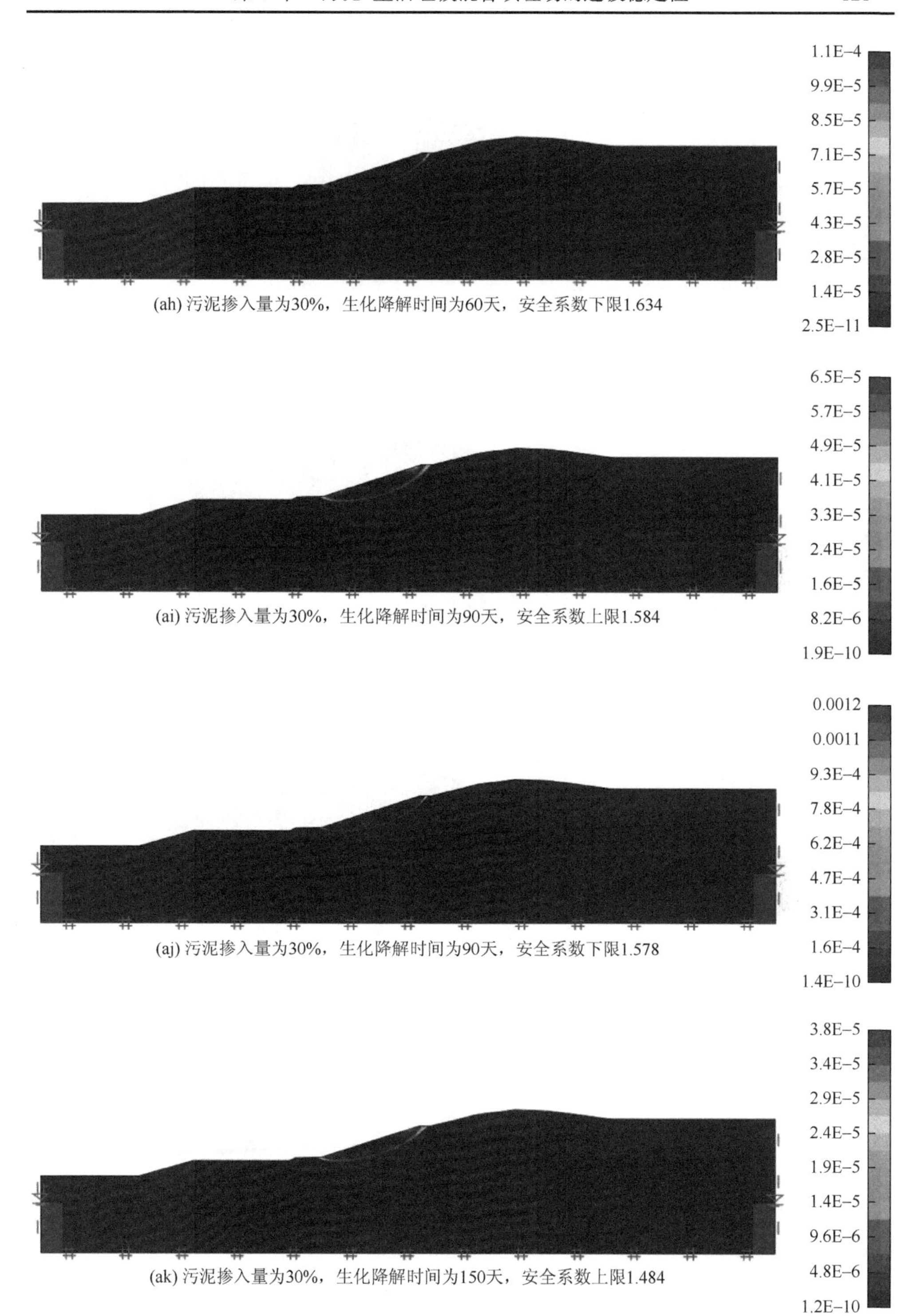

(ah) 污泥掺入量为30%，生化降解时间为60天，安全系数下限1.634

(ai) 污泥掺入量为30%，生化降解时间为90天，安全系数上限1.584

(aj) 污泥掺入量为30%，生化降解时间为90天，安全系数下限1.578

(ak) 污泥掺入量为30%，生化降解时间为150天，安全系数上限1.484

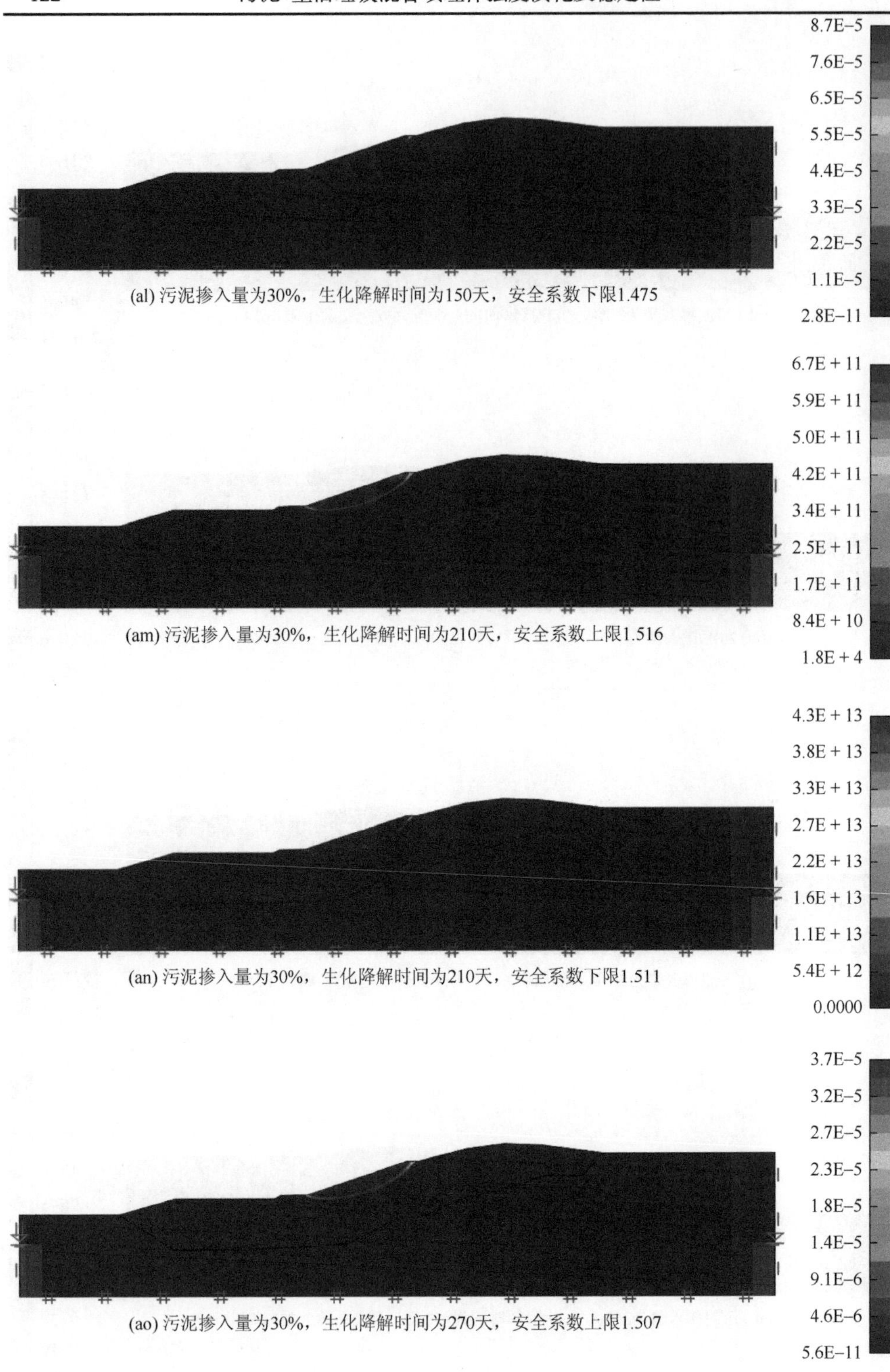

(al) 污泥掺入量为30%，生化降解时间为150天，安全系数下限1.475

(am) 污泥掺入量为30%，生化降解时间为210天，安全系数上限1.516

(an) 污泥掺入量为30%，生化降解时间为210天，安全系数下限1.511

(ao) 污泥掺入量为30%，生化降解时间为270天，安全系数上限1.507

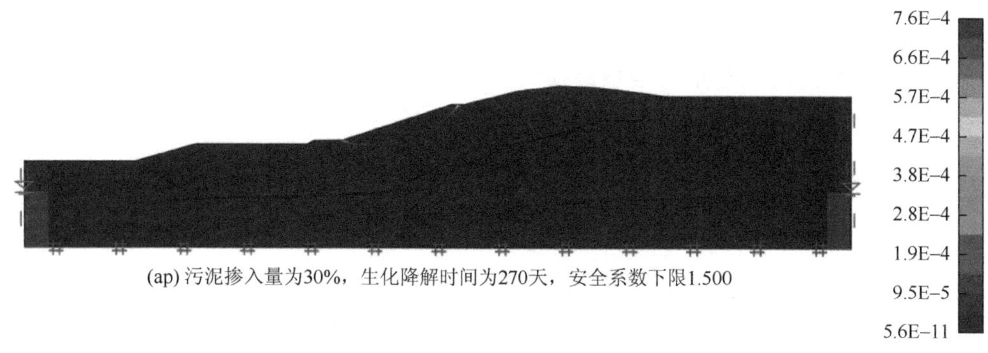

(ap) 污泥掺入量为30%，生化降解时间为270天，安全系数下限1.500

图 7-10 不同降解时间下混合填埋体的边坡稳定塑性乘数图

色棒表示塑性乘数

边坡安全系数与填埋时间的关系如图 7-11 所示。

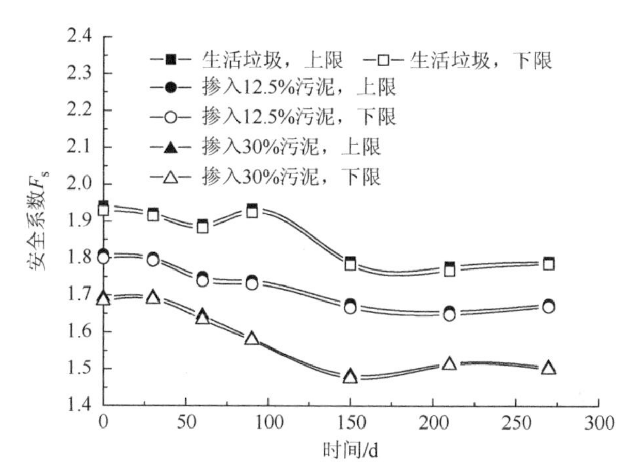

图 7-11 边坡安全系数与填埋时间的关系

在调整生化降解阶段（0～30 天），垃圾和混合填埋体的边坡稳定安全系数下降速率为 0.2‰/d～0.6‰/d；在加速生化降解阶段（30～150 天），垃圾和混合填埋体的边坡稳定安全系数下降速率在 1.0‰/d～1.8‰/d；在衰减生化降解阶段（150～270 天），垃圾和混合填埋体的边坡稳定安全系数下降速率在 0.2‰/d～0.3‰/d。安全系数下降最快的阶段也是混合填埋体生化降解加速阶段。

混合填埋体边坡稳定性安全系数随填埋时间变化而变化，这种变化是由于抗剪参数的演化所引起的，而抗剪参数的变化与有机物的降解过程有关。从图 7-12 可以看出，随着生化降解的进行，生活垃圾及混合填埋体的有机物降解率增加，其黏聚力和内摩擦角的损失率均在增加，引起边坡稳定安全系数损失率的增加，有机物降解率与边坡安全系数损失率呈正相关性。意味着生活垃圾及混合填埋体的边坡稳定安全系数受制于有机物含量及生化降解速率，有机物的生化降解产生一系列的变化是边坡稳定安全系数损失的主要因素之一。

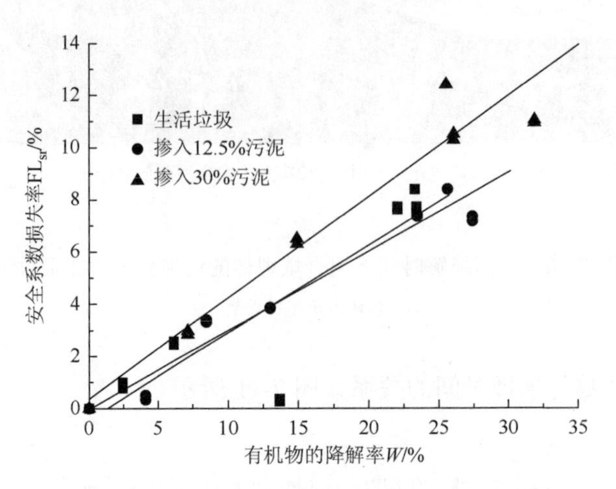

图 7-12　有机物降解率与安全系数损失率关系

边坡稳定安全系数的损失率与有机物的降解率的关系可以近似表达为

$$FL_{sr} = \xi_1 + \xi_2 W \tag{7-2}$$

式中：FL_{sr} 为边坡稳定安全系数损失率，%，为经过一段生化降解时间后边坡稳定安全系数减小量与初始边坡稳定安全系数之比；W 为有机物降解率，%，为经过一段生化降解时间后有机物减小量与初始有机物含量之比；ξ_1、ξ_2 为与生化降解速率、混合填埋体组分、污泥掺入量等因素有关的参数，取值见表 7-8。

表 7-8　安全系数损失率与有机物降解率关系参数取值

参数	污泥掺入量/%		
	0	12.5	30
ξ_1	−0.4378	−0.0387	0.3650
ξ_2	0.3339	0.3026	0.3871

根据有机物降解动力学模型，结合安全系数损失率及有机物降解率的关系，可以获得如下关系式：

$$\frac{F_{s0} - F_{st}}{F_{s0}} \times 100\% = \xi_1 + \xi_2 \frac{P_0 - P_t}{P_0} \times 100\% \tag{7-3}$$

$$\frac{P_0 - P_t}{P_0} = 1 - e^{-kt} \tag{7-4}$$

则考虑抗剪强度参数变化的边坡稳定安全系数演化模型为

$$F_{st}=F_{s0}\times\left[1-\frac{\xi_1}{100\%}-\xi_2(1-\mathrm{e}^{-kt})\right] \tag{7-5}$$

式中，F_{s0} 为初始混合填埋体的边坡稳定安全系数；F_{st} 为 t 时刻混合填埋体的边坡稳定安全系数；k 为生化降解速率常数；t 为生化降解时间；ξ_1、ξ_2 为常数。

为了对混合填埋体边坡稳定安全系数演化规律进行分析，利用有机物降解动力学模型，获取混合填埋体的生化降解稳定化时间（生活垃圾稳定化时间为 3.91 年，污泥掺入量为 12.5%的混合填埋体的稳定化时间为 3.44 年，污泥掺入量为 30%的混合填埋体的稳定化时间为 2.92 年），在此基础上通过边坡稳定安全系数演化模型对其进行预测，预测结果如图 7-13 所示。

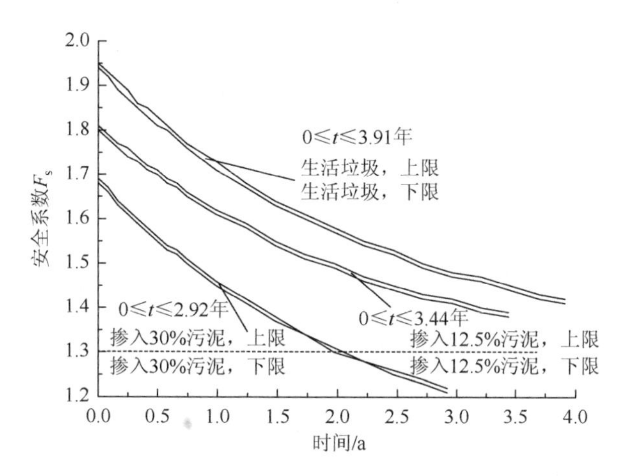

图 7-13　混合填埋体边坡安全系数预测

在有机物生化降解稳定化的条件下，混合填埋体的安全系数趋于稳定；垃圾的边坡稳定安全系数损失率在 27.07%左右，安全系数下限为 1.41，满足填埋场的稳定性要求；污泥掺入量为 12.5%的混合填埋体边坡稳定安全系数损失率为 23.38%，安全系数下限为 1.38，满足填埋场的稳定性要求；污泥掺入量为 30%的混合填埋体边坡稳定安全系数损失率为 27.81%，安全系数上限为 1.22，存在失稳破坏隐患。

7.6.2　填埋气压力对边坡稳定性的影响

7.6.2.1　气压力解析解

由于混合填埋体生化降解是随时间和空间变化的，因此填埋场的气体渗流场属于非稳定流场，忽略填埋场衬垫层和抽排管道的影响，把填埋场内的气体渗流看成一个只在竖向发生渗流的单向非稳定流场（谢焰，2006），如图 7-14 所示。

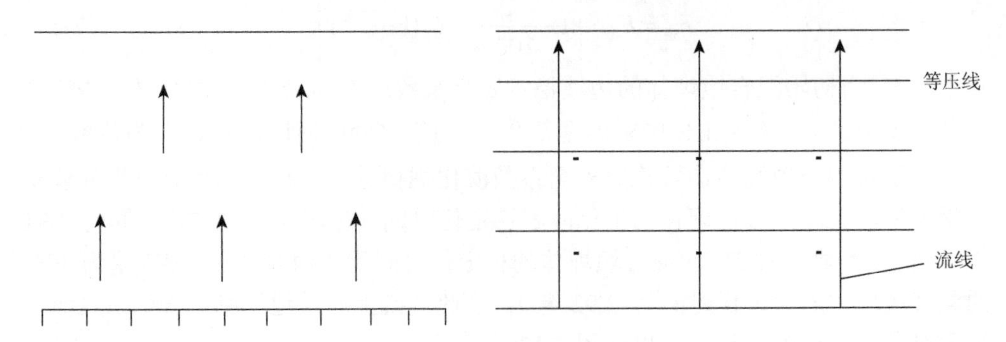

图 7-14 单向流场

混合填埋体中的气体运移用菲克（Fick）定律表达，则有

$$v_{\mathrm{am}} = -C_{\mathrm{a}} \frac{1}{\rho_{\mathrm{am}}} \frac{\partial u_{\mathrm{am}}}{\partial z} \tag{7-6}$$

$$C_{\mathrm{a}} = k_{\mathrm{a}} / g \tag{7-7}$$

式中：v_{am} 为生化降解下混合气体流速，m/s；C_{a} 为混合填埋体中气体流动的传导系数；ρ_{am} 为生化降解下混合气体密度，$\mathrm{kg/m^3}$；u_{am} 为生化降解下混合气体孔隙气压力，Pa；k_{a} 为透气性系数；g 为重力加速度，$\mathrm{m/s^2}$；z 为气体运动的深度，m。

取一微元体，气体（包含溶解在水中的气体）在气压梯度作用下流动，通过单元体的气流净质量流速等于一段时间内流入与流出该单元体的气体质量速率之差；考虑生化降解产气源项的气体连续性方程（刘晓东，2012），则

$$\begin{aligned}\frac{\partial(M_{\mathrm{a0}} + M_{\mathrm{da}})}{\partial t} + \frac{\partial(\rho_{\mathrm{am}} H_{\mathrm{L}} V_0)}{\partial t} &= \left[\rho_{\mathrm{am}} v_{\mathrm{am}} + \frac{\partial(\rho_{\mathrm{am}} v_{\mathrm{am}})}{\partial z}\mathrm{d}z\right]\mathrm{d}x\mathrm{d}y \\ &\quad - \rho_{\mathrm{am}} v_{\mathrm{am}} \mathrm{d}x\mathrm{d}y + H_{\mathrm{L}}\left[\rho_{\mathrm{am}} v_{\mathrm{l}} + \frac{\partial(\rho_{\mathrm{am}} v_{\mathrm{l}})}{\partial z}\mathrm{d}z\right]\mathrm{d}x\mathrm{d}y \\ &\quad - H_{\mathrm{L}} \rho_{\mathrm{am}} v_{\mathrm{l}} \mathrm{d}x\mathrm{d}y\end{aligned} \tag{7-8}$$

式中：M_{a0} 为混合填埋体中原始孔隙气体质量，kg；M_{da} 为生化降解产气质量，kg；v_{l} 为液体流速，m/s；V_0 为混合填埋体初始体积，$\mathrm{m^3}$；H_{L} 为亨利常数。

式（7-8）考虑了气体在水中的溶解，相关研究表明气体溶解于水中的体积大约占总体积的 2%（Rodebush and Busswell，1958），可以不考虑这部分气体的影响，此时 $H_{\mathrm{L}}=0$，对式（7-8）进行简化，则

$$\frac{\partial(M_{\mathrm{a0}} + M_{\mathrm{da}})}{\partial t} = \left[\rho_{\mathrm{am}} v_{\mathrm{am}} + \frac{\partial(\rho_{\mathrm{am}} v_{\mathrm{am}})}{\partial z}\mathrm{d}z\right]\mathrm{d}x\mathrm{d}y - \rho_{\mathrm{am}} v_{\mathrm{am}} \mathrm{d}x\mathrm{d}y \tag{7-9}$$

继续简化为

$$\frac{1}{V_0}\frac{\partial M_{a0}}{\partial t}+\frac{1}{V_0}\frac{\partial M_{da}}{\partial t}=\frac{\partial(\rho_{am}v_{am})}{\partial z} \tag{7-10}$$

$$M_{a0}=\rho_{a0}V_a \tag{7-11}$$

式中：ρ_{a0}为混合填埋体中原始孔隙气体密度，kg/m^3；V_a为气体体积，m^3。

将式（7-10）代入式（7-11），则

$$\frac{1}{V_0}\frac{\partial(\rho_{a0}V_a)}{\partial t}+\frac{1}{V_0}\frac{\partial M_{da}}{\partial t}=\frac{\partial(\rho_{am}v_{am})}{\partial z} \tag{7-12}$$

将式（7-6）代入式（7-12），则

$$\frac{1}{V_0}\frac{\partial(\rho_{a0}V_a)}{\partial t}+\frac{1}{V_0}\frac{\partial M_{da}}{\partial t}=-C_a\frac{\partial^2 u_{am}}{\partial z^2}-\frac{\partial C_a}{\partial z}\frac{\partial u_{am}}{\partial z} \tag{7-13}$$

气体体积：

$$V_a=V_0 n(1-S) \tag{7-14}$$

式中：n为孔隙率；S为饱和度。

将式（7-14）代入式（7-13），则

$$n(1-S)\frac{\partial\rho_{a0}}{\partial t}+\rho_{a0}\frac{\partial(V_a/V_0)}{\partial t}+\frac{1}{V_0}\frac{\partial M_{da}}{\partial t}=-C_a\frac{\partial^2 u_{am}}{\partial z^2}-\frac{\partial C_a}{\partial z}\frac{\partial u_{am}}{\partial z} \tag{7-15}$$

根据理想气体状态方程可以得到以下内容：

对于原始气体：

$$\overline{u_{a0}}=u_{a0}+\overline{u_{atm}}=\frac{\rho_{a0}RT}{m_{a0}} \tag{7-16}$$

对于生化降解气体：

$$\overline{u_{da}}=u_{da}+\overline{u_{atm}}=\frac{\rho_{da}RT}{m_{da}} \tag{7-17}$$

$$\overline{u_{am}}=\overline{u_{a0}}+\overline{u_{da}} \tag{7-18}$$

式中：$\overline{u_{a0}}$为原始气体的绝对气压，Pa；$\overline{u_{da}}$为生化降解气体的绝对气压，Pa；$\overline{u_{am}}$为混合气体的绝对气压，Pa；$\overline{u_{atm}}$为大气压力（1.01×10^5Pa）；m_{a0}为原始气体摩尔质量，kg/mol；m_{da}为生化降解气体摩尔质量，kg/mol；ρ_{da}为生化降解产气密度，kg/m^3；R为摩尔气体常数（8.314J/(mol·K)）；T为热力学温度，K。

根据式（7-16）、式（7-17）、式（7-18）可以得到

$$\overline{u_{am}}=\frac{\rho_{a0}RT}{m_{a0}}+\frac{\rho_{da}RT}{m_{da}} \tag{7-19}$$

又有

$$M_{da}=\rho_{da}V_a \tag{7-20}$$

将式（7-20）代入式（7-19），则

$$\overline{u_{\mathrm{am}}} = u_{\mathrm{am}} + \overline{u_{\mathrm{atm}}} = \frac{\rho_{\mathrm{a0}} RT}{m_{\mathrm{a0}}} + \frac{RT}{m_{\mathrm{da}} V_{\mathrm{a}}} M_{\mathrm{da}} \tag{7-21}$$

将式（7-21）代入式（7-15），则

$$\begin{aligned} \frac{\partial (V_{\mathrm{a}} / V_0)}{\partial t} = & -B_1 C_{\mathrm{a}} \frac{\partial^2 u_{\mathrm{am}}}{\partial z^2} - B_1 \frac{\partial C_{\mathrm{a}}}{\partial z} \frac{\partial u_{\mathrm{am}}}{\partial z} \\ & - \frac{n(1-S)}{\overline{u_{\mathrm{am}}}} \frac{\partial u_{\mathrm{am}}}{\partial t} - B_1 \frac{(m_{\mathrm{da}} - m_{\mathrm{a0}})}{V_0 m_{\mathrm{da}}} \frac{\partial M_{\mathrm{da}}}{\partial t} \end{aligned} \tag{7-22}$$

式中：$B_1 = \dfrac{RT}{m_{\mathrm{a0}} \overline{u_{\mathrm{am}}}}$。

非饱和土中气相本构方程表达了气体在总应力、孔隙水压力和孔隙气压力共同作用下的体积变化，即考虑了气体体积的改变同时考虑了受到力-液-气的共同作用，所以每单位体积混合填埋体中的气流量变化可由气相本构方程对时间求偏微分得到（Fredlund and Rahardjo，1993），即

$$\frac{\partial (V_{\mathrm{a}} / V_0)}{\partial t} = m_{1\mathrm{k}}^{\mathrm{a}} \frac{\partial (\sigma_z - u_{\mathrm{am}})}{\partial t} + m_2^{\mathrm{a}} \frac{\partial (u_{\mathrm{am}} - u_{\mathrm{w}})}{\partial t} \tag{7-23}$$

式中：$m_{1\mathrm{k}}^{\mathrm{a}}$ 为在 K_0 加荷条件下相应于净法向应力变化的气体体积变化系数；m_2^{a} 为在 K_0 加荷条件下相应于基质吸力变化的气体体积变化系数。

根据式（7-22）、式（7-23）有

$$\begin{aligned} \frac{\partial u_{\mathrm{am}}}{\partial t} = & -B_2 C_{\mathrm{a}} \frac{\partial^2 u_{\mathrm{am}}}{\partial z^2} - B_2 \frac{\partial C_{\mathrm{a}}}{\partial z} \frac{\partial u_{\mathrm{am}}}{\partial z} \\ & - B_2 \frac{(m_{\mathrm{da}} - m_{\mathrm{a0}})}{V_0 m_{\mathrm{da}}} \frac{\partial M_{\mathrm{da}}}{\partial t} - B_4 \frac{\partial \sigma_z}{\partial t} + B_3 \frac{\partial u_{\mathrm{w}}}{\partial t} \end{aligned} \tag{7-24}$$

式中：$B_2 = \dfrac{RT}{m_{\mathrm{a0}} \left[(-m_{1\mathrm{k}}^{\mathrm{a}} + m_2^{\mathrm{a}}) \overline{u_{\mathrm{am}}} + n(1-S) \right]}$；$B_3 = \dfrac{m_2^{\mathrm{a}} \overline{u_{\mathrm{am}}}}{(-m_{1\mathrm{k}}^{\mathrm{a}} + m_2^{\mathrm{a}}) \overline{u_{\mathrm{am}}} + n(1-S)}$；$B_4 = \dfrac{m_{1\mathrm{k}}^{\mathrm{a}} \overline{u_{\mathrm{am}}}}{(-m_{1\mathrm{k}}^{\mathrm{a}} + m_2^{\mathrm{a}}) \overline{u_{\mathrm{am}}} + n(1-S)}$。

对于一封闭的填埋场，可以认为上覆压力恒定，同时假定 k_{a} 不随时间改变，即 $\partial \sigma_z / \partial t = 0$，$\partial C_{\mathrm{a}} / \partial z = 0$（刘晓东，2012）。通常情况下，填埋场无论在中期运行还是在最终封场后，都会尽量地阻止外界水渗入填埋体内部。因此计算时不考虑边界有补给水的情况，可以认为孔隙水压力的消散时间相对于孔隙气压力的消散时间来说是瞬时的（刘晓东等，2011b）。因为孔隙压力造成的填埋体破坏或者失稳通常是孔隙气压力和水压力共同作用的结果。另外 Young（1989）指出，由于气体的运移速度远比渗滤液大很多，模拟气体运移时可以忽略渗滤液运移的影响。因此，有 $\partial u_{\mathrm{w}} / \partial t = 0$，则式（7-24）可以简化为

$$\frac{\partial u_{\mathrm{am}}}{\partial t}=-B_2C_{\mathrm{a}}\frac{\partial^2 u_{\mathrm{am}}}{\partial z^2}-B_2\frac{(m_{\mathrm{da}}-m_{\mathrm{a0}})}{V_0m_{\mathrm{da}}}\frac{\partial M_{\mathrm{da}}}{\partial t} \tag{7-25}$$

结合有机物降解动力学方程，则

$$\frac{\partial u_{\mathrm{am}}}{\partial t}=-B_2\frac{k_{\mathrm{a}}}{g}\frac{\partial^2 u_{\mathrm{am}}}{\partial z^2}-B_2\frac{(m_{\mathrm{da}}-m_{\mathrm{a0}})}{V_0m_{\mathrm{da}}}M_{\mathrm{b0}}kP_0\mathrm{e}^{-kt} \tag{7-26}$$

式中：M_{b0} 为初始有机物干质量；P_0 为初始有机物质量；k 为生化降解常数。初始条件：当 t=0 时，$u_{\mathrm{a0}}=\Delta u_{\mathrm{a}}$。其中，$\Delta u_{\mathrm{a}}$ 为加载瞬时混合填埋体内部产生的孔隙气压力。Δu_{a} 用 Hilf 公式表达。Hilf（1948）为了说明空气在孔隙压力与土的压缩性之间的关系中所起的作用，通过分析实验室内圆筒中击实后的湿土试样，得到应力作用下孔隙气压力增量为

$$\Delta u_{\mathrm{a}}=\left[\frac{1}{1+\dfrac{n_0(1-\overline{S_0})}{(\overline{u_{\mathrm{a0}}}+\Delta\overline{u_{\mathrm{a}}})m_{\mathrm{v}}}}\right]\Delta\sigma_z \tag{7-27}$$

边界条件：当 z=0 时，u_{a}=0（自由边界，透气边界）；当 $z=H$ 时，$\partial u_{\mathrm{a}}/\partial z=0$（不透气边界）。

上述问题可以用以下方程来描述：

$$\begin{cases}\dfrac{\partial u_{\mathrm{a}}}{\partial t}=-B_2\dfrac{k_{\mathrm{a}}}{g}\dfrac{\partial^2 u_{\mathrm{a}}}{\partial z^2}-B_2\dfrac{(m_{\mathrm{da}}-m_{\mathrm{a0}})}{V_0m_{\mathrm{da}}}M_{\mathrm{b0}}kP_0\mathrm{e}^{-ft}, & 0<z<H,t>0\\ u_{\mathrm{a}}(z,0)=\Delta u_{\mathrm{a}}, \quad 0\leqslant z\leqslant H,t=0 & \\ u_{\mathrm{a}}(0,t)=0,\dfrac{\partial u_{\mathrm{a}}(H,t)}{\partial z}=0, \quad t\geqslant 0 & \end{cases} \tag{7-28}$$

该定解问题的特征函数系为

$$\left\{\sin\frac{(2n-1)\pi z}{2H}\right\},\ n=1,2,\cdots \tag{7-29}$$

设

$$u_{\mathrm{a}}=\sum_{n=1}^{\infty}T_n(t)\sin\frac{(2n-1)\pi z}{2H} \tag{7-30}$$

代入方程（7-28）化简得

$$\begin{aligned}&T_n'(t)-B_2\frac{k_{\mathrm{a}}}{g}\left[\frac{(2n-1)\pi}{2H}\right]^2T_n(t)\\&=-\frac{4B_2}{(2n-1)\pi}\frac{(m_{\mathrm{da}}-m_{\mathrm{a0}})}{V_0m_{\mathrm{da}}}M_{\mathrm{b0}}kP_0\mathrm{e}^{-kt}\end{aligned} \tag{7-31}$$

则

$$
\begin{aligned}
T_n(t) &= \mathrm{e}^{-k't}\left(pf\frac{1}{k'-k}\mathrm{e}^{(k'-k)t}+c_n\right) \\
u_{\mathrm{a}} &= \sum_{n=1}^{\infty}\left[\mathrm{e}^{-k't}\left(pk\frac{1}{k'-k}\mathrm{e}^{(k'-k)t}+c_n\right)\right]\sin\frac{(2n-1)\pi z}{2H}
\end{aligned} \tag{7-32}
$$

式中：$k'=-B_2\frac{k_{\mathrm{a}}}{g}\left[\frac{(2n-1)\pi}{2H}\right]^2$；$p=-\frac{4B_2}{(2n-1)\pi}\frac{(m_{\mathrm{da}}-m_{\mathrm{a0}})}{V_0 m_{\mathrm{da}}}M_{\mathrm{b0}}P_0$。

由初始条件可得

$$
\sum_{n=1}^{\infty}\left[\left(pk\frac{1}{k'-k}\right)+c_n\right]\sin\frac{(2n-1)\pi z}{2H}=\Delta u_{\mathrm{a}} \tag{7-33}
$$

则 $c_n=\frac{2}{H}\int_0^H \Delta u_{\mathrm{a}}\sin\frac{(2n-1)\pi z}{2H}\mathrm{d}z-pk\frac{1}{k'-k}$

$$
c_n=a_n-pk\frac{1}{k'-k}
$$

$$
a_n=\frac{2}{H}\int_0^H \Delta u_{\mathrm{a}}\sin\frac{(2n-1)\pi z}{2H}\mathrm{d}z=\frac{4\Delta u_{\mathrm{a}}}{(2n-1)\pi}
$$

定解问题的解析解为

$$
\begin{cases}
u_{\mathrm{a}}=\sum_{n=1}^{\infty}\left[\mathrm{e}^{-k't}\left(pk\frac{1}{k'-k}\mathrm{e}^{(k'-k)t}-pk\frac{1}{k'-k}+a_n\right)\right]\sin\frac{(2n-1)\pi z}{2H} \\
k'=-B_2\frac{k_{\mathrm{a}}}{g}\left[\frac{(2n-1)\pi}{2H}\right]^2, p=-\frac{4B_2}{(2n-1)\pi}\frac{(m_{\mathrm{da}}-m_{\mathrm{a0}})}{V_0 m_{\mathrm{da}}}M_{\mathrm{b0}}P_0 \\
a_n=\frac{2}{H}\int_0^H \Delta u_{\mathrm{a}}\sin\frac{(2n-1)\pi z}{2H}\mathrm{d}z=\frac{4\Delta u_{\mathrm{a}}}{(2n-1)\pi}
\end{cases} \tag{7-34}
$$

7.6.2.2 稳定性分析

1）计算模型的假定

（1）生化降解不改变混合填埋体的体积，计算体积为混合填埋体的初始填埋体积。

（2）计算时只考虑气体在竖直向的流动迁移，各个单元体之间的气体流动不予考虑。

（3）不考虑填埋体中各个填埋单元之间的相互作用，即将填埋体看作常规土坡进行分析，也不考虑气体自身的压缩特性。

2）网格划分

数值模拟结果中发现滑动面位于坡肩斜坡处，该处坡角较大。本次孔隙气压力计算网格对该坡肩斜坡处进行加密划分，加密区网格大小主要为 2.5m×10m，非加密区网格大小主要为 5m×10m，其计算网格如图 7-15 所示。网格主要为四边形和三角形，总计 228 个节点，节点上孔压值通过式（7-34）计算，节点之间孔压值通过线性内插获取，计算过程中坡体断面厚度取 1m，每个节点的体积采取两边各自单元格一半体积进行求和，上覆荷载取节点到坡面间的混合填埋体的自重，而坡面上的节点的上覆荷载为 0，计算其气压力也为 0，坡底上的节点由于下方没有混合填埋体，其计算体积为 0，导致所对应的参数无法取值，进而无法计算其气压力，考虑原地基坡顶面较稳定，不会发生失稳滑动，节点又位于坡底，在进行数值计算时，假设这些孔隙气压力为 0。

在 OptumG2 图形用户界面输入孔隙气压力之后，直接利用 OptumG2 内置的自适应加密网络进行数值模拟计算。

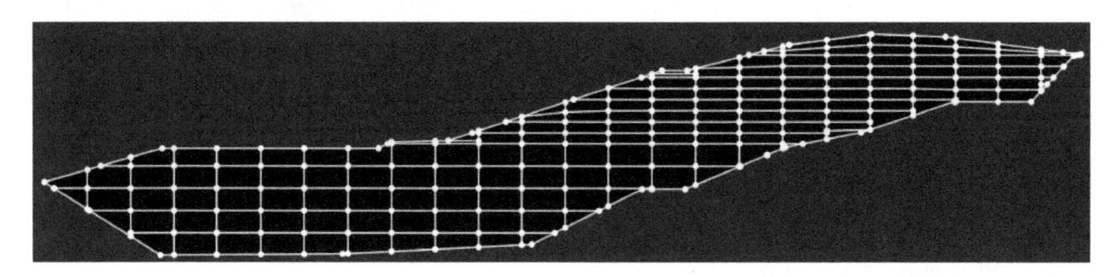

图 7-15　考虑气压力条件下边坡稳定性的分析网格

3）计算参数

R=8.314J/(mol·K)，T=314K（谢焰，2006），m_{a0}=0.028kg/mol（Tchobanoglous et al.，1993），m_{da}=0.030kg/mol（Tchobanoglous et al.，1993），$-m_{1k}^{a}+m_{2}^{a}=-1\times10^{-4}$（刘晓东等，2011b），$\overline{u_{atm}}=1.01\times10^{5}$ Pa，k_a=0.001m/d（Land and Tchobanlglous，1989），g=9.8N/kg。其他相关计算参数见表 7-9。

表 7-9　生化降解对边坡稳定性影响的计算参数

参数	污泥掺入量/%		
	0	12.5	30
密度 ρ/(kg/m^3)	782	840	894
含水率 ω/%	60.00	64.41	73.43
比重 Gs/%	2.03	1.98	1.94
孔隙比 e	3.15	2.89	2.67
饱和度 S/%	38.64	44.29	51.55
孔隙率 n/%	75.90	74.27	73.44
体积压缩系数 m_v/MPa^{-1}	2.02	2.00	1.95
初始有机物含量 P_0/%	54.30	53.23	52.05
生化降解速率常数 k	0.001 18	0.001 32	0.001 55

4）边坡稳定安全系数的计算

通过式（7-34）计算孔隙气压力，可以发现该解析解属于指数衰减收敛型，气压的最大值发生在初始时刻，这显然与实际情况不符合。从理论上分析，产气速率达到峰值时，气压力最大，对填埋场的稳定性影响越大，此时生化降解时间是对填埋场稳定性最不利的时间。解析解的衰减模式主要来源是推导过程中引入的有机物降解速率衰减方程，该方程没有反映上升阶段。从图 7-16 可知，有机物降解速率达到峰值之前，计算值的变化规律与试验值的变化趋势不同，但是峰值之后，计算值的变化规律与试验值的变化趋势相同，最大相对误差为 18.74%～22.73%，随着生化降解时间的增加，相对误差总体趋势在减小，可以进行近似模拟。考虑峰值之前，这一阶段不能直接利用解析解进行计算，这一阶段的安全系数曲线近似采取这两点的安全系数进行表述，而峰值之后可以利用解析解进行计算，进而开展数值模拟，获取相应的边坡稳定安全系数。图 7-16 中混合填埋体的有机物降解速率达到峰值的时间大致在 60～90 天，其 60～90 天的有机物含量试验值可以利用有机物降解动力学模型进行近似计算，从而获得 60～90 天的有机物降解速率试验值。在此基础上，近似获得垃圾达到峰值的时间为 90 天，污泥掺入量为 12.5%的混合填埋体达到峰值的时间为 85 天，污泥掺入量为 30%的混合填埋体达到峰值的时间为 77 天。

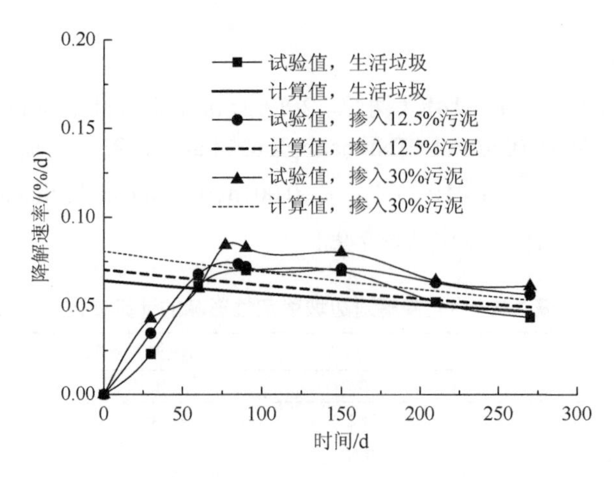

图 7-16 混合填埋体降解速率计算值与试验值关系变化关系

选取填埋场的某一断面，其填埋高度为 23.92m，利用填埋气压力的解析解，结合有机物降解动力学模型，分别计算填埋深度为 18m、19m、20m 情况下的气压力，计算结果如图 7-17 所示。

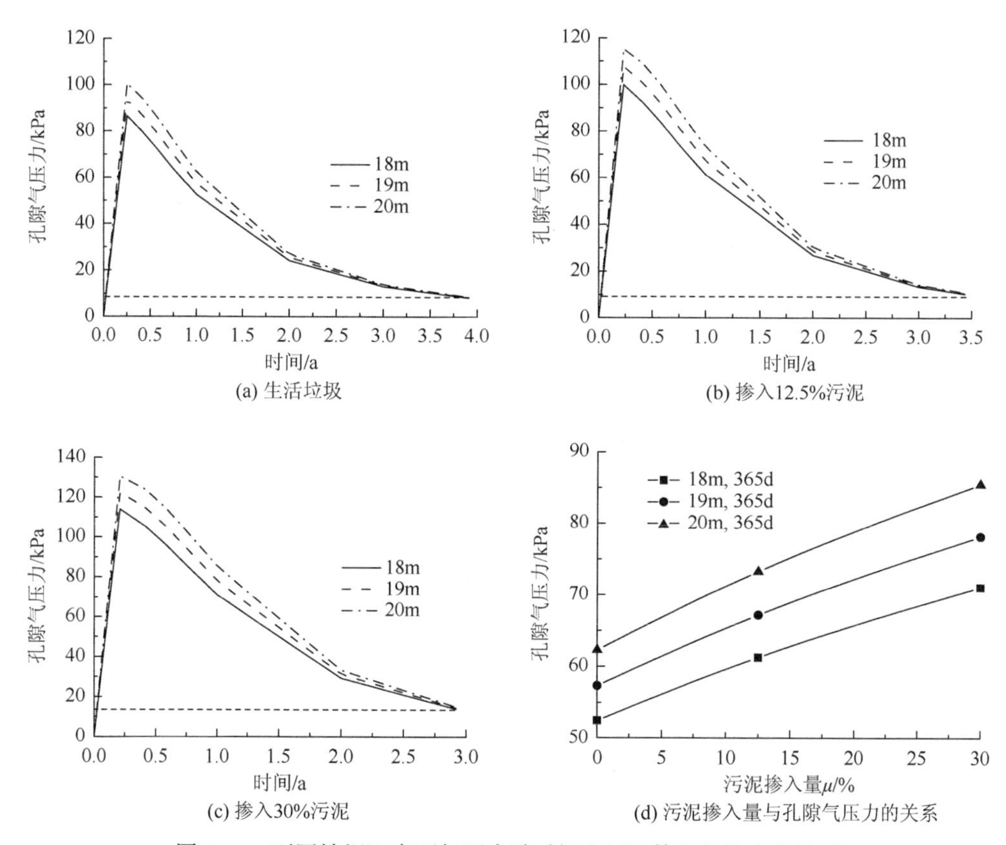

图 7-17　不同填埋深度下气压力随时间和污泥掺入量的变化关系

从图 7-17 中可以看出，随着生化降解时间的增加，生活垃圾及混合填埋体的气压力先增加后逐渐消散，在有机物生化降解稳定化的条件下气压力消散度为 87.69%～91.46%（气压力消散度是指生化降解稳定化时间所对应的气压力与最大气压力之比）；随着填埋深度的增加，气压力会增加。图 7-17 中生活垃圾及混合填埋体在填埋深度为 18m、19m、20m 情况下的孔隙气压力为 86～130kPa，与谢焰（2006）的研究结果基本一致。

根据混合填埋体的生化降解稳定化时间（垃圾稳定化时间为 3.91 年，污泥掺入量为 12.5%的混合填埋体的稳定化时间为 3.44 年，污泥掺入量为 30%的混合填埋体的稳定化时间为 2.92 年），开展了相应的边坡稳定数值模拟计算（图 7-18）。不同生化降解时间下混合填埋体的边坡破坏模式大体相同，近似为圆弧滑动，相比未产气情况，产气边坡破坏模式有所差异，主要表现在滑动破坏区域加大，应变增加；混合填埋体的安全系数上下限之间的误差不超过 0.015，误差较小，安全系数上限和下限精度较高；随着降解时间的增加，安全系数的上限和下限先减小后增加。

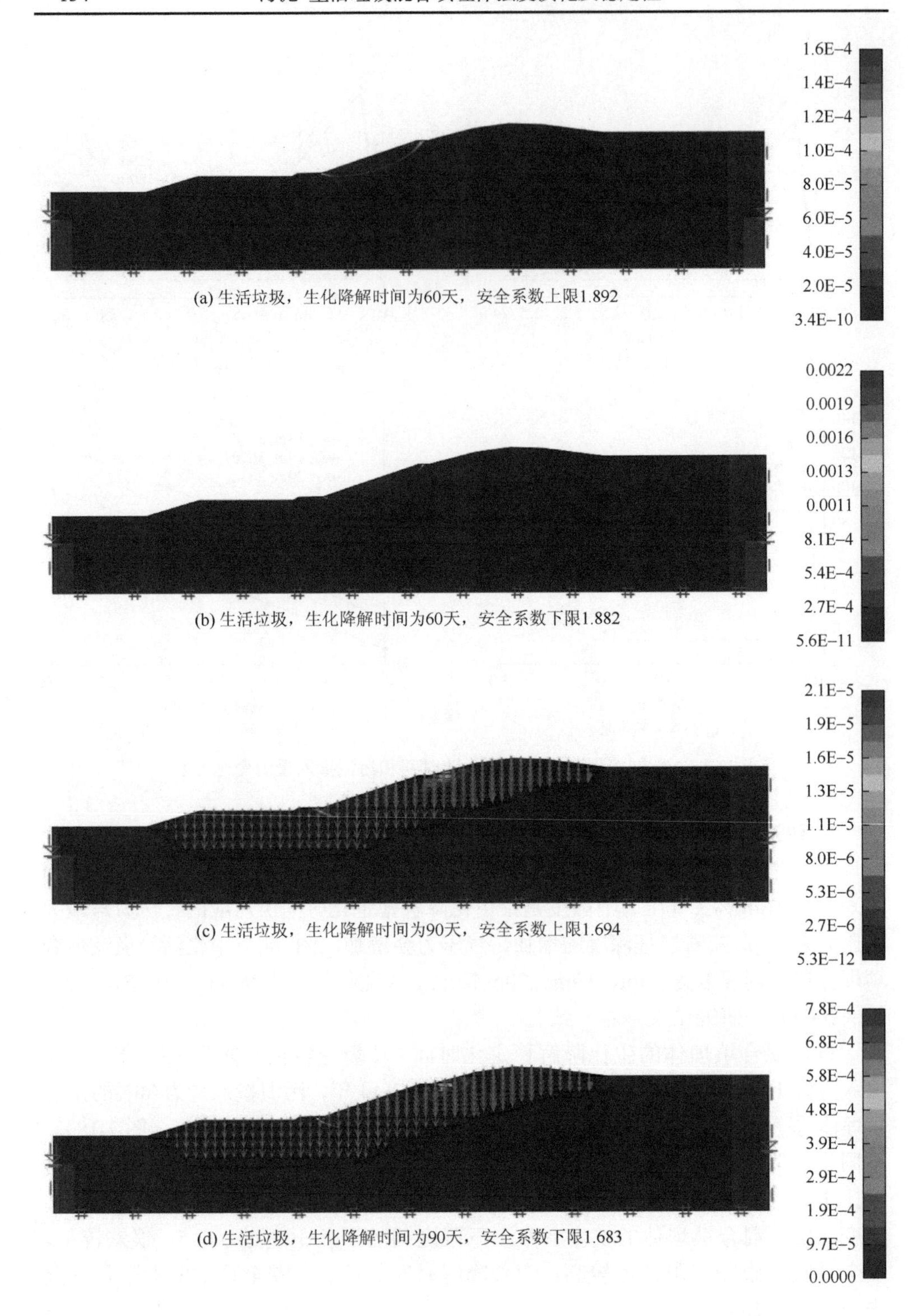

(a) 生活垃圾，生化降解时间为60天，安全系数上限1.892

(b) 生活垃圾，生化降解时间为60天，安全系数下限1.882

(c) 生活垃圾，生化降解时间为90天，安全系数上限1.694

(d) 生活垃圾，生化降解时间为90天，安全系数下限1.683

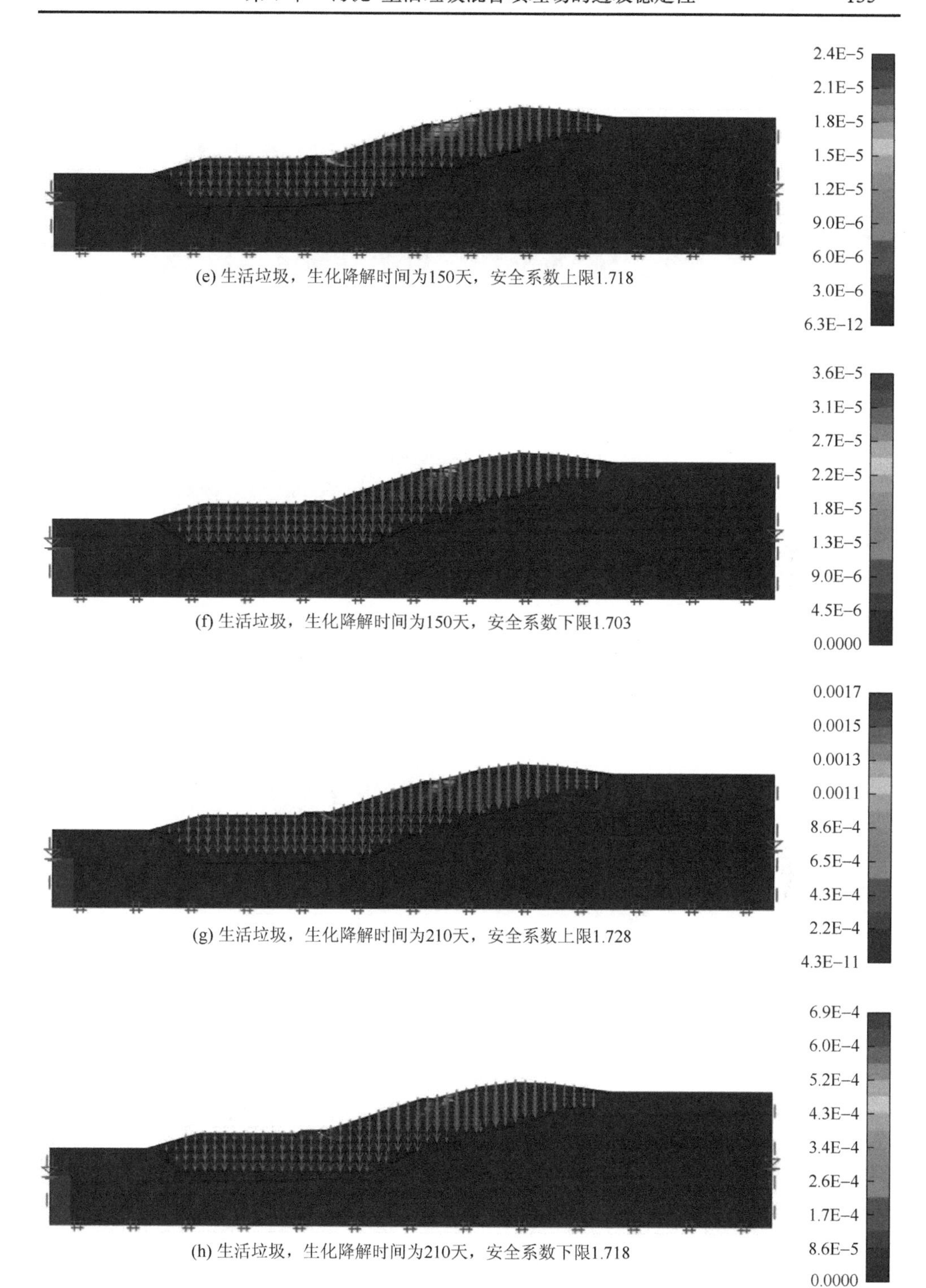

(e) 生活垃圾，生化降解时间为150天，安全系数上限1.718

(f) 生活垃圾，生化降解时间为150天，安全系数下限1.703

(g) 生活垃圾，生化降解时间为210天，安全系数上限1.728

(h) 生活垃圾，生化降解时间为210天，安全系数下限1.718

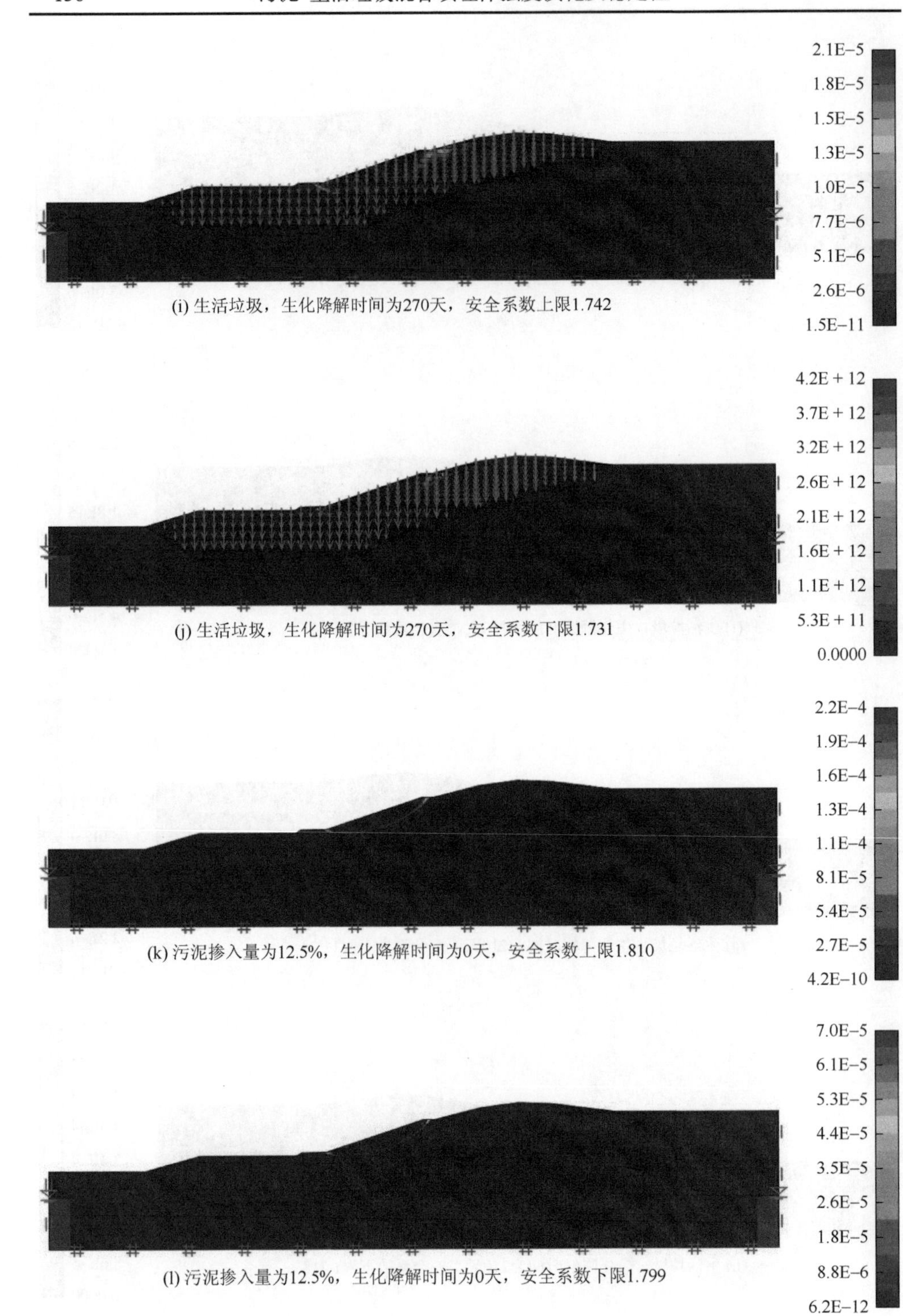

(i) 生活垃圾，生化降解时间为270天，安全系数上限1.742

(j) 生活垃圾，生化降解时间为270天，安全系数下限1.731

(k) 污泥掺入量为12.5%，生化降解时间为0天，安全系数上限1.810

(l) 污泥掺入量为12.5%，生化降解时间为0天，安全系数下限1.799

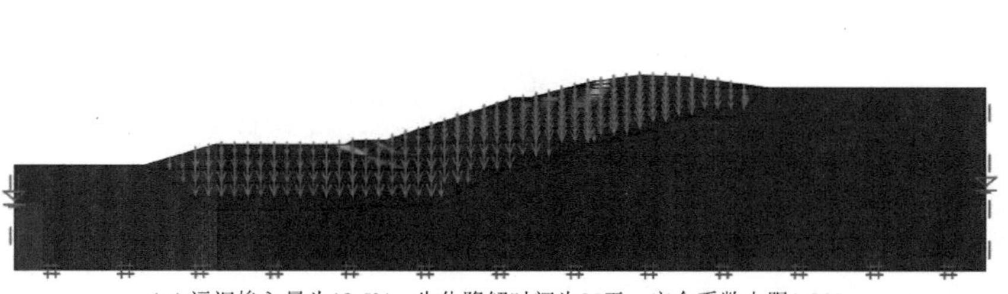

(m) 污泥掺入量为12.5%，生化降解时间为85天，安全系数上限1.545

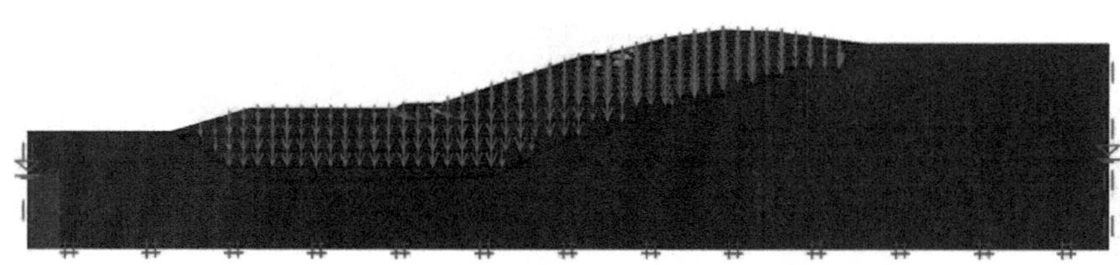

(n) 污泥掺入量为12.5%，生化降解时间为85天，安全系数下限1.535

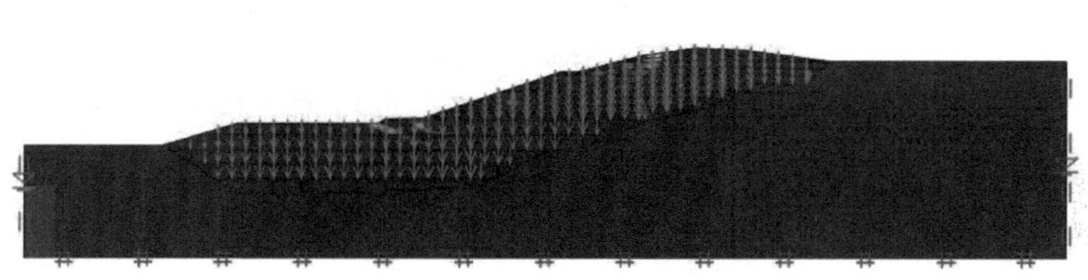

(o) 污泥掺入量为12.5%，生化降解时间为150天，安全系数上限1.570

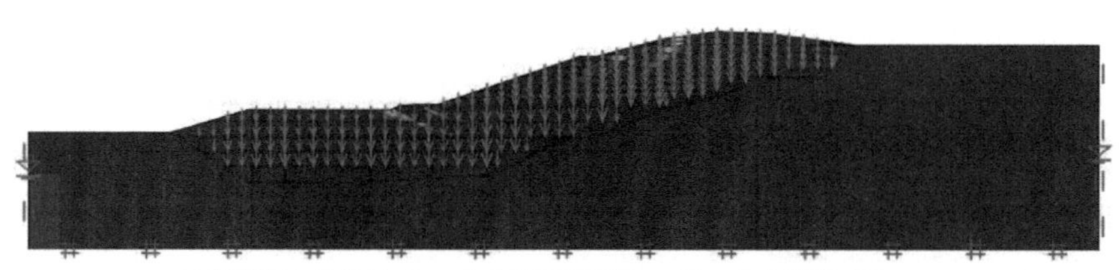

(p) 污泥掺入量为12.5%，生化降解时间为150天，安全系数下限1.558

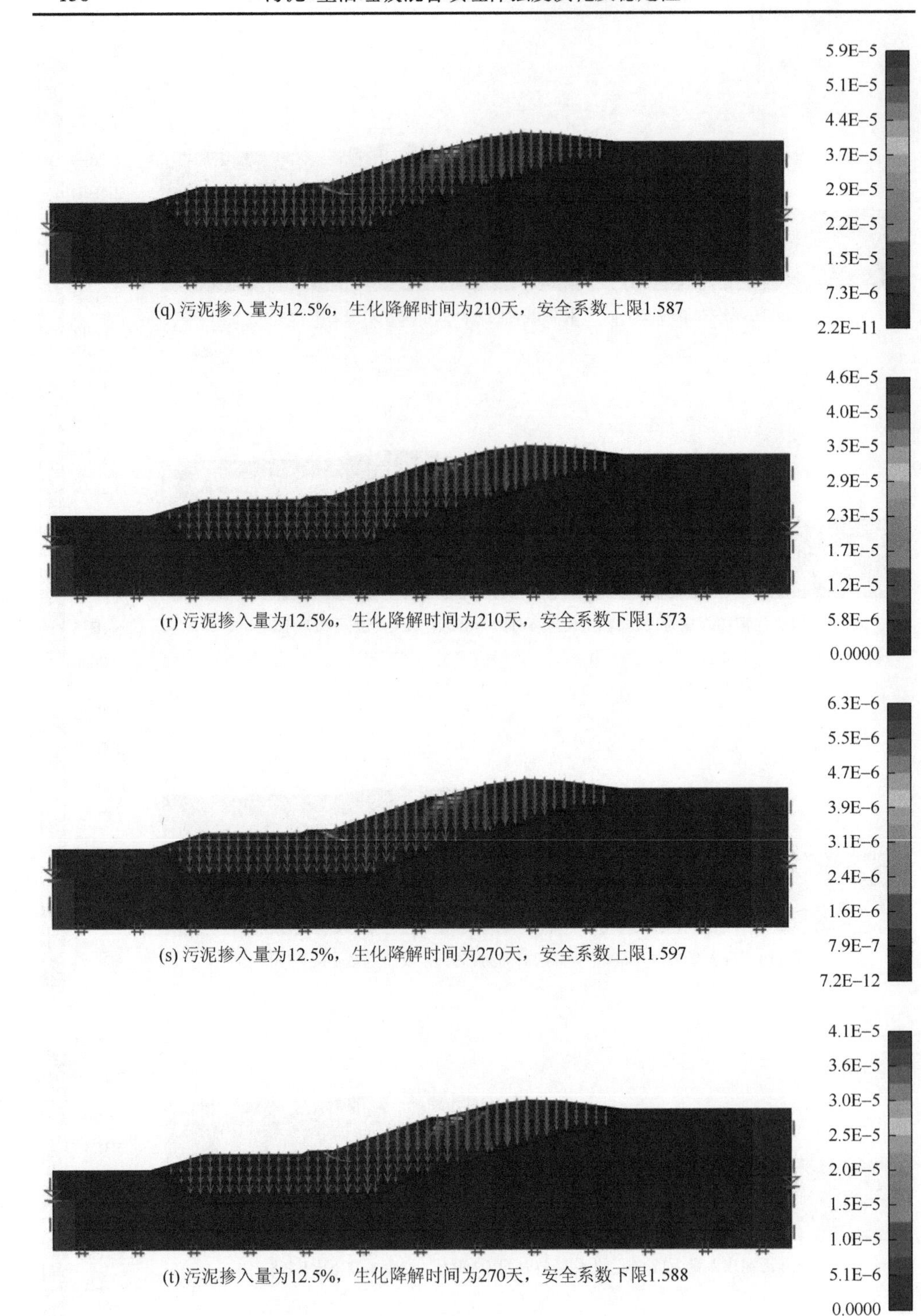

(q) 污泥掺入量为12.5%，生化降解时间为210天，安全系数上限1.587

(r) 污泥掺入量为12.5%，生化降解时间为210天，安全系数下限1.573

(s) 污泥掺入量为12.5%，生化降解时间为270天，安全系数上限1.597

(t) 污泥掺入量为12.5%，生化降解时间为270天，安全系数下限1.588

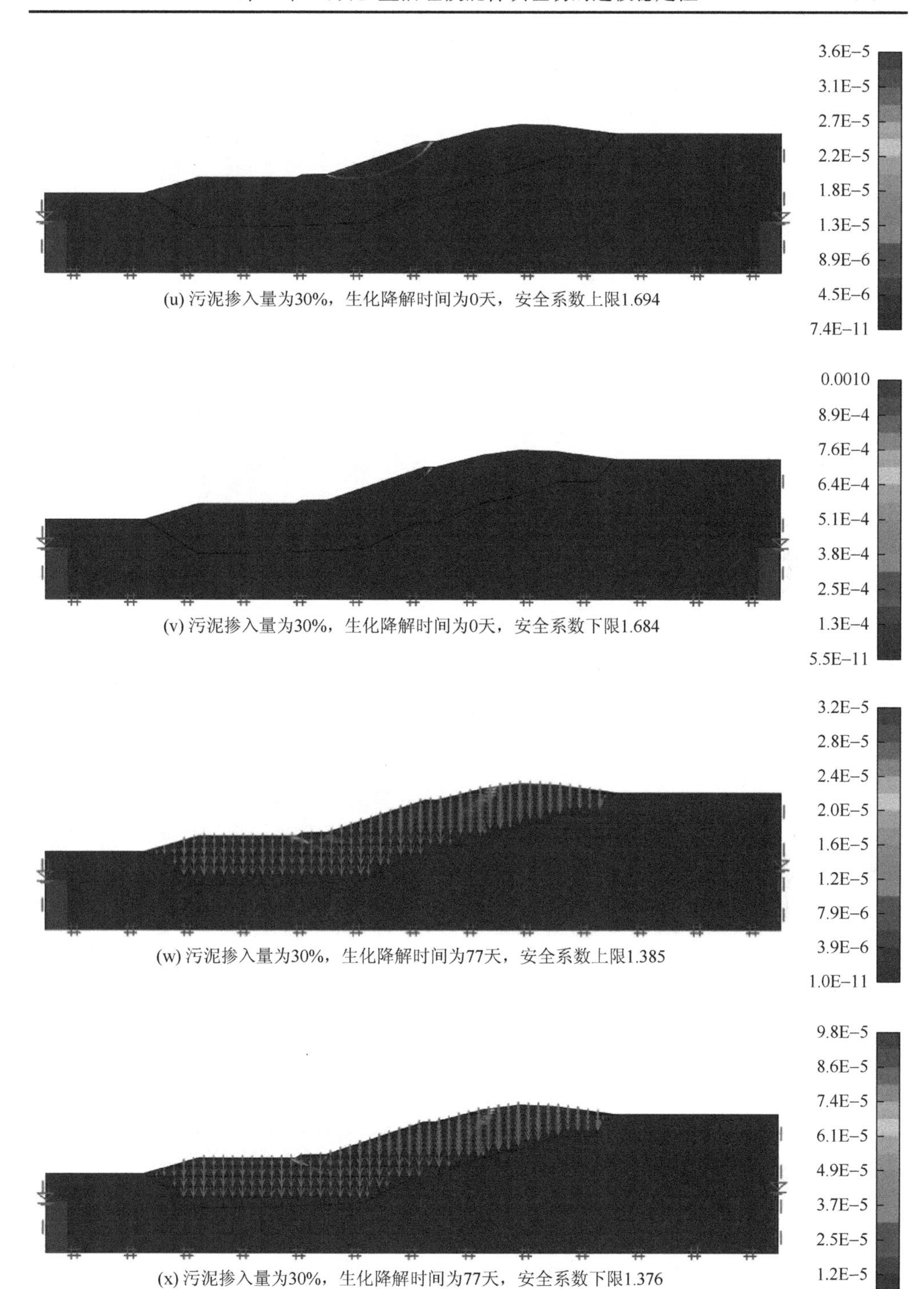

(u) 污泥掺入量为30%，生化降解时间为0天，安全系数上限1.694

(v) 污泥掺入量为30%，生化降解时间为0天，安全系数下限1.684

(w) 污泥掺入量为30%，生化降解时间为77天，安全系数上限1.385

(x) 污泥掺入量为30%，生化降解时间为77天，安全系数下限1.376

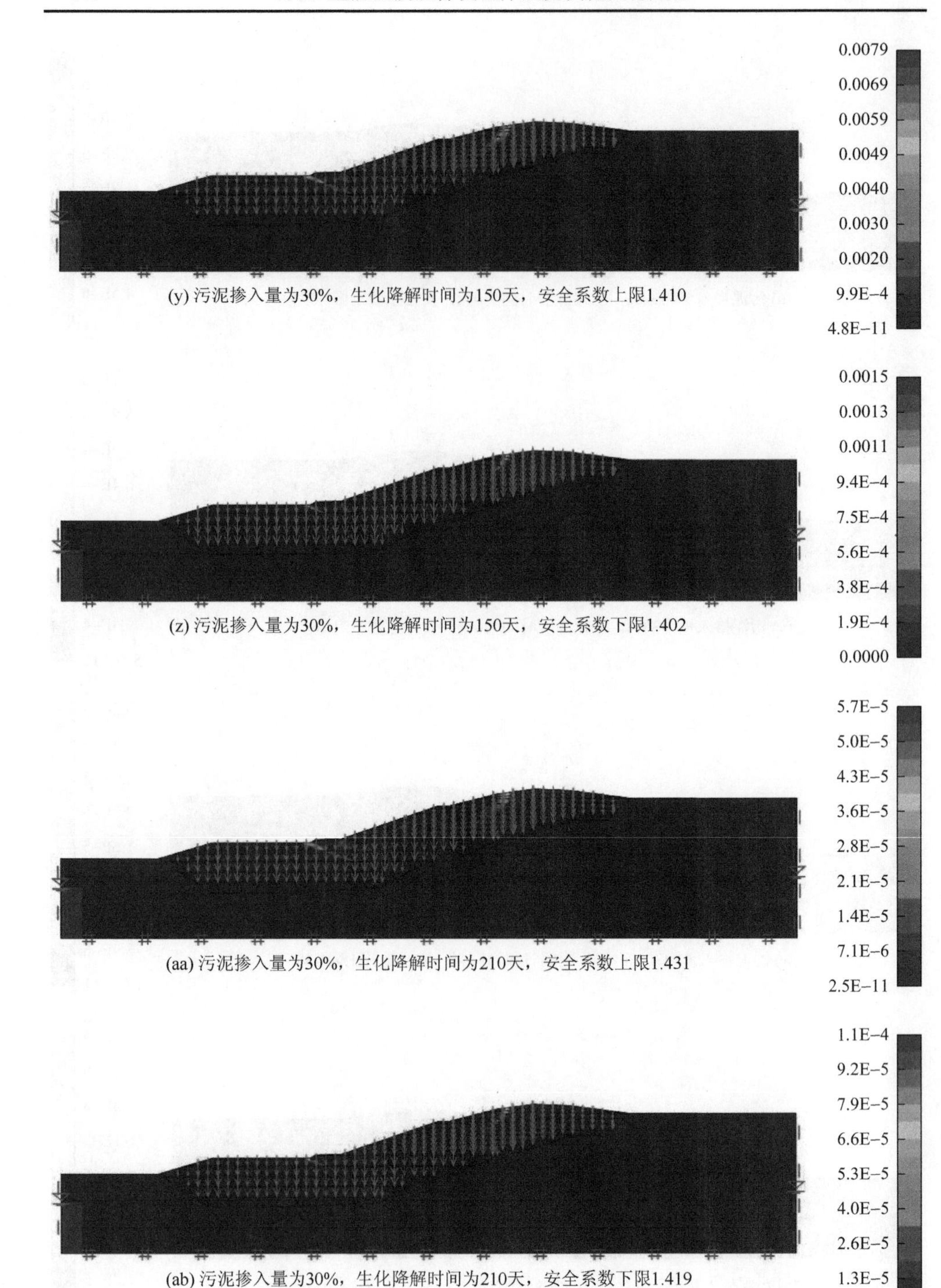

(y) 污泥掺入量为30%，生化降解时间为150天，安全系数上限1.410

(z) 污泥掺入量为30%，生化降解时间为150天，安全系数下限1.402

(aa) 污泥掺入量为30%，生化降解时间为210天，安全系数上限1.431

(ab) 污泥掺入量为30%，生化降解时间为210天，安全系数下限1.419

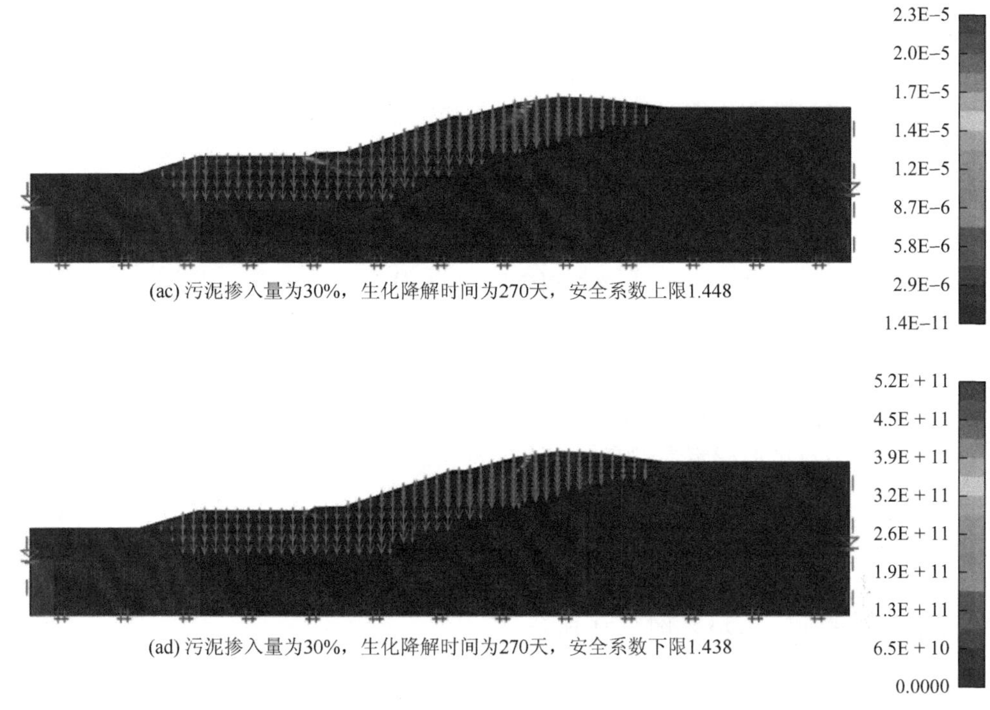

(ac) 污泥掺入量为30%，生化降解时间为270天，安全系数上限1.448

(ad) 污泥掺入量为30%，生化降解时间为270天，安全系数下限1.438

图 7-18　孔隙气压力对边坡稳定塑性乘数图

色棒表示塑性乘数

由图 7-19 可以看出，边坡稳定安全系数均在 1.30 以上，满足填埋场稳定性要求。随着有机物生化降解的进行，生活垃圾及混合填埋体的边坡稳定安全系数先减小后增加；在生化降解稳定过程中安全系数最大可下降 10%～20%；在有机物生化降解稳定化的条件下，安全系数趋于稳定，安全系数恢复度为 95.16%～97.77%（安

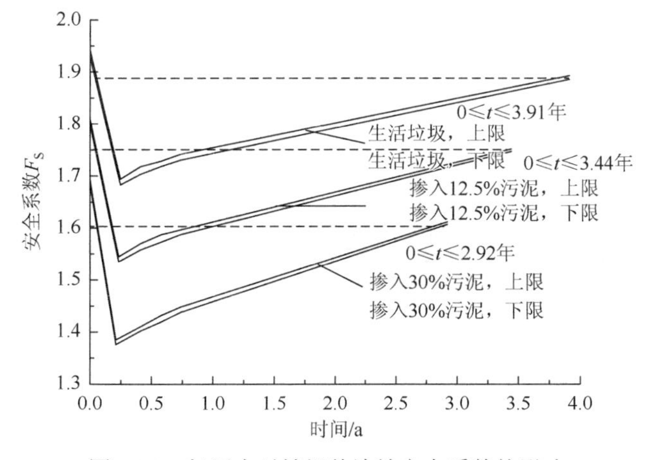

图 7-19　气压力对填埋体边坡安全系数的影响

全系数恢复度是指生化降解稳定化时间所对应的安全系数与初始安全系数之比）。这与气压力变化规律相一致。

根据强度参数变化规律的研究结果及气压力计算公式，可以获得 t 时刻的黏聚力、内摩擦角及孔隙气压力，即

$$c_t = g(c_0, \eta_1, \eta_2, k, t) \tag{7-35}$$

$$\varphi_t = g(\varphi_0, \lambda_1, \lambda_2, k, t) \tag{7-36}$$

$$u_{a(z,t)} = g(k, z, t) \tag{7-37}$$

在此基础上，利用 OptumG2 进行数值分析，可以获得 t 时刻的抗剪强度参数和孔隙气压力对边坡稳定性耦合影响下的安全系数，即

$$F_{st} = g(c_t, \varphi_t, u_{a(z,t)}) = g(\eta_1, \eta_2, \lambda_1, \lambda_2, c_0, \varphi_0, k, z, t) \tag{7-38}$$

在上述分析的基础上，获得了抗剪强度参数和气压力对边坡稳定性影响的安全系数，结果如图 7-20 和图 7-21 所示。

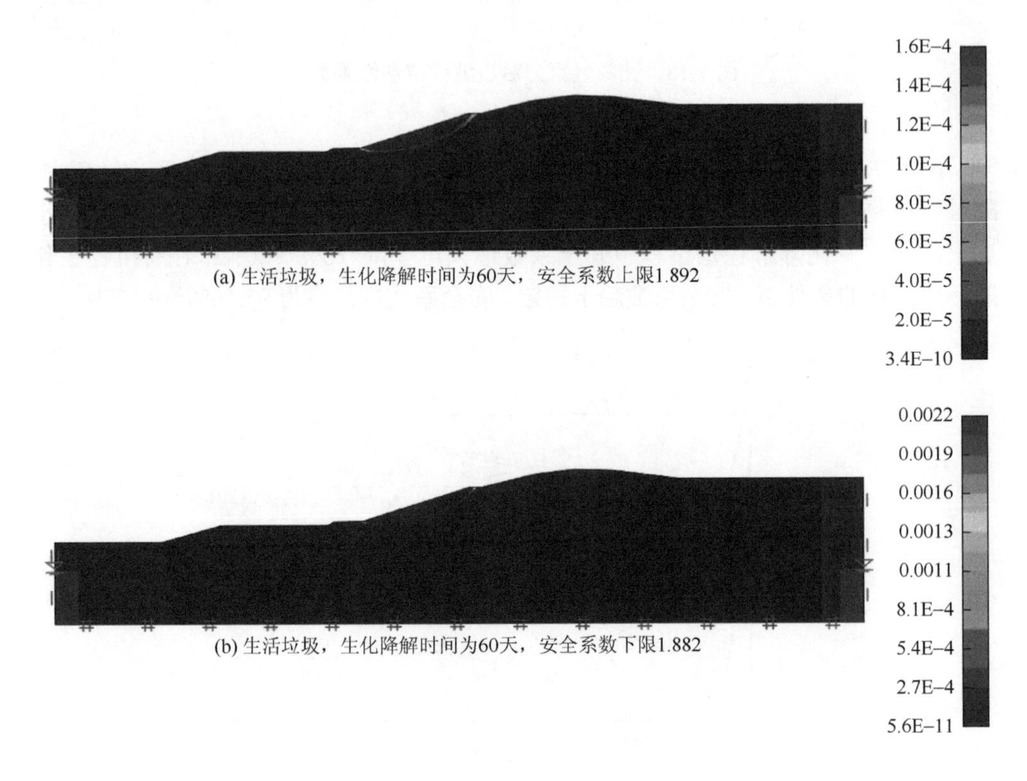

(a) 生活垃圾，生化降解时间为60天，安全系数上限1.892

(b) 生活垃圾，生化降解时间为60天，安全系数下限1.882

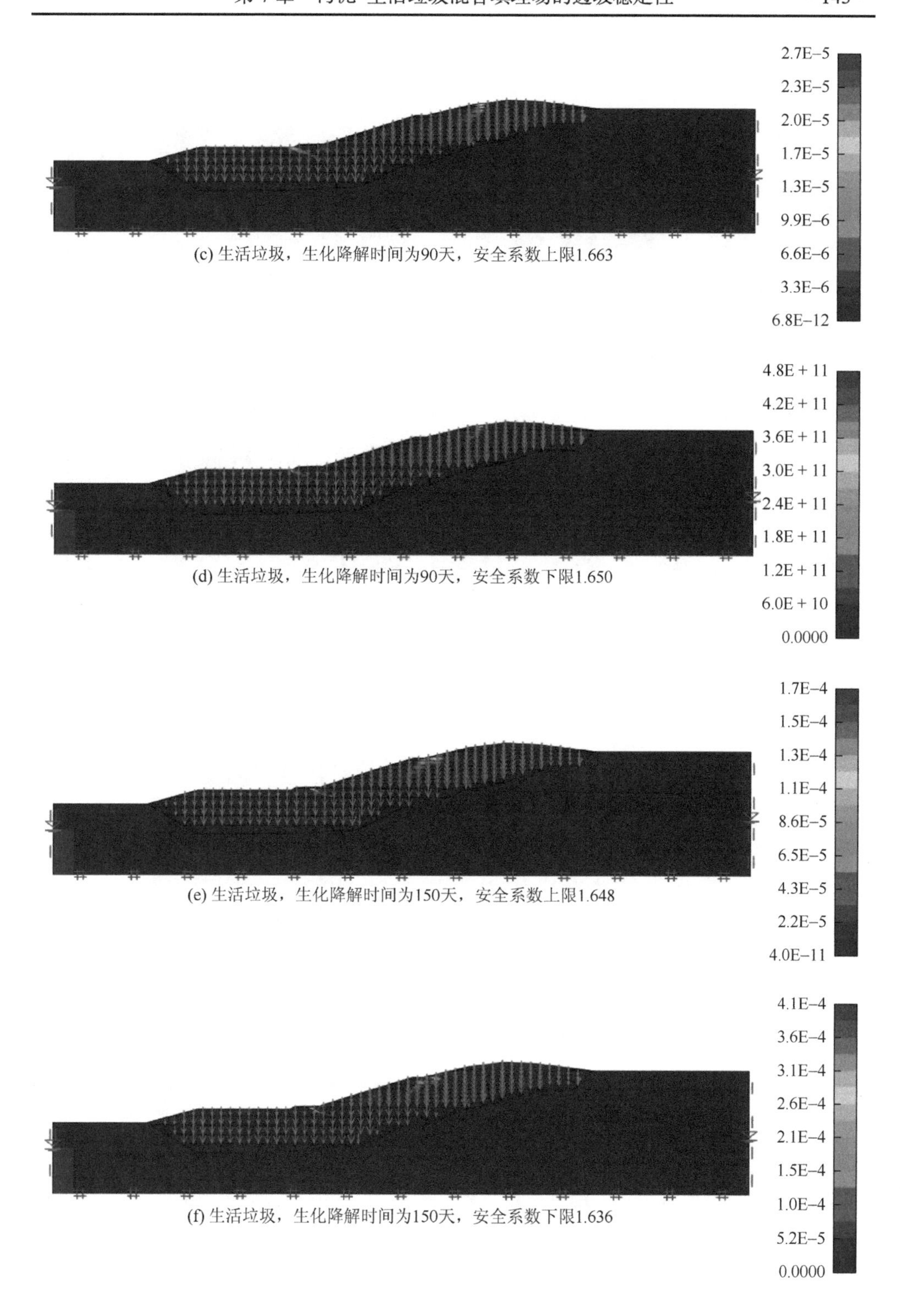

(c) 生活垃圾，生化降解时间为90天，安全系数上限1.663

(d) 生活垃圾，生化降解时间为90天，安全系数下限1.650

(e) 生活垃圾，生化降解时间为150天，安全系数上限1.648

(f) 生活垃圾，生化降解时间为150天，安全系数下限1.636

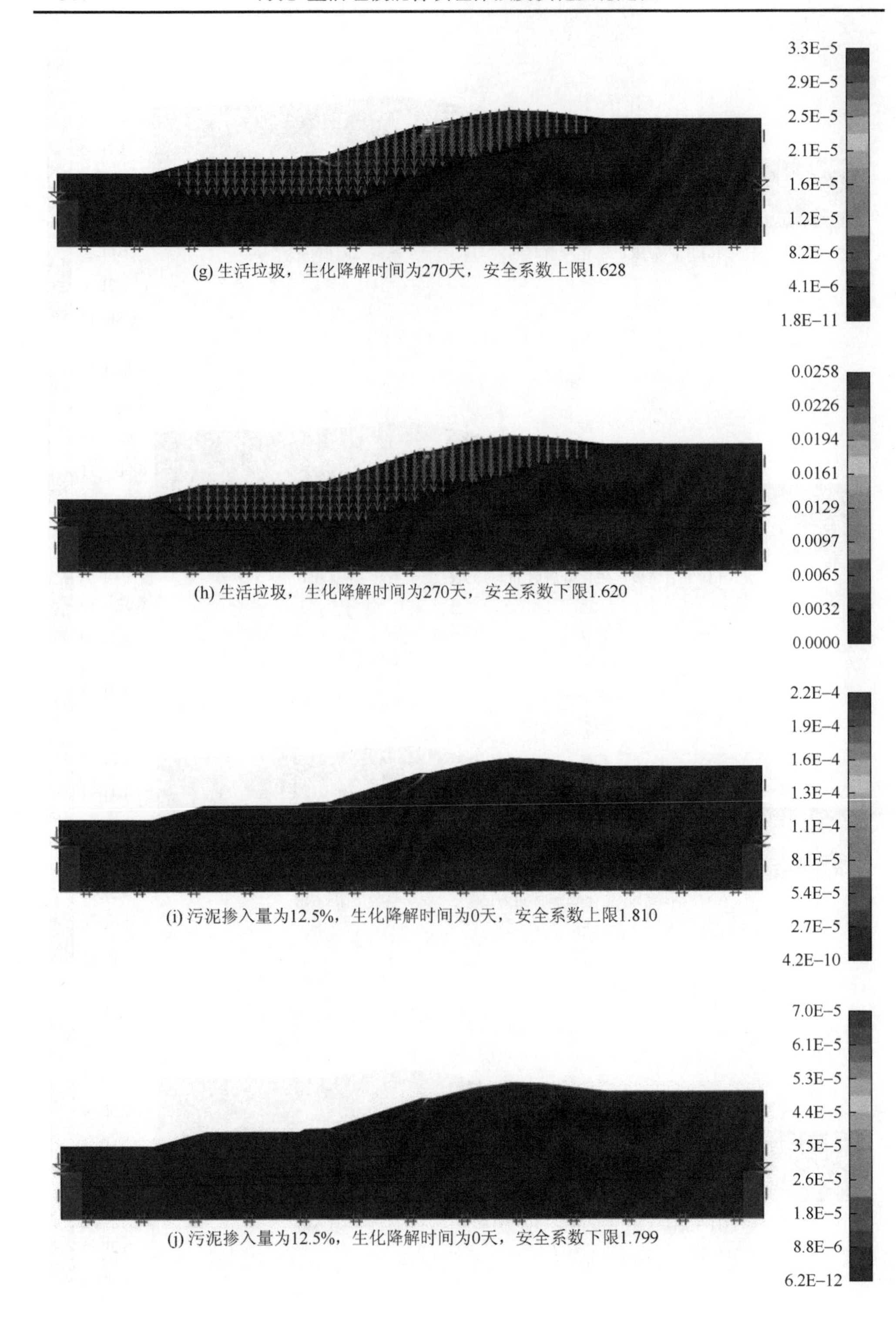

(g) 生活垃圾，生化降解时间为270天，安全系数上限1.628

(h) 生活垃圾，生化降解时间为270天，安全系数下限1.620

(i) 污泥掺入量为12.5%，生化降解时间为0天，安全系数上限1.810

(j) 污泥掺入量为12.5%，生化降解时间为0天，安全系数下限1.799

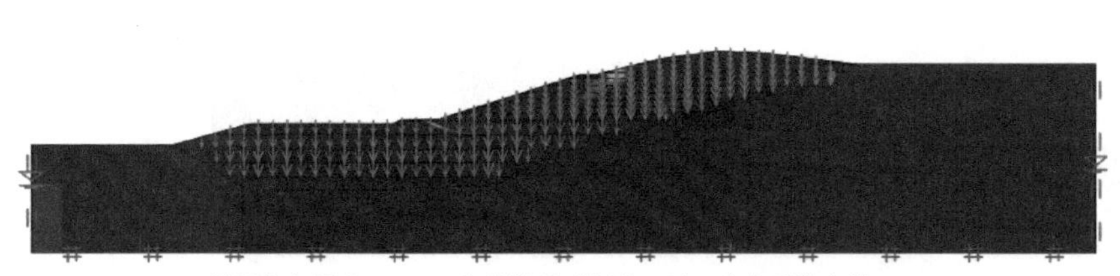

(k) 污泥掺入量为12.5%，生化降解时间为85天，安全系数上限1.498

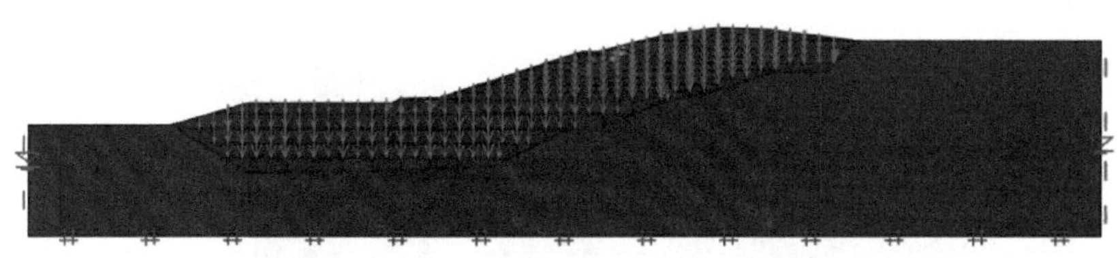

(l) 污泥掺入量为12.5%，生化降解时间为85天，安全系数下限1.487

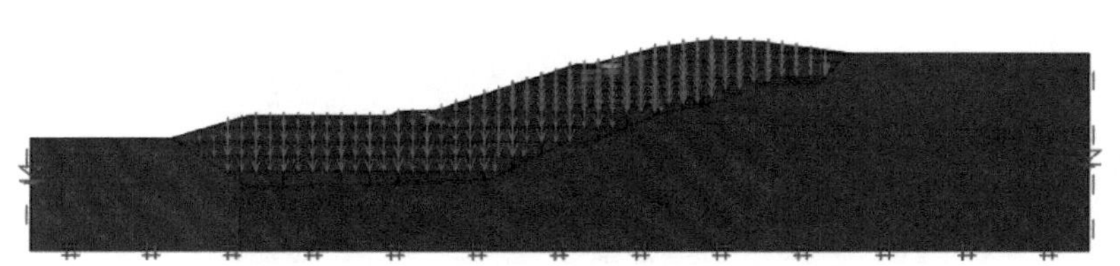

(m) 污泥掺入量为12.5%，生化降解时间为150天，安全系数上限1.465

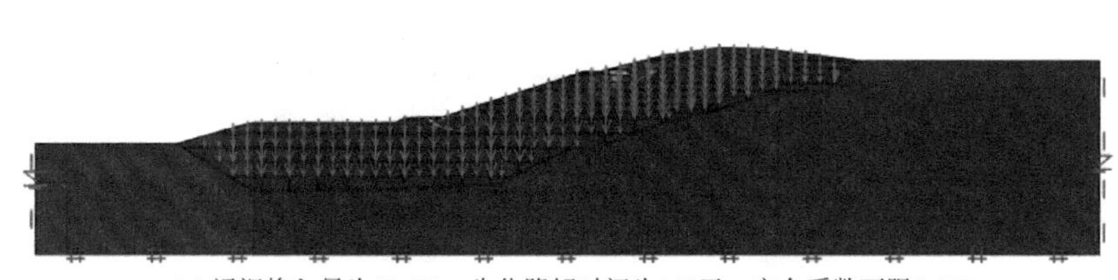

(n) 污泥掺入量为12.5%，生化降解时间为150天，安全系数下限1.453

(o) 污泥掺入量为12.5%，生化降解时间为210天，安全系数上限1.463

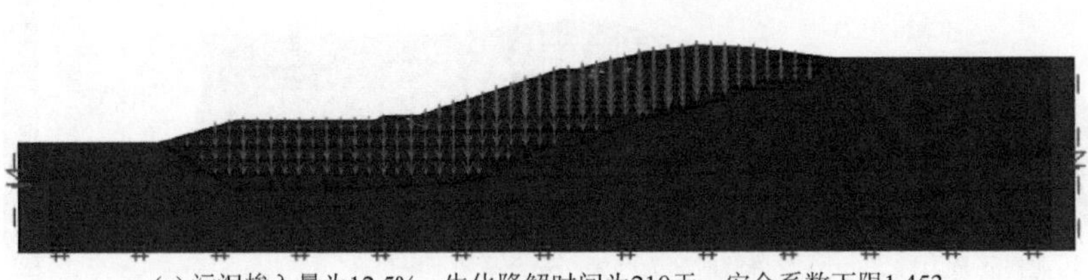

(p) 污泥掺入量为12.5%，生化降解时间为210天，安全系数下限1.453

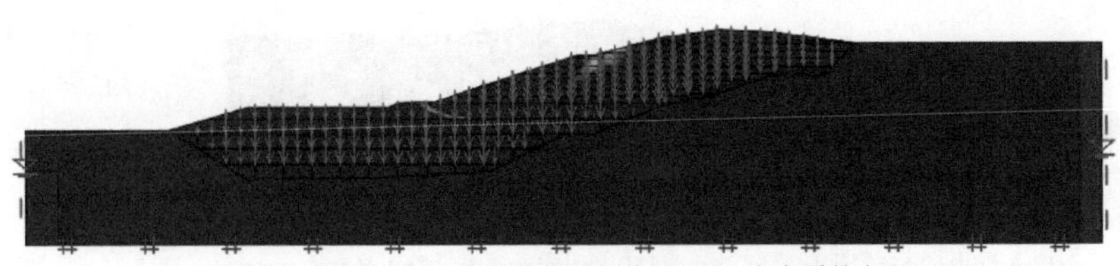

(q) 污泥掺入量为12.5%，生化降解时间为270天，安全系数上限1.485

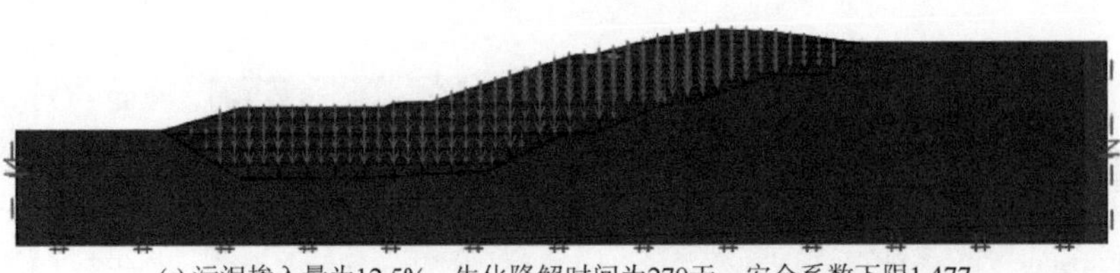

(r) 污泥掺入量为12.5%，生化降解时间为270天，安全系数下限1.477

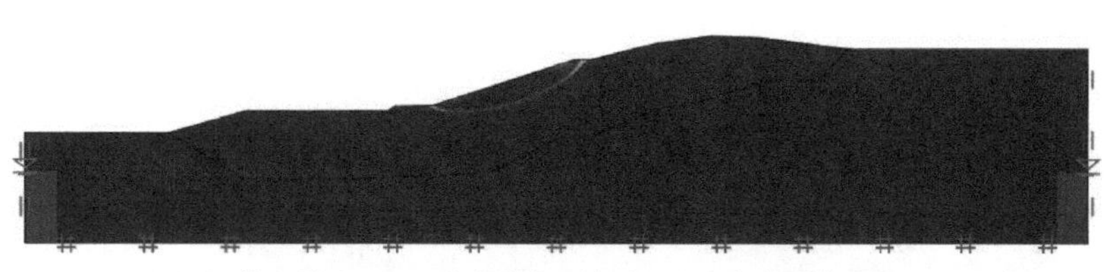

3.6E−5
3.1E−5
2.7E−5
2.2E−5
1.8E−5
1.3E−5
8.9E−6
4.5E−6
7.4E−11

(s) 污泥掺入量为30%，生化降解时间为0天，安全系数上限1.694

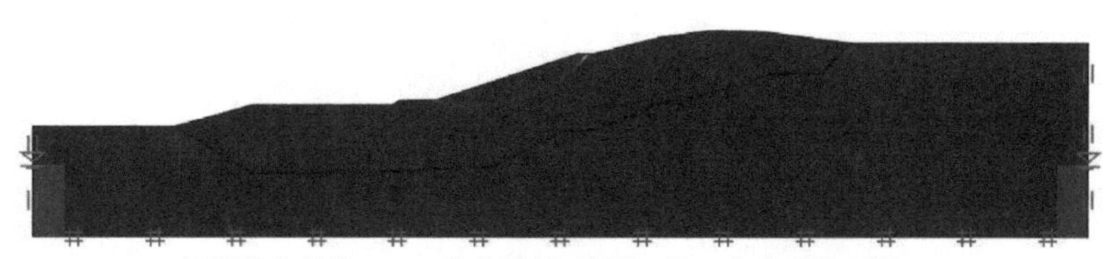

0.0010
8.9E−4
7.6E−4
6.4E−4
5.1E−4
3.8E−4
2.5E−4
1.3E−4
5.5E−11

(t) 污泥掺入量为30%，生化降解时间为0天，安全系数下限1.684

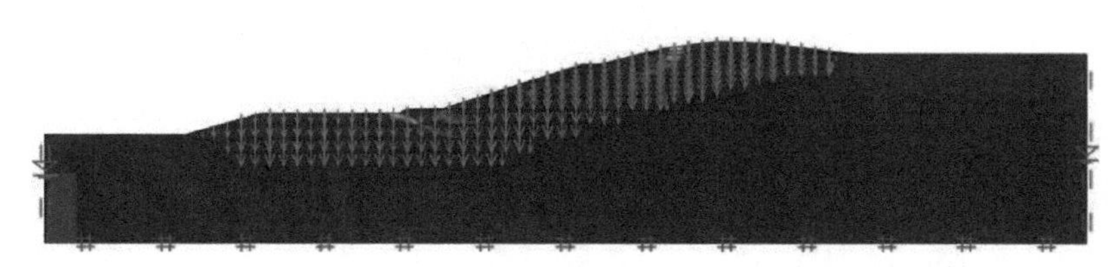

3.4E−5
3.0E−5
2.6E−5
2.2E−5
1.7E−5
1.3E−5
8.6E−6
4.3E−6
1.4E−11

(u) 污泥掺入量为30%，生化降解时间为77天，安全系数上限1.327

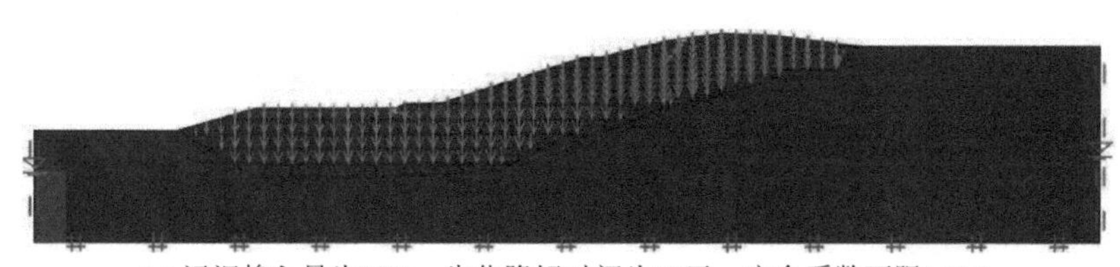

1.0E + 13
9.1E + 12
7.8E + 12
6.5E + 12
5.2E + 12
3.9E + 12
2.6E + 12
1.3E + 12
0.0000

(v) 污泥掺入量为30%，生化降解时间为77天，安全系数下限1.318

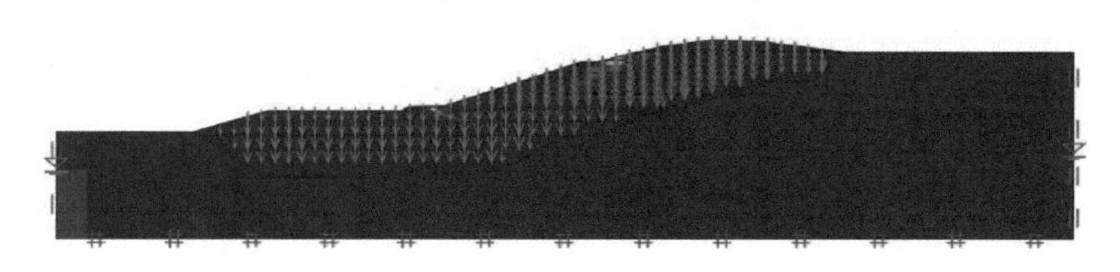

2.1E−5
1.9E−5
1.6E−5
1.3E−5
1.1E−5
8.0E−6
5.3E−6
2.7E−6
5.3E−12

(w) 污泥掺入量为30%，生化降解时间为150天，安全系数上限1.307

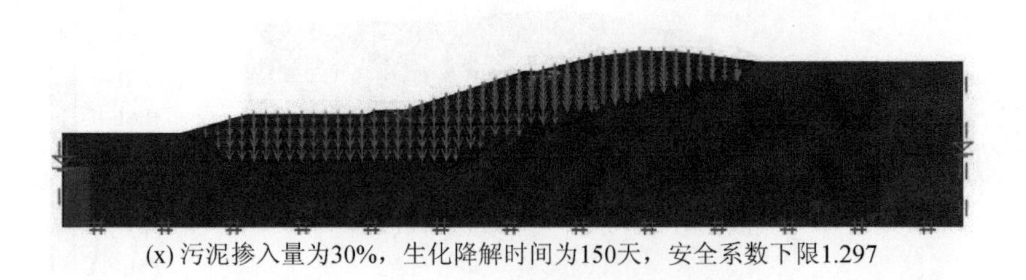

(x) 污泥掺入量为30%，生化降解时间为150天，安全系数下限1.297

3.9E−5
3.4E−5
2.9E−5
2.4E−5
2.0E−5
1.5E−5
9.8E−6
4.9E−6
3.2E−11

(y) 污泥掺入量为30%，生化降解时间为210天，安全系数上限1.308

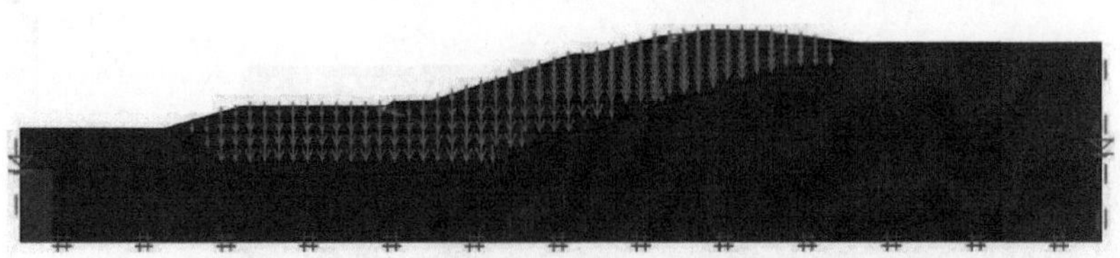

(z) 污泥掺入量为30%，生化降解时间为210天，安全系数下限1.298

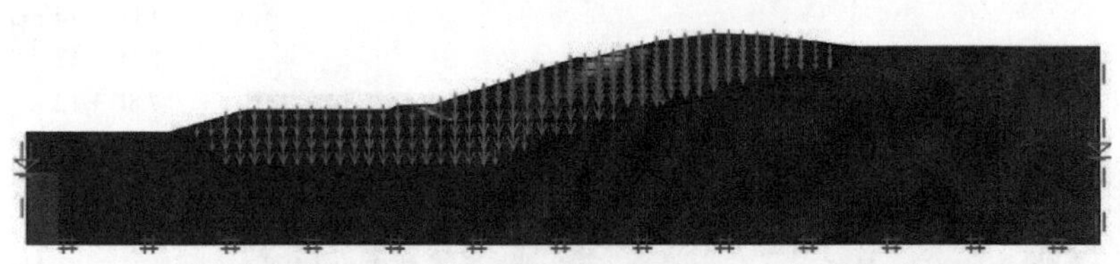

(aa) 污泥掺入量为30%，生化降解时间为270天，安全系数上限1.326

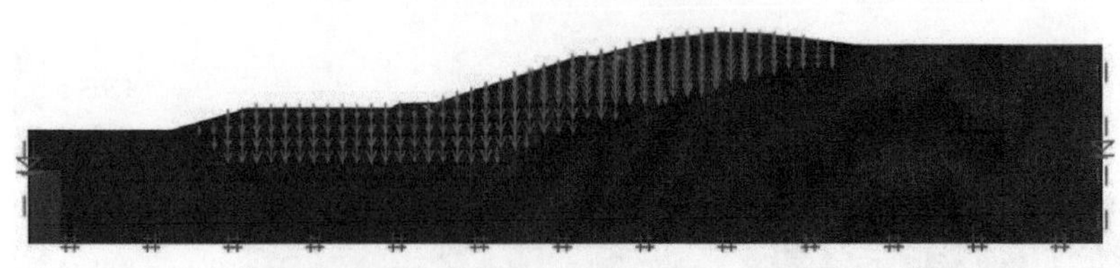

(ab) 污泥掺入量为30%，生化降解时间为270天，安全系数下限1.317

图 7-20　考虑强度演化及气压力边坡稳定塑性乘数图

色棒表示塑性乘数

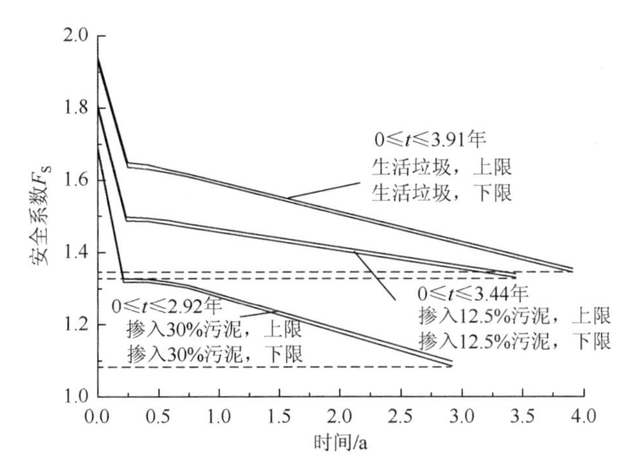

图 7-21　考虑强度演化及气压力的边坡安全系数

从图 7-21 中可知，综合考虑强度演化和气压力作用下的安全系数总体趋势在减小，出现两个阶段，其中第一阶段安全系数下降较快，而第二阶段安全系数下降较慢。在有机物生化降解稳定化后，综合影响下的安全系数变化趋于稳定，其损失率为 25.91%～35.57%。图 7-21 中污泥掺入量在 12.5%以内时，安全系数均在 1.30 以上，满足填埋要求，而污泥掺入量在 30%时，随着生化降解的进行，安全系数在演化过程中会小于 1.30，存在边坡失稳破坏的可能，易引起工程灾变。

7.7　混合填埋体边坡失稳调控

引发混合填埋体边坡稳定性的内部因素主要包括：①混合填埋体中由于污泥的掺入，相对而言生活垃圾的含量减少，其加筋物质也会减少，加筋作用会被削弱，同时污泥相对于生活垃圾，本身摩擦性质较差，起到了一种类似“润滑质”的作用。因此，在生活垃圾中掺入污泥，劣化了生活垃圾的强度，引起其稳定性安全系数降低。②混合填埋体在微生物长期生化降解软化作用下，纤维相加筋物质不断减少，颗粒不断变细小，含水率不断增加，加筋作用的贡献不断减小，颗粒间的摩擦不断减小，吸着水膜不断变厚，黏聚力不断变小。生化降解引起混合填埋体抗剪强度的衰减，相应的边坡稳定性也在衰减。③混合填埋体在微生物长期生化降解作用下，会产生气体，形成孔隙气压力，对填埋场的稳定性不利。以上三个方面的原因会引起填埋场边坡的稳定性衰减，一旦稳定性安全系数低于容许安全系数，就会发生失稳破坏，引起填埋场的灾变事故。

为了避免填埋场的灾变事故，应提出相应的调控机制，其主要构成部分是指以上三个方面的强度和稳定性研究，可根据实际情况进行分析。调控机制采用“预防追踪联合处置方法”进行，具体来说，就是事先预防设计时，先获取不考虑生化降解情况下的初始时刻的稳定安全系数，再考虑生化降解情况下抗剪强度参数和孔隙气压力对边坡稳定性的耦合影响，获取最小安全系数，考虑这部分的安全系数损失率，采取提高安全系数的方法进行处置，建议将污泥掺入量控制在30%以内，其边坡安全系数取 1.35～1.55；事中追踪处置时，考虑生化降解情况下抗剪强度参数和孔隙气压力对边坡稳定性的耦合影响，找出安全系数低于容许安全系数的时间，即在发生工程灾变之前进行预报，减少经济损失，同时在发生工程灾变之前进行处置，考虑当前至生化降解稳定时的安全系数损失率，并针对当前情况，查找混合填埋体的破坏区域，进行对症处置，如修坡、卸载坡肩和相关的岩土工程加固技术方法。

污泥掺入量为30%的混合填埋体在生化降解作用下会发生失稳破坏，以此为例进行事先预防设计调控和填埋处置后的调控。

7.7.1 事先预防设计调控

该混合填埋体的原始边坡初始时刻稳定安全系数下限为1.684，生化降解作用后安全系数损失率为35.57%，其边坡稳定安全系数最小值为1.085，低于1.30的容许安全系数。为了进行灾变调控，分析发现滑动面位于坡肩斜坡处，该处坡角较大，坡比在1∶3～1∶4，采取修坡处置，提高稳定性。修坡处置之后，坡比为1∶5，修正边坡初始时刻稳定安全系数下限为2.2，考虑生化降解下及气压作用下安全系数损失率为35.57%，则修正边坡耦合效应安全系数最小值为1.417，高于容许安全系数，满足填埋要求，如图7-22所示。

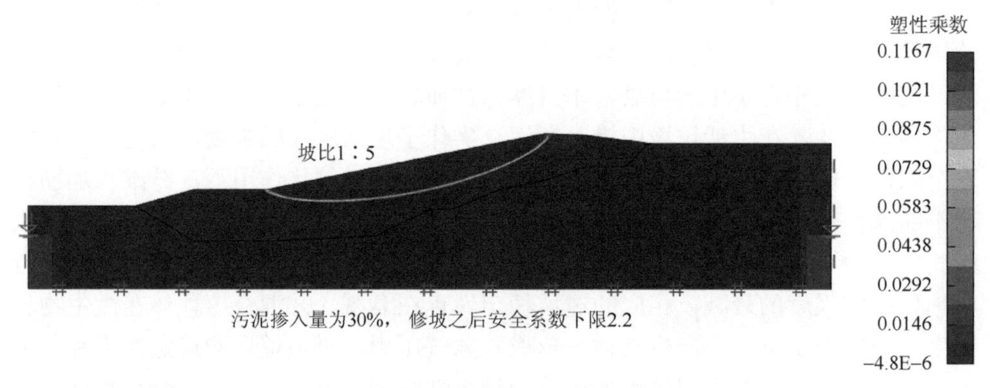

图7-22 预先修坡边坡稳定塑性乘数图

7.7.2 填埋处置后的调控

根据图7-21的结果，生化降解时间为270天时，30%的污泥掺入量条件下边坡稳定的安全系数下限为 1.302，之后安全系数会低于容许安全系数，存在失稳破坏的风险，初始的边坡稳定性结果如图 7-23（a）所示。经过分析发现，滑动面位于坡肩斜坡处，该处坡角较大，坡比在 1∶3～1∶4，采取修坡处置，提高稳定性。修坡处置之后，坡比为 1∶5，修正边坡稳定安全系数下限为 1.623，270 天至生化降解稳定时的安全系数损失率为 12.51%，则生化降解下修正边坡安全系数最小值为 1.420，高于容许安全系数 1.30，满足填埋体稳定性的要求，如图 7-23（b）所示。

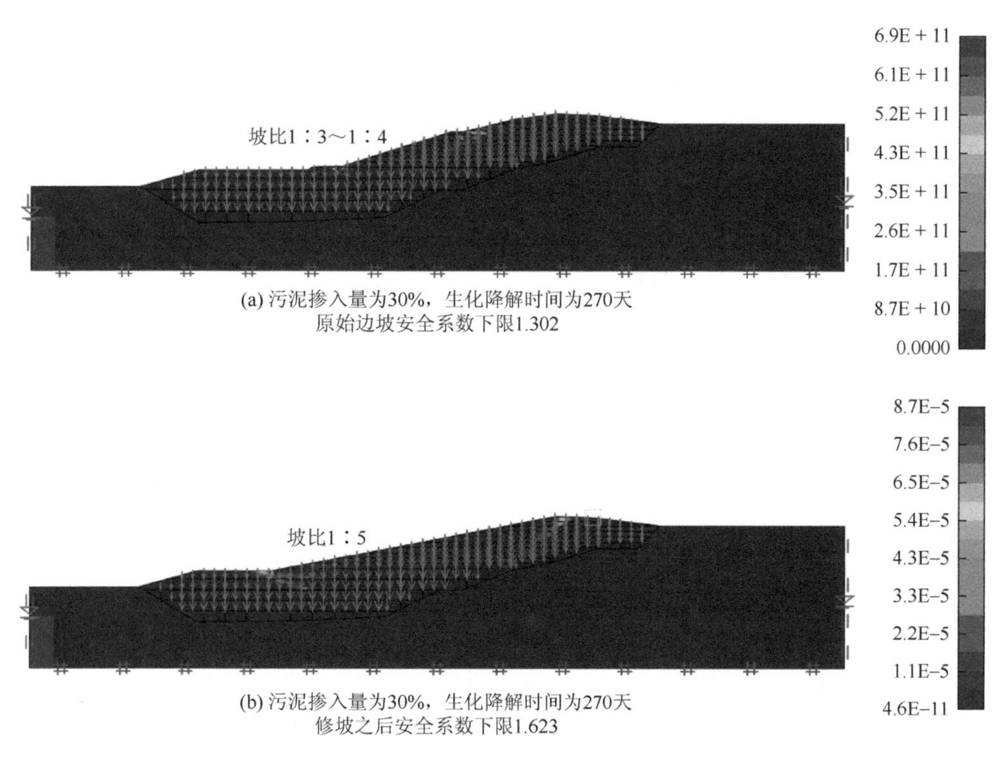

图 7-23　填埋后修坡边坡稳定塑性乘数图

色棒表示塑性乘数

参 考 文 献

陈继东，施建勇，胡亚东. 2008. 垃圾土一维压缩修正公式及有机物降解验证试验研究. 岩土力学，29（7）：1797～1801.

陈萍，林伟岸，占鑫杰，等. 2013. 渗滤液浸泡对深度脱水污泥强度和渗透性能的影响. 岩土力学，34（2）：337～341.

陈萍，郑学娟，林伟岸. 2012. 深度脱水污泥强度及渗透特性的试验研究. 2012 中国城镇污泥处理处置技术与应用高级研讨会.

陈云敏. 2014. 环境土工基本理论及工程应用. 岩土工程学报，36（1）：1～46.

陈云敏，林伟岸，詹良通，等. 2009. 城市生活垃圾抗剪强度与填埋龄期关系的试验研究. 土木工程学报，42（3）：111～117.

陈云敏，王立忠，胡亚元，等. 2000. 城市固体垃圾填埋场边坡稳定分析. 土木工程学报，33（3）：92～97.

旦增顿珠，介玉新，魏弋峰，等. 2006. 垃圾土的强度特性试验研究. 清华大学学报（自然科学版），46（9）：1538～1541.

邓舟，蒋建国，杨国栋，等. 2006. 渗滤液回灌量对其特性及填埋场稳定化的影响. 环境科学，27（1）：184～188.

方玲. 2008. 垃圾填埋场边坡稳定性数值模拟研究. 厦门：华侨大学.

方云飞. 2005. 城市生活垃圾（MSW）有机物降解和变形规律研究. 南京：河海大学.

冯世进. 2005. 城市固体废弃物静动力强度特性及填埋场的稳定性分析. 杭州：浙江大学.

冯源，罗小勇，林伟岸，等. 2013. 处置库污泥工程特性测试研究. 岩土力学，34（1）：115～122.

高树梅. 2015. 餐厨垃圾厌氧消化过程中氨氮耐受响应机制研究. 无锡：江南大学.

桂跃，杜国庆，张勤羽，等. 2010. 高含水率淤泥生石灰材料化土击实方法初探. 岩土力学，31（z1）：127～137.

胡龙生，孟琨，杨广，等. 2016. 污泥有机物降解规律研究. 水利与建筑工程学报，14（4）：1～4.

胡亚东. 2006. 有机质降解规律及对垃圾土变形影响的研究. 南京：河海大学.

柯瀚，刘骏龙，陈云敏，等. 2010. 不同压力下垃圾降解压缩试验研究. 岩土工程学报，32（10）：1610～1615.

李磊，王佩，徐菲，等. 2016. 污泥弃置场产气特性试验. 河海大学学报（自然科学版），44（1）：65～71.

李晓红，梁峰，卢义玉，等. 2006. 重庆市某垃圾填埋场填埋体的强度特性试验. 重庆大学学报（自然科学版），29（8）：6～9.

林建伟，王里奥，陈玲，等. 2005. 三峡库区小型垃圾堆放场生活垃圾的稳定化分析. 环境科学与技术，28（3）：46～47.

林建伟，王里奥，刘元元. 2003. 三峡库区垃圾堆放场稳定化程度的模糊综合判别. 上海环境科学，22（2）：94～97.
刘飞飞. 2007. 粗粒料大型单剪试验研究. 南京：河海大学.
刘富强，唐薇，聂永丰. 2001. 城市生活垃圾填埋的产气过程实验室模拟. 中国沼气，19（1）：22～26.
刘海龙，周家伟，陈云敏，等. 2016. 城市生活垃圾填埋场稳定化评估. 浙江大学学报（工学版），50（12）：2336～2342.
刘疆鹰，赵由才，赵爱华，等. 2000. 大型垃圾填埋场渗滤液 COD 的衰减规律. 同济大学学报（自然科学版），28（3）：328～332.
刘荣，施建勇，彭功勋. 2005. 垃圾土力学性质的室内试验研究. 岩土力学，26（1）：108～112.
刘晓东. 2012. 考虑生化降解的城市固体废弃物（MSW）力-液-气耦合沉降模型. 南京：河海大学.
刘晓东，施建勇，高海. 2011a. 降解对垃圾土压缩回弹特性的影响. 深圳大学学报（理工版），28（6）：535～540.
刘晓东，施建勇，胡亚东. 2011b. 考虑城市固体废弃物（MSW）生化降解的力-气耦合一维沉降模型及计算. 岩土工程学报，33（5）：693～699.
罗小勇. 2012. 处置库污泥工程特性测试及其对垃圾堆体稳定性影响评估. 杭州：浙江大学.
马娟，孙喆，李井明. 2009. 城市固体废弃物卫生填埋场边坡稳定性分析. 辽宁工程技术大学学报（自然科学版），28（s）：149～151.
彭凯，朱俊高，伍小玉，等. 2011. 不同泥皮粗粒土与结构接触面力学特性实验. 重庆大学学报（自然科学版），34（1）：110～115.
彭凯，朱俊高，张丹，等. 2010. 粗粒土与混凝土接触面特性单剪试验研究. 岩石力学与工程学报，29（9）：1893～1900.
彭绪亚. 2004. 垃圾填埋气产生及迁移过程模拟研究. 重庆：重庆大学.
彭绪亚，黄文雄，余毅. 2002. 污泥与生活垃圾混合填埋产沼的模拟实验研究. 重庆建筑大学学报，24（4）：40～44.
钱学德，郭志平，施建勇. 2001. 现代卫生填埋场的设计与施工. 北京：中国建筑工业出版社.
邱纲，梁力，孙洪军. 2013. 生物降解下垃圾填埋场的边坡稳定性. 东北大学学报（自然科学版），34（10）：1495～1498.
邱战洪，何春木，朱兵见，等. 2012. 不同降雨模式下山谷型垃圾填埋场水分运移及其稳定性研究. 岩土力学，33（10）：3151～3155.
单华伦. 2007. 污泥和生活垃圾混合填埋及淋滤液回灌对填埋体稳定化影响. 南京：河海大学.
邵立明，何品晶，张晓星，等. 2005. 添加污泥对渗滤液循环垃圾填埋层甲烷产生的影响. 上海交通大学学报，39（5）：840～844.
沈东升，何若，刘宏远. 2003. 生活垃圾填埋生物处理技术. 北京：化学工业出版社.
施建勇，王娟. 2012. 污泥掺入生活垃圾后的力学特性试验研究. 岩土力学，33（11）：13～17.
施建勇，彭功勋，刘荣，等. 2003. 固体废弃物室内沉降试验问题初探. 扬州大学学报（自然科学版），6（3）：75～78.
施建勇，赵义，周继东. 2014. 考虑竖井作用的填埋场气-液耦合运移规律. 河海大学学报（自然科学版），42（4）：314～320.
施建勇，朱俊高，刘荣，等. 2010. 垃圾土强度特性试验与双线强度包线研究. 岩土工程学报，

32（10）：1499～1504.
孙秀丽，孔宪京，邹德高. 2007. 垃圾土应力-应变关系的室内试验研究. 中国土木工程学会土力学及岩土工程学术会议，重庆.
涂帆，钱学德，崔广强，等. 2008. 城市固体废弃物持水率的研究. 岩石力学与工程学报，27（s2）：3305～3311.
王里奥，袁辉，崔志强，等. 2003. 三峡库区垃圾堆放场稳定化指标体系. 重庆大学学报，26（4）：125～129.
王佩. 2017. 污泥-生活垃圾混合填埋抗剪强度研究. 南京：河海大学.
王伟，金鹏，张芳. 2011. 短龄期城市固体垃圾直剪试验及应力位移模型. 第七届全国青年岩土力学与工程会议，北京.
肖晶，黄德智，胡帆. 2013. 垃圾堆体在不同含水率状态下的边坡稳定性分析. 环境卫生工程，21（1）：37～41.
谢冰. 2009. 东北地区垃圾堆场的垃圾降解行为及稳定化研究. 哈尔滨：哈尔滨工业大学.
谢焰. 2006. 城市生活垃圾固液气耦合压缩试验和理论研究. 杭州：浙江大学.
薛飞，易进翔，徐菲. 2014. 固化污泥的压实特性及微观机理研究. 科学技术与工程，14（31）：90～94.
严立俊. 2015. 城市固体废弃物变形与强度相关特性研究. 杭州：浙江理工大学.
杨荣，柴军瑞，许增光. 2014. 考虑渗滤液回灌作用下垃圾填埋场的边坡稳定数值分析. 西北水电，1：10～14.
易进翔，孟琨，薛飞，等. 2015. 污泥固化土填埋处置中降解规律的研究. 科学技术与工程，15（5）：284～288.
易进翔，王佩，薛飞，等. 2016. 市政污泥固化土填埋处置中的压缩特性研究. 应用基础与工程科学学报，24（1）：139～147.
易进翔，杨康迪. 2013. 固化污泥填埋处置中的压实特性研究. 水利与建筑工程学报，11（1）：70～73.
于小娟. 2016. 污泥与城市生活垃圾混填的力学特性及稳定性. 土木建筑与环境工程，38（3）：80～89.
原鹏博. 2011. 城市固体废弃物大型单剪试验研究. 兰州：兰州大学.
甄广印，刘大江，赵由才. 2010. 城市污泥填埋气集气井收集系统的优化研究. 环境污染与防治，32（2）：33～36.
詹良通，罗小勇，陈云敏，等. 2012. 垃圾填埋场边坡稳定安全监测指标及警戒值. 岩土工程学报，34（7）：1305～1312.
詹良通，罗小勇，管仁秋，等. 2013. 某垃圾填埋场污泥坑外涌及其引发下游堆体失稳机理. 岩土工程学报，35（7）：1189～1196.
张丙印，介玉新. 2006. 垃圾土的强度与变形特性. 工程力学，23（s2）：14～22.
张华，范建军，赵由才. 2008. 基于填埋处置的污水厂脱水污泥土工性质研究. 同济大学学报（自然科学版），36（3）：361～365.
张华，赵由才，黄仁华，等. 2009. 不同性质污泥在模拟填埋场中的稳定化进程研究. 环境科学学报，29（10）：2103～2109.
张文杰，林伟岸，陈云敏，等. 2010. 垃圾填埋场孔压监测及边坡稳定性分析. 岩石力学与工程学报，29（z2）：3628～3632.

张振营，严立俊，吴大志. 2015. 城市新鲜垃圾抗剪强度参数模型研究. 岩石力学与工程学报，34（9）：1938～1944.

中华人民共和国住房和城乡建设部. 2009. 城镇污水处理厂污泥处置 分类：GB/T 23484—2009. 北京：中国标准出版社.

朱青山，赵由才，徐迪民. 1996. 垃圾填埋场中垃圾降解与稳定化模拟试验. 同济大学学报（自然科学版），24（5）：596～600.

朱英，赵由才，李鸿江. 2010. 污泥填埋场气体产量的预测方法研究. 中国环境科学，30（2）：204～208.

Athanasopoulos G，Grizi A，Zekkos D，et al. 2008. Municipal solid waste as a reinforced soil：investigation using synthetic waste. ASCE-Geoinstitute Geocongress：168～175.

Babu G L S，Reddy K R，Srivastava A. 2014. Influence of spatially variable geotechnical properties on the stability of MSW landfill slopes. Journal of Hazardous Toxic & Radioactive Waste，18（18）：27～37.

Bareither C A，Benson C H，Edil T B. 2012. Effects of waste composition and decomposition on the shear strength of municipal solid waste. Journal of Geotechnical and Geoenvironmental Engineering，138（10）：1161～1174.

Barlaz M A. 2006. Forest products decomposition in municipal solid waste landfills. Waste Management，26（4）：321～333.

Barlaz M A，Ham R K，Schaefer D M. 1989a. Mass-balance analysis of anaerobically decomposed refuse. Journal of Environmental Engineering，115（6）：1088～1102.

Barlaz M A，Schaefer D M，Ham R K. 1989b. Bacterial population development and chemical characteristics of refuse decomposition in a simulated sanitary landfill. Applied and Environmental Microbiology，55（1）：55～65.

Barlaz M A，Staley B F，de los Reyes F L. 2010. Anaerobic biodegradation of solid waste//Mitchell R，Gu J D（eds.），Environmental Microbiology. New Jersey，Hoboken：Wiley-Blackwell：281～299.

Bjerrum L，Landva A. 1966. Direct simple-shear tests on a Norwegian quick clay. Geotechnique，16（1）：1～20.

Boersma L，Murarka I. 1987. Solid Waste From Treatment of Municipal Wastewater. Boca Raton，Florida：CRC Press，Inc.

Bonaparte R. 1995. Long-term performance of landfills. Geoenvironment 2000：Characterization，Containment，Remediation，and Performance in Environmental Geotechnics，ASCE，New Orleans，LA，U.S.A.

Borchardt J A，Redman W J，Jones G E，et al. 1981. Sludge and its ultimate disposal//Borchardt J A，et al.（eds.）. The Butterworth Group. Ann Arbor：Ann Arbor Science Publishers Inc.

Bray J D，Zekkos D，Kavazanjian E，et al. 2009. Shear strength of municipal solid waste. Journal of Geotechnical & Geoenvironmental Engineering，135（6）：709～722.

Cao J G，Zaman M M. 1999. Analytical method for analysis of slope stability. Internatinal Journal for Numerical and Analytical Methods in Geomechanics，23（5）：439～449.

Christensen T H. 1989. Sanitary Landfilling：Process，Technology and Environmental Impact. London，UK：Academic Press.

Chugh S，Clarke W，Pullammanappallil P，et al. 1998. Effect of recirculated leachate volume on MSW degradation. Waste Management & Research，16（6）：564～573.

Çinar S，Onay T T，Erdinçler A. 2004. Co-disposal alternatives of various municipal wastewater treatment-plant sludges with refuse. Advances in Environmental Research，8（3-4）：477～482.

Daniel D E，Koerner R M，Bonaparte R，et al. 1998. Slope stability of geosynthetic clay liner test plots. Journal of Geotechnical & Geoenvironmental Engineering，124（7）：628～637.

De la Cruz F B，Barlaz M A. 2010. Estimation of waste component-specific landfill decay rates using laboratory-scale decomposition data. Environmental Science & Technology，44（12）：4722～4728.

Diliūnas J，Dundulis K，Gadeikis S，et al. 2010. Geotechnical and hydrochemical properties of sewage sludge. Bulletin of Engineering Geology and the Environment，69（4）：575～582.

El-Fadel M，Findikakis A N，Leckie J O. 1989. A numerical model for methane production in managed sanitary landfills. Waste Management & Research，7（1）：31～42.

EMCON Associates. 1980. Methane Generation and Recovery from Landfills. Ann Arbor，MI：Ann Arbor Science Publishers，Inc.

Fan X，Huang M，Liu Y，et al. 2015. Stability analysis of MSW slope layered by aging. Japanese Geotechnical Society Special Publication，2（50）：1753～1756.

Fei X C. 2016. Experimental assessment of coupled physical-biochemical-mechanical-hydraulic processes of municipal solid waste undergoing biodegradation. State of Michigan，U.S.A：The University of Michigan.

Filipkowska U，Agopsowicz M H. 2004. Solids waste gas recovery under different water conditions. Polish Journal of Environmental Studies，13（6）：663～669.

Fredlund D G，Rahardjo H. 1993. Soil Mechanics for Unsaturated Soil. New York：John Wiley and Sons.

Gabr M A，Hossain M S，Barlaz M A. 2007. Shear strength parameters of municipal solid waste with leachate recirculation. Journal of Geotechnical and Geoenvironmental Engineering，133（4）：478～484.

Gotteland P，Gourc J P，Aboura A，et al. 2000. On site determination of geomechanical characteristics of waste. Proc.，International Conference on Geotechnical and Geological Engineering，19～24.

Gülec S B，Onay T T，Erdincler A. 2000. Determination of the remaining stabilization potential of landfilled solid waste by sludge addition. Water Science & Technology，42（9）：269～276.

Grisolia M，Napoleoni Q，Tangredi G. 1995. The use of triaxial tests for the mechanical characterization of municipal solid waste. Proceeding of the 5th International Landfill Symposium-sardinia，2：761～767.

Halvadakis C P，Findikakis A N，Papelis C，et al. 1988. The mountain view controlled landfill project field experiment. Waste Management & Research，6（2）：103～114.

Halvadakis C P，Robertson A，Leckie J O. 1983. Landfill methanogenesis. Technical report No. 271，Dept. of Civil Engineering，Stanford University，Palo Alto CA.

Ham R K，Sevick G W，Reinhardt J J. 1978. Density of milled and unprocessed refuse. Journal of the Environmental Engineering Division，104（1）：109～125.

Hanson J L，Yesiller N，von Stockhausen S A，et al. 2010. Compaction characteristics of municipal solid waste. Journal of Geotechnical & Geoenvironmental Engineering，136（8）：1095～1102.

Harris M R R. 1979. Geotechnical characteristics of landfilled domestic refuse. The Engineering Behavior of Industrial and Urban Fill：Proc. of the Symp. held at the Univ. of Birmingham，Midland Geotechnical Society，Univ. of Birmingham，England：B1-B10.

Harris J M，Shafer A L，DeGroff W，et al. 2006. Shear strength of degraded reconstituted municipal solid waste. Geotechnical Testing Journal，ASTM，29（2）：141～148.

Hilf J W. 1948. An Investigation of pore-water pressures in rolled earth dams. Proceeding second Int. Conf. Soil Mech. Found. Eng，Rotterdam，Netherlands，3：234～240.

Hoeks J. 1983. Significance of biogas production in waste tips. Waste Management & Research，1（4）：323～335.

Horace K M Y. 1995. Evaluation of Paper Mill Sludges for Use as Landfill Covers. Troy，New York：Renssellaer Polytechnic Inst.

Hossain M S，Gabr M A，Asce F. 2009a. The effect of shredding and test apparatus size on compressibility and strength parameters of degraded municipal solid waste. Waste Management，29（9）：2417～2424.

Hossain M S，Haque M A. 2009b. Stability analyses of municipal solid waste landfills with decomposition. Geotechnical and Geological Engineering，27（6）：659～666.

Houston W N，Houston S L，Liu J W，et al. 1995. In-situ testing methods for dynamic properties of MSW landfills. Earthquake design and performance of solid waste landfills. ASCE：73～82.

Hudson A P，White J K，Beaven R P，et al. 2004. Modelling the compression behaviour of landfilled domestic waste. Waste Management，24（3）：259～269.

Karimpour-Fard M，Machado S L，Shariatmadari N，et al. 2011. A laboratory study on the MSW mechanical behavior in triaxial apparatus. Waste Management，31（8）：1807～1819.

Kavazanjian E Jr，Matasovic N，Bachus R C. 1999. Large-diameter static and cyclic laboratory testing of municipal solid waste. Proc.，7th International Waste Management and Landfill Symposium：437～444.

Kim J，Pohland F G. 2003. Process enhancement in anaerobic bioreactor landfills. Water Science and Technology，48（4）：29～36.

Kjellman W. 1951. Testing the shear strength of clay in Sweden. Geotechnique，2（3）：225～232.

Kolsch F. 1996. The inXuence of Wbrous constituents on shear strength of municipal solid waste. Brauschweig，Germany：Leichtweiss-Institut，Technische Universitat Braunschweig.

Land R J，Tchobanlglous G. 1989. Movement of gases in municipal solid waste landfills. Prepared for the California Waste Management Board，Department of Civil Engineering，University of California-Davis，CA，U.S.A.

Landva A O，Clark J I. 1986. Geotechnical testing of waste fill. 39th Canadian Geotechnical Conference，Ottawa，Ont.，Canada：371～385.

Landva A O，Clark J I. 1990. Geotechnical of waste fill. Geotechnics of Waste Fill-Theory and

Practice，ASTM STP 1070，Waste Conshohocken，Pa.，86～103.

Lee J J，Jung I H，Lee W B，et al. 1993. Computer and experimental simulations of the production of methane gas from municipal solid waste. Water Science & Technology，27（2）：225～234.

Li X L，Shi J Y. 2016. Stress-strain behaviour and shear strength of Municipal Solid Waste（MSW）. KSCE Journal of Civil Engineering，20（5）：1747～1758.

Lo I M C，Zhou W W，Lee K M. 2002. Geotechnical characterization of dewatered sewage sludge for landfill disposal. Canadian Geotechnical Journal，39（5）：1139～1149.

Machado S L，Karimpour-Fard M，Shariatmadari N，et al. 2010. Evaluation of the geotechnical properties of MSW in two Brazilian landfills. Waste Management，30（12）：2579～2591.

Manassero M，Van Impe W F，Bouazza A. 1996. Waste disposal and containment. Proc. 2nd. Int. Congress on Env. Geotech.，Osaka，Balkema，Rotterdam：1425～1474.

Mata-Alvarez J，Martinez-Viturtia A. 1986. Laboratory simulation of municipal solid waste fermentation with leachate recycle. Journal of Chemical Technology & Biotechnology，36（12）：547～556.

Mazzucato N，Simonini P，Colombo S. 1999. Analysis of block slide in a MSW landfill. Proceedings Sardinia 1999，Seventh International Waste Management and Landfill symposium，Cagliari，Italy.

Mehta R，Barlaz M A，Yazdani R，et al. 2002. Refuse decomposition in the presence and absence of leachate recirculation. Journal of Environmental Engineering，128（3）：228～236.

Mitchell J K，Seed R B，Seed H B. 1990. Stability considerations in the design and construction of lined waste repositories. Geotechnics of Waste Fills-theory and Practice，1070：209～224.

Nayebi A，Shariatmadari N，Tehrani M H H，et al. 2011. Influence of aging on the mechanical behavior of municipal solid waste. Geotechnical Risk Assessment and Management-Proceeding of the GeoRisk，ASCE，224：696～703.

O'Kelly B C. 2005. Consolidation properties of a dewatered municipal sewage sludge. Canadian Geotechnical Journal，42（5）：1350～1358.

Pareek S，Matsui S，Kim S K，et al. 1999. Mathematical modeling and simulation of methane gas production in simulated landfill column reactors under sulfidogenic and methanogenic environments. Water Science & Technology，39（7）：235～242.

Pohland F G. 1980. Leachate recycle as landfill management option. Journal of the Environmental Engineering Division，106（6）：1057～1069.

Pohland F G，Gould J P. 1986. Co-disposal of municipal refuse and industrial waste sludge in landfills. Water Science & Technology，18（12）：177～192.

Pulat H F，Yukselen-Aksoy Y. 2013. Compaction behavior of synthetic and natural MSW samples in different compositions. Waste Management & Research the Journal of the International Solid Wastes & Public Cleansing Association（ISWA），31（12）：1255～1261.

Reddy K R，Gangathulasi J，Parakalla N S，et al. 2009a. Compressibility and shear strength of municipal solid waste under short-term leachate recirculation operations. Waste Management & Research the Journal of the International Solid Wastes & Public Cleansing Association（ISWA），27（6）：578～587.

Reddy K R，Hettiarachchi H，Gangathulasi J，et al. 2011. Geotechnical properties of municipal solid waste at different phases of biodegradation. Waste Management，31（11）：2275～2286.

Reddy K R，Hettiarachchi H，Parakalla N S，et al. 2009b. Geotechnical properties of fresh municipal solid waste at Orchard Hills Landfill，USA. Waste Management，29（2）：952～959.

Rodebush W H，Busswell A M. 1958. Properties of water substances. Highway Res. Board Special Report.

Roscoe K H. 1953. An apparatus for the application of simple shear to soil samples. The 3rd International Conference on Soil Mechanics and Foundation Engineering：186～191.

Russell H. 1992. Race to clear sludge landslide. New Civil Engineer，Institution of Civil Engineers，London，20th.

Schink B，Stams A J M. 2006. Syntrophism Among Prokaryotes. New York：Springer Verlag.

Schumacher M M. 1983. Landfill Methane Recovery. Noyes Data Coporation. Park Ridge，New Jersey，USA.

Sharma H D，Lewis S P. 1994. Waste Containment Systems，Waste Stabilization and Landfills：Design and Evaluation. New York：John Wiley & Sons，Inc.

Shi J Y，Sun L，Yu X J. 2014. Degradation law of MSW mixed with sludge. International Conference on Mechanics and Civil Engineering.

Siegel R A，Robertson R J，Anderson D G. 1990. Slope stability investigations at a landfill in southern California. American Society for Testing and Materials，ASTM. Special Technical Publication，STP1070：259～284.

Singh M K，Sharma J S，Fleming I R. 2009. Shear strength testing of intact and recompacted samples of municipal solid waste. Canadian Geotechnical Journal，46（10）：1133～1145.

Sivathayalan S. 1994. Static cyclic and post liquefaction simple shear response of sands. Vancouver，B.C.，Canada：The University of British Columbia.

Sridharan A，Sivapullaiah P V. 2005. Mini compaction test apparatus for fine grained soils. Geotechnical Testing Journal，28（3）：240～246.

Stams A J M. 1994. Metabolic interactions between anaerobic bacteria in methanogenic environments. Antonie van Leeuwenhoek，66（1-3）：271～294.

Tchobanoglous T，Theisen h，Vigil S. 1993. Integrated Solid Waste Management，Engineering Principle and Management Issues. New York：McGraw-Hill.

Thomas S，Aboura A A，Gourc J P，et al. 1999. An in situ waste mechanical experimentation on a French Landfill. Proceedings Sardinia 99，7th International Waste Management and Landfill Symposium，Cagliari，Italy.

Towhata I，Kawano Y，Yonai Y，et al. 2004. Laboratory tests on dynamic properties of municipal solid waste. Proceedings of the 11th Int. Soil Dynamic and Earthquake Engineering and the 3rd International Conference on Earthquake Geotechnical Engineering，Berkeley.

Turczynski U. 1988. Geotechnical aspects of building multicomponent landfills. Germany：Bergakademie Freiberg（Sachsen）.

USAEPA. 1995. Process Design Manual：Surface Disposal of Sewage Sludge and Domestic Septage. Washington，DC 20460：USAEPA（EPA/625/K-95/002）.

Vilar O M，Carvalho M. 2004. Mechanical properties of municipal solid waste. Journal of Testing and Evaluation，32（6）：438～449.

Wise D L，Leuschner A P，Levy P F，et al. 1987. Low-capital-cost fuel-gas production from combined organic residues—the global potential. Resource Conservation，15（3）：163～190.

Wong W W. 2009. Investigation of the geotechnical properties of municipal solid waste as a function of placement conditions. San Luis Obispo，Calif：California Polytechnic State University.

Young A. 1989. Mathematical modeling of landfill gas extraction. Journal of Environmental Division，ASCE，115（6）：1073～1087.

Zehnder A J B. 1988. Geochemistry and biogeochemistry of anaerobic habitats//Zehnder A J B（eds.）. Biology of Anaerobic Microorganisms. New York：Wiley：1～38.

Zekkos D. 2005. Evaluation of static and dynamic properties of municipal solid waste. Department of Civil and Environmental Engineering，University of California at Berkeley.

Zekkos D. 2013. Experimental evidence of anisotropy in municipal solid waste. Coupled Phenomena in Environmental Geotechnics，London：Taylor & Francis Group，69～77.

Zekkos D，Athanasopoulos G A，Bray J D，et al. 2010. Large-scale direct shear testing of municipal solid waste. Waste Management，30（8-9）：1544～1555.

Zekkos D，Bray J D，Kavazanjian E，et al. 2006. Unit weight of municipal solid waste. Journal of Geotechnical & Geoenvironmental Engineering，132（10）：1250～1261.

Zekkos D，Bray J D，Riemer M F. 2008. Shear modulus and material damping of municipal solid waste based on large-scale cyclic triaxial testing. Canadian Geotechnical Journal，45（1）：45～58.

Zekkos D，Bray J D，Riemer M F. 2012. Drained response of municipal solid waste in large-scale triaxial shear testing. Waste Management，32（10）：1873～1885.

Zekkos D，Grizi A，Athanasopoulos G. 2013. Experimental investigation of the effect of fibrous reinforcement on shear resistance of soil-waste mixtures. Geotechnical Testing Journal，36（6）：867～881.

Zhan T L T，Chen Y M，Ling W A. 2008. Shear strength characterization of municipal solid waste at the Suzhou landfill，China. Engineering Geology，97（3-4）：97～111.

Zhang Y，Banks C J. 2013. Impact of different particle size distributions on anaerobic digestion of the organic fraction of municipal solid waste. Waste Management，33（2）：297～307.

Zhao Y C，Liu J G，Huang R H，et al. 2000. Long-term monitoring and prediction for leachate concentrations in Shanghai refuse landfill. Water Air & Soil Pollution，122（3-4）：281～297.

Zhu X R，Jin J M，Fang P F. 2003. Geotechnical behavior of the MSW in Tianziling landfill. Journal of Zhejiang University-SCIENCE A（Applied Physics& Engineering），4（3）：324～330.

Zinder S H. 1993. Physiological ecology of methanogens//Ferry J G（eds.）. Methanogenesis：Ecology，Physiology，Biochemistry，and Genetics. New York：Chapman & Hall.